트랜스휴머니즘

이 도서의 국립중앙도서관 출판예정도서목록(CIP)은 서지정보유통지원시스템 홈페이지(http://seoji.nl.go.kr)와
국가자료공동목록시스템(http://www.nl.go.kr/kolisnet)에서 이용하실 수 있습니다.
(CIP제어번호: CIP2018004970)

기술공상가, 억만장자,
괴짜가 만들어낼
테크노퓨처

트랜스휴머니즘

TO BE A MACHINE

마크 오코널 지음 | 노승영 옮김

문학동네

모든 게 고마운 에이미와 마이크에게

이런 게 바로 테크놀로지의 진상이지요.
한편으로는 불멸에 대한 욕망을 창출하고,
다른 한편으로는 인류 전체의 생존을 위협하지요.
테크놀로지는 자연에서 유리된 욕망인 겁니다.

—돈 드릴로, 『화이트 노이즈』

일러두기

- 본문의 각주는 모두 원주이며, 옮긴이주는 본문 내에 '-옮긴이'로 표시했다.
- 원서에서 이탤릭체로 강조된 부분은 고딕체로 표기했다.
- 단행본, 잡지, 성서는 『』로, 논문과 기사는 「」로, 영화와 노래 제목은 〈 〉로 표기했다. 일간지의 경우 약물 기호를 생략했다.

차례

1장

시스템 충돌

모든 이야기는 종말에서 시작된다. 우리가 이야기를 짓는 것은 죽기 때문이다. 우리의 이야기는 인간의 몸에서 벗어나려는 욕망, 동물로서의 인간이 아닌 다른 존재가 되려는 욕망에 대한 것이다. 가장 오래된 기록문학인 『길가메시 서사시』에서 친구의 죽음으로 심난해진 수메르 왕 길가메시는 자신을 기다리는 운명을 받아들일 수 없어 불사의 영약을 찾아 세상 끝으로 떠난다. 결론: 어림도 없다. 한편 아킬레우스의 어머니는 아들을 천하무적의 몸으로 만들려고 스틱스 강에 아들을 담근다. 이 방법이 통하지 않았음은 잘 알려져 있다.

참고: 날개를 만든 다이달로스.

이것도 참고: 신의 불을 훔친 프로메테우스.

우리는, 우리 인간은 상상 속 영광의 잔해에서 살아간다. 원래는 이럴 게 아니었다. 우리가 원래부터 약하고 부끄럽고 괴롭고 죽을 운명이었을 리 없다. 우리는 스스로를 언제나 더 거창한 존재로 여겼다. 낙원, 뱀, 사과, 추방—이 모든 사건은 치명적 오류, 즉 시스템 충돌이었다. 지금의 우리는 타락과 징벌의 결과다. 적어도 이야기의 한 갈래는 이런 식이다. 기독교 이야기, 서구의 이야기 말이다. 이 이야기의 요점은 우리 자신을 스스로에게 설명하는 것, 왜 우리가 부자연스러운 몸이라는 고통 속에서 살아가야 하는지 밝히는 것이다.

에머슨이 말한다. "인간은 퇴락한 신이다."

이러한 신의 몰락에서 종교가 생겨난다. 종교의 서먹한 이복형제인 과학도 그 바탕은 동물로서의 자신에 대한 불만이다. 옛 소련이 인공위성을 처음으로 쏘아올리던 즈음에 출간된 『인간의 조건』에서 한나 아렌트는 (한 신문기사의 표현에 따르면) "지구라는 감옥에서 탈출하는" 것이 얼마나 황홀할지 곱씹었다. 그녀는 생식질(오늘날의 DNA—옮긴이)을 실험실에서 조작하여 우월한 인간을 만들어내려는 시도, 자연수명을 지금보다 훨씬 늘이려는 시도에서도 이와 똑같은 탈출의 열망이 나타난다고 썼다. "과학자들이 백 년 안에 만들 수 있다고 말하는 미래 인간은 이미 주어진 대로의 인간 실존에 대한 반항심에 사로잡혀 있는 것처럼 보인다. 즉, 이 미래 인간은 아무런 대가 없이 주어진 (세속적으로 말하자면) 알지 못하는 곳으로부터 온 이 공짜 선물을 자신이 만든 것으로 바꾸고자 할 것이다."

타고난 인간 조건을 거스르는 반란. 이것은 내가 이 책을 쓰면서 알게 된 사람들의 동기를 한마디로 압축한 것이다. 이 사람들은 대체로 '트랜스휴머니즘'이라는 운동을 표방하는데, 이 운동은 우리가 기술을 이용하여 인류의 미래 진화를 좌우할 수 있고 그래야 한다는 확신을 근거로 삼는다. 이들은 우리가 노화를 사망 원인에서 배제할 수 있고 그래야 하며, 우리가 기술을 활용하여 몸과 마음을 향상시킬 수 있고 그래야 하며, 우리가 기계와 융합되어 궁극적으로 스스로를 더 이상적인 모습으로 개조할 수 있고 그래야 한다고 믿는다. 이들은 자신이라는 선물을 더 나은 것—인간이 만든 것—과 교환하고 싶어한다. 통할까? 두고 보자.

나는 트렌스휴머니스트가 아니다. 트랜스휴머니즘이 아직 초창기이기는 하지만, 적어도 이것만은 분명한 것 같다. 하지만 내가 이 운동의 발상과 목표에 매혹된 것은 이들의 전제에 기본적으로 동의하기 때문이다. 그것은 우리가 타고난 인간 조건이 최선의 시스템은 아니라는 생각이다.

추상적 수준에서야 늘 그렇게 생각했지만, 아들이 태어난 직후에는 이를 뼈저리게 느꼈다. 지금으로부터 3년 전 아이를 처음 안았을 때 그 자그마한 몸뚱이가 얼마나 연약하던지. 긴 시간의 산통으로 부들부들 떨리는 엄마의 몸에서 피범벅인 채 울고 버둥거리며 갓 나타난 몸뚱이. 너는 고통을 겪으며 자식을 낳을 것이다. 더 나은 시스템이 틀림없이 있으리라는 생각을 지울 수 없었다. 인류가 여기까지 왔으면 이 모든 난관을 극복했어야 하지 않느냐는 생각을 지울 수 없었다.

이제 막 아빠가 된 사람이 하지 말아야 할 일이 하나 있다. 잠든 아기와 잠든 엄마 곁에서 인조가죽 수유의자에 불편하게 앉은 채 하지 말아야 할 일은 바로 신문을 읽는 것이다. 나는 읽었고 후회했다. 더블린 국립산부인과병원 산모 병동에 앉아 아이리시타임스를 넘기는데 공포감이 점점 커졌다. 학살과 강간, 우발적이거나 계획적인 잔학 행위, 타락한 세상의 산발적 뉴스—인간이 저지르는 온갖 악행의 목록을 훑다보니 이 진창에, 인류라는 종 가운데 아이를 내보내는 것이 현명한 일인지 의심이 들었다. (그때 가벼운 코감기를 앓았는데 그 탓도 없지는 않았을 것이다.)

부모가 되면 달라지는 게 여러 가지 있지만, 무엇보다 중요한 것은 근본적인 문제에 대해 고민하게 된다는 것이다. 그 문제는 여러 면에서 자연의 문제다. 인간 조건의 모든 고통과 더불어 노화와 질병과 죽음의 현실이 불현듯 나를 사로잡는다. 어쨌든 내게는 그랬다. 아내에게도 마찬가지였다. 아내는 첫 몇 달 동안 아이와 더 긴밀한 유대관계를 맺고 있었는데, 그런 아내가 내게 한 말을 나는 평생 잊지 못할 것이다. "아이를 이렇게 사랑하게 될지 미리 알았더라면, 그래도 낳았을까?" 문제는 인간의 연약함이다. 극복할 수 있을 것 같지 않은 이 연약함을 우리는 (더 나은 표현이 없으니) '인간 조건'이라 부른다. 조건: 질병 등의 의학적 문제.

너는 흙에서 태어났으니, 흙으로 돌아갈 것이다.

돌이켜보면, 십 년 전에 처음 접하고 지금 내 머릿속을 꽉 채운 어떤 생각에 강박적으로 사로잡힌 것이 이 시기였음은 단순한 우연이 아닌 듯하다. 그 생각이란 이 조건이 우리의 불가피한 운명이 아닐지도 모른다는 것이다. 어쩌면 근시나 천연두처럼 기술의 개입으로 바로잡을 수 있을지도 모른다는 생각이 들었다. 말하자면 내가 이 생각에 사로잡힌 것은 타락과 원죄 이야기에 사로잡혔던 것과 같은 이유에서다. 이 생각은 인간이라는 존재의 깊디깊은 기묘함, 자신의 모습을 있는 그대로 받아들일 수 없는 현실, 우리의 본성을 보완할 수 있을지도 모른다는 믿음에 담긴 어떤 심오한 진실을 담고 있었다.

이 강박을 추구하던 초창기에—그 시점에는 아직 인터넷 너머의 이른바 '진짜 세상'을 탐구하지는 않았다—『어머니 자연에게 보내는 편지A Letter to Mother Nature』라는 괴상하고 도발적인 글을 접하게 되었다. 이 글은 제목에서 보듯 의인화된 자연에게 보내는 서간체 선언문이다. 노파심에서 언급하자면, 여기서 '어머니 자연'은 자연 세계의 창조와 관리를 일컫는다. 순한 수동 공격성을 띤 문장으로 시작하는 이 글은, 우선 어머니 자연이 지금까지 인류 기획을 대체로 탄탄하게 진행했음을 치하했다. 우리를 단순한 자기복제 화학물질에서 수십조 개의 세포로 이루어진 자기이해와 공감 능력을 갖춘 포유류로 끌어올린 기획 말이다. 그러더니 편지는 본격적인 '나는 고발한다' 분위기로 슬쩍 전환하여 호모 사피엔스의 조잡한 기능을 간단명료하게 나열했다. 이를테면 질병과 부상과 사망에 취약하고, 매우 제한된 환경 조건에서만 살아갈 수 있고, 기억력에 한계가 있고, 충동조절 능력이 한심할 정도로 낮다는 것 등이다.

이어서 저자는 어머니 자연을 호명하는 "야심찬 인간 자녀"의 집단적 목소리를 자처하며 "인간의 구성"에 대한 일곱 가지 개정안을 제시했다. 우리는 노화와 죽음의 폭압 아래에서 살아가는 데 더는 동의하지 않을 것이며, 생명공학의 수단을 활용하여 "활력을 연장하고 종료 기한을 없앨" 것이다. 우리는 감각기관과 신경을 기술로 강화하여 지각력과 인지력을 증강할 것이다. 우리는 눈먼 진화의 산물이기를 거부할 것이며, "신체의 형태와 기능을 마음대로 선택하고 신체적·지적 능력을 역사상 어떤 인간보다 뛰어나게 다듬고 향상시킬" 것이다. 우리는 신체적·지적·정서적 능력이 탄소 기반의 생물학적 형태에 제약받는 것을 받아들이지 않을 것이다.

『어머니 자연에게 보내는 편지』는 내가 접한 트랜스휴머니즘 원칙 중에서 가장 명확하고 도발적인 선언이었으며 서간체 서술은 이 운동이 내게 그토록 이상하면서도 설득력 있게 비친 이유와 일맥상통했다. 그것은 단도직입적이고 대담하며 인류의 존속을 위협할 만큼 극단적으로 계몽주의적 휴머니즘을 밀어붙인다는 것이다. 전체 기획에는 광기가 서려 있는 듯했지만, 그 광기에서 우리가 이성이라고 생각하는 것의 근본적인 성격이 드러났다. 나중에 알게 된바 편지의 저자는 맥스 모어라는 의미심장한 이름을 가진 사람이었다. 그는 옥스퍼드 출신의 철학자로, 트랜스휴머니즘 운동의 중심 인물이 되었다.

이 운동에는 확립되거나 정통적인 형태가 전혀 없지만, 관련된 글을 읽을수록, 또한 옹호자들의 견해를 이해할수록 기계적 인간관이 그 바탕을 이루고 있음이 점점 분명해졌다. 그것은 인간은 기계장치이며 더 효율적이고 강력하고 유용한 장치가 되는 것이야말로 우리의 의무이자 운명이라는 생각이었다.

자신을, 더 폭넓게는 인류를 이런 도구적 관점에서 바라보는 것이 어떤 의미인지 알고 싶었다. 더 구체적인 것도 알고 싶었다. 이를테면 사이보그가 되려면 어떻게 해야 하는지 알고 싶었다. 코드가 되어 영생하기 위해 마음을 컴퓨터 같은 하드웨어에 업로드하는 방법도 알고 싶었다. 자신을 다름아닌 복잡한 정보 패턴으로, 다름아닌 코드로 생각하는 것이 어떤 의미인지 알고 싶었다. 우리 자신과 우리의 몸을 이해하는 데 로봇이 어떤 영감을 줄지 알고 싶었다. 인공생명이 인류를 구원하거나 절멸시킬 가능성이 얼마큼인지 알고 싶었다. 불멸의 가능성을 믿을 만큼 기술을 신뢰한다는 것이 어떤 것인지 알고 싶었다. 기계가 된다는 것, 자신을 기계로 생각한다는 것이 어떤 의미인지 알고 싶었다.

장담컨대 탐구 과정에서 몇 가지 답을 얻었다. 하지만 기계로 살아간다는 것의 의미를 탐구하면서, 오히려 인간으로 살아간다는 것의 의미에 대해 근본적 혼란을 느끼게 되었음을 고백해야겠다. 그러니 구체적 목적을 가지고 이 책을 집어든 독자는 이 책에서 내가 정보를 분석하는 것 못지않게 그러한 혼란을 탐구하고 있음을 유념하시길.

대략적으로 정의하자면, 트랜스휴머니즘은 생물학적 조건에서 완전히 벗어나자고 주장하는 해방운동이다. 이를 정반대로 해석해도 뜻은 같다. 즉, 이 표면적 해방은 사실 궁극적이고 철저하게 기술의 노예가 되는 것이다. 이 책을 읽으면서 이러한 동전의 양면을 늘 염두에 두기 바란다.

트랜스휴머니즘의 목표가 극단적이긴 하지만—이를테면 기술과 육체의 합일이나 마음을 기계에 업로드하는 것—이 이분법에서 우리 시대의 근본적 특징을 엿볼 수 있다. 우리는 기술이 어떻게 모든 것을 개선하는지 고려하라는 요구와, 특정한 앱이나 플랫폼이나 장치가 세상을 더 나은 곳으로 만들고 있음을 인정하라는 요구에 시달린다. 미래에 희망이 있다면—우리에게 미래 같은 것이 있다면—그 희망은 상당 부분 우리가 기계를 가지고 무엇을 해낼 수 있는가에 달려 있다. 이런 의미에서 트랜스휴머니즘은 주류 문화—이것을 자본주의라고 불러도 무방할 것이다—에 내재한 경향이 강화된 결과다.

그럼에도 이 역사적 순간의 엄연한 사실은 우리가, 또한 우리의 이 기계들이 (우리 것인 줄만 알고 있던 세계를 유례없이 파괴할) 절멸의 대기획을 주도하고 있다는 것이다. 지구는 여섯번째 대멸종에 접어들고 있다고 한다. 또다른 타락, 또다른 추방. 이 토막난 세상에서 미래를 이야기하는 것은 때늦은 일 아닐까.

따라서 나를 이 운동으로 이끈 것 중 하나는 시대착오의 역설적 힘이었다. 트랜스휴머니즘은 다가올 세상의 전망을 단호히 지향한다고 주장했지만, 내 느낌에는 미래에 대한 급진적 낙관론을 표방할 수 있던 과거를 회고적으로 떠올리게 하는 듯했다. 트랜스휴머니즘이 앞을 내다보는 태도는 어쩐지 늘 뒤를 돌아보는 것처럼 보였다.

트랜스휴머니즘에 대해 알면 알수록, 이것이 겉으로는 아무리 극단적이고 괴상하더라도 실제로는 실리콘밸리 문화에—따라서 기술의 폭넓은 문화적 상상력에—모종의 압력을 가하고 있음을 분명히 깨달았다. 트랜스휴머니즘의 영향은 많은 IT기업들이 비약적 수명연장radical life extension의 이상에 광적으로 매달리는 것에서 감지할 수 있다. 이를테면 페이팔 공동창립자이자 페이스북 투자자 피터 틸은 여러 수명연장 사업을 후원하고 있으며 구글은 노화 문제의 해결을 목표로 하는 생물공학 자회사 칼리코를 설립했다. 일론 머스크와 빌 게이츠, 스티븐 호킹이 초인공지능 때문에 인류가 절멸할 것이라고 격렬히 경고한 것에서도 트랜스휴머니즘의 영향을 느낄 수 있다. 기술적 특이점의 대사제 레이 커즈와일이 구글 기술이사로 선임된 것은 말할 필요도 없다. "결국은 사람들이 장치를 이식받을 것이며, 어떤 사실에 대해 생각하기만 하면 장치가 답을 알려줄 것이다"라는 구글 최고경영자 에릭 슈미트의 말에서도 트랜스휴머니즘의 흔적을 볼 수 있다. 이 사람들은—거의 예외 없이 남자였다—모두 인간이 기계와 융합되는 미래를 이야기했다. 이들은 다양한 방식으로 인류 이후의 미래, 즉 기술자본주의가 자신의 발명가보다 오래 살아남아 스스로를 영속화하고 약속을 실현하는 미래를 전망했다.

맥스 모어의 『어머니 자연에게 보내는 편지』를 읽고 얼마 지나지 않아 우연히 유튜브에서 〈테크노칼립스Technocalyps〉라는 영화를 보게 되었다. 벨기에의 영화 제작자 프랑크 테위스의 2006년 다큐멘터리로, 트랜스휴머니즘 운동에 대한 극소수의 영상자료 중 하나였다. 영화 중간에 금발에 안경을 쓴 청년이 온통 검은 옷을 입은 채 방안에 홀로 서서 기이한 제의를 행하는 장면이 짧게 나온다. 어두운 조명에 웹캠으로 찍어서인지 정확히 어디인지는 알기 힘들다. 침실처럼 보이지만, 배경의 책상에 컴퓨터가 여러 대 놓여 있는 걸 보면 사무실일 수도 있다. 베이지색의 타워형 데스크톱과 작고 두툼한 모니터로 판단컨대 시점은 21세기 들머리인 듯하다. 청년은 배경을 등지고 카메라를 향한 채 성직자를 연상시키는 괴상한 몸짓으로 양팔을 머리 위로 쳐들고는 기계음을 연상시키는 딱딱한 북유럽 억양으로 입을 연다.

"데이터와 코드와 통신이여 영원하라, 아멘."

그는 기도를 올리며 팔을 내렸다가 양쪽으로 내밀어 가슴께에서 손뼉을 친다. 몸을 돌려 동서남북에 비의적 축복을 내리는 동작을 하며 각 방위에서 컴퓨터 시대의 예언자 앨런 튜링, 요한 폰 노이만, 찰스 배비지, 에이다 러브레이스 같은 신성한 이름을 부른다. 마지막으로, 팔을 십자가 모양으로 편 채 꼼짝 않고 서서 말한다.

"나의 사방에서 비트가 빛나고 내 안에 바이트가 있도다. 데이터, 코드, 통신이여 영원하라, 아멘."

나중에 알고 보니 이 청년은 안데르스 산드베리라는 스웨덴 연구자였다. 나는 산드베리의 신기한 제의가 풍기는 노골적 분위기에 매료되었지만—그 숭배 제의는 트랜스휴머니즘의 종교적 성격을 암시했다—얼마나 진지하게 받아들여야 할지는 가늠할 수 없었다. 제의는 장난 같기도 하고 패러디 같기도 했다. 그럼에도 그 장면은 묘한 인상을 남겼으며 그뒤로도 뇌리에서 떠나지 않았다.

다큐멘터리를 본 직후에 산드베리가 버크벡 대학에서 인지력 향상을 주제로 강연한다는 소식을 들었다. 런던 출장 계획을 짰다. 조사의 첫걸음으로 제격일 것 같았다.

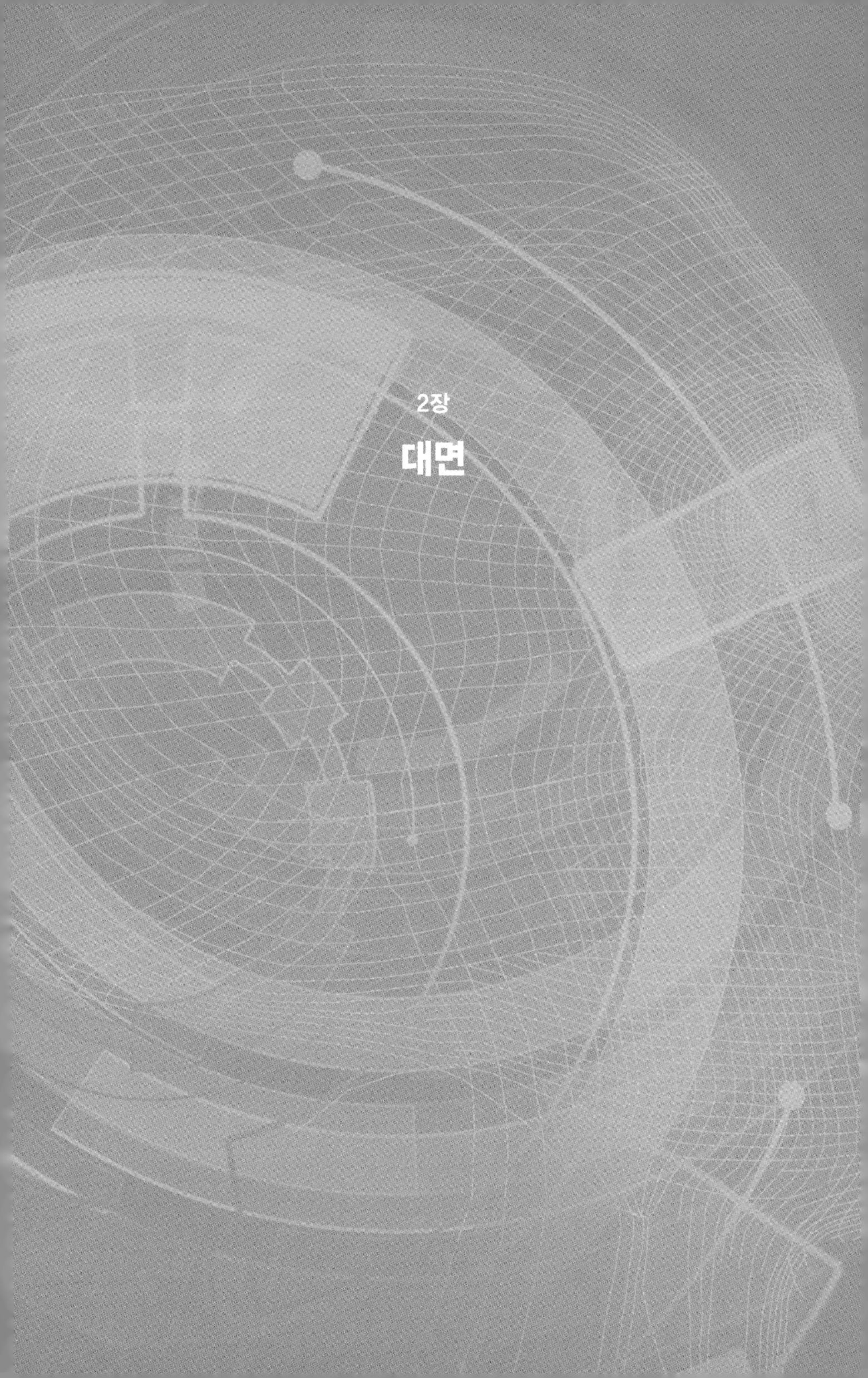

2장

대면

꽉 찬 강연장 뒷줄에 앉아 청중을 훑어보니 미래가 (늘 그렇듯) 과거를 무척 닮았다는 생각이 들었다. 안데르스 산드베리 박사의 강연을 주최한 곳은 '런던 퓨처리스츠London Futurists'라는 단체인데, 일종의 트랜스휴머니스트 사교계로 2009년부터 꾸준히 모여 포스트휴머니즘 옹호자들의 관심사를 논의하고 있다. 논의 주제는 비약적 수명연장, 마음 업로드, 의약품과 기술을 이용한 정신 능력 향상, 인공지능, 의수족과 유전자 변형을 통한 인체 개량 등이다. 우리가 이곳에 모인 것은 심오한 사회 변화와 다가올 인간 조건의 변화를 고찰하기 위해서였지만, 남성이 절대 다수라는 사실은 부인할 수 없었다. 얼굴마다 스마트폰 화면의 파리한 불빛이 반사되고 있다는 점만 빼면, 남성 일색의 집단이 의자에 줄지어 앉은 채 또다른 남자의 미래 이야기에 귀를 기울이는 장면은 지난 두 세기 동안 숱하게 보던 친숙한 모습이었다.

붉은 눈썹이 짙은 중년 신사가 단상에 올라 장내를 정돈했다. 런던 퓨처리스츠 회장 데이비드 우드다. 그는 저명한 트랜스휴머니스트이자 IT기업가다. 최초의 대중용 스마트폰 운영체제 심비안Symbian의 제작사를 창업했으며 그의 회사 사이온Psion은 휴대용 컴퓨터 초창기에 시장을 선도했다. 우드는 깐깐한 스코틀랜드 억양으로 향후 십 년간 "인간 경험이 역사상 어느 십 년보다 근본적이고 심오하게 변화하는" 것을 보게 될 것이라며 그 예로 뇌의 기술적 변형, 인지력의 개량과 강화 등을 언급했다.

그가 물었다. "생물학적 조건에서 비롯한 편견과 오류를 없앨 수 있을까요? 아프리카 사바나를 누빌 때는 유용했지만 지금은 별로 이롭지 않은 우리의 본능을 바로잡을 수 있을까요?"

트랜스휴머니즘 세계관을 한마디로 압축한 물음이었다. 트랜스휴머니즘은 우리의 몸과 마음을 한물간 기술이자 뜯어고쳐야 할 구닥다리 형식으로 치부한다.

우드가 안데르스를 촉망받는 미래주의자이며 '옥스퍼드 인류미래연구소Future of Humanity Institute' 연구원으로 소개했다. IT기업가 제임스 마틴의 기부로 2005년에 설립된 인류미래연구소에서는 철학을 비롯한 여러 분야의 학자들이 인류의 미래에 대한 다양한 시나리오를 구상하고 분석한다. 유튜브 동영상의 괴상한 일인제의에서 보았던 성직자풍 청년의 모습이 남아 있기는 했지만, 이제 마흔 줄에 접어든 안데르스는 풍채가 늠름했으며 구겨진 양복에 어딘지 모르게 쾌활한 분위기는 전문 연구자의 수더분한 이미지에 들어맞았다.

안데르스는 두 시간 남짓 개인 차원과 종 차원에서 지능이 얼마나 향상될 수 있는지 이야기했다. 현재의, 그리고 임박한 인지 증강 방법, 교육, 스마트 약물, 유전자 선택, 뇌 임플란트 기술에 대해서도 이야기했다. 사람이 나이들면서 정보 이해 및 유지 능력을 잃는 과정을 설명하고, 수명연장 기술이 이 문제의 해결에 어느 정도 도움이 되긴 하겠지만 근본적으로는 우리의 뇌가 일생에 걸쳐 작동하는 방식을 개선해야 한다고 말했다. 또한 정신 능력을 최고로 발휘하지 못했을 때 발생하는 사회·경제적 비용을 언급하면서, 집 열쇠를 엉뚱한 곳에 놓는 것만으로도 이를 찾는 데 들어가는 시간과 에너지 때문에 영국 GDP에 연간 2억 5000만 파운드의 손실이 생긴다고 말했다.

"멍청한 실수와 건망증으로 인해 사회가 이런 자잘한 손실을 겪고 있다는 겁니다."

내가 보기에 안데르스의 주장은 극단적 실증주의의 표출 같았다. 안데르스는 기본적으로 지능을 문제해결 도구로, 생산성과 산출의 함수로, 즉 환원 불가능한 인간적 특징보다는 측정 가능한 컴퓨터 연산 능력에 가까운 것으로 간주했다. 일반적 차원에서 나는 이런 마음 관념에 근본적으로 반대하는 입장이다. 하지만 개인적 차원에서는 내가 한눈팔다가 런던 도착 전날 밤으로 호텔을 잘못 예약하는 바람에 딴 방을 구하느라 이날 아침에만 약 150파운드를 허비한 사실을 곱씹지 않을 수 없었다. 나는 본디 산만하고 건망증이 심했으나, 아빠가 되면서부터는 (잠을 설치고 주의가 분산되고 유튜브로 〈토머스와 친구들〉을 하도 보는 바람에) 처리 능력과 기억력이 눈에 띄게 감소하기 시작했다. 안데르스가 주장한 도구적 지능관에 기질적으로 거부감이 들기는 했지만, 자신을 조금 개선하는 건 괜찮지 않을까 하는 생각을 떨칠 수 없었다.

이날 강연의 백미는 인지력을 생물의학적으로 향상시키면 정신 능력(이른바 '인적 자본')을 더 효율적으로 획득하고 유지함으로써 판단력이 개선되고 세상살이도 편해진다는 것이었다. 안데르스는 사회에서 엘리트 지위를 차지한 사람들만이 뇌 향상 처방을 받을 여력이 된다는 점에서 사회정의 문제(이른바 '뇌의 공정한 분배' 문제)가 발생할 수도 있음을 인정하면서도 이미 똑똑한 사람보다는 덜 똑똑한 사람이 뇌 향상 기술의 혜택을 더 많이 받을 것이며 지능이 보편적으로 증가하면 일종의 지능 적하 효과를 통해 사회 전체가 혜택을 입을 것이라고 지적했다.

이 모든 설정과 상황은 내게 지독히 친숙하면서도 지독히 낯설었다. 나는 최근에 학문의 길이라는 침몰선을 버리고 프리랜서 저술가라는, 만만찮게 불안한 배로 갈아탔다. 천수天壽의 몇 년을 영문학 박사학위 따는 데 썼으나, 영문학 박사를 가지고는 취업의 약속된 땅에 들어갈 수 없음을 재확인했을 뿐이었다. 나는 단상에 선 사람들의 이야기를 듣는 일로 이십대와 삼십대를 보냈다. 그런데도 안데르스 산드베리가 말하는 얘기들은 내가 익숙하게 듣던 것과 사뭇 달랐다. 물론 나는 강당 뒷편에 앉아 주제에 집중하려고 노력했다. 듣는 일이라면 이골이 나 있었다. 하지만 나는 결코

"내 백성 가운데" 있지 않았다. 이곳은 결코 내 세상이 아니었다.

강연이 끝나고 각양각색의 미래주의자들이 낮술 한잔하려고 인근 술집으로 이동했다. 내가 맥주잔을 들고 테이블에 앉을 즈음, 내가 트랜스휴머니즘에 대한 책을 쓰고 있다는 소문이 이미 쫙 퍼져 있었다.

안데르스가 반색하는 표정으로 말했다. "책을 쓰고 있으시다고요!" 그러면서 내 앞 탁자에 놓인 양장본을 가리켰다. 참수된 머리의 문화사에 대한 책으로, 이날 아침에 사서 가지고 다니던 것이었다. "집필중이신 책인가요?"

머리 냉동보존이나 시간여행에 빗댄 미묘한 트랜스휴머니즘식 농담을 알아듣지 못했으면 어떡하나 조마조마하면서 말했다. "뭐라고요? 이 책이요?"

그러다 공연히 한마디 덧붙이고 말았다. "아닌데요, 이건 딴 사람이 쓴 책이고요, 저는 트랜스휴머니즘에 대한 책을 쓰고 있습니다."

안데르스가 말했다. "정말 대단하시네요!"

대답할 말이 떠오르지 않았다. 하마터면, 내가 쓰려는 책은 안데르스나 트랜스휴머니스트들이 대단하게 여길 만한 성격이 아니라고 실토할 뻔했다. 내가 합리주의자와 미래주의자 집단에 끼어든 불청객이라는 생각이 불현듯 들었다. 괴상하고 약간은 가련하기까지 한 작자, 구닥다리 수첩과 펜을 들고 0과 1의 세계를 방문한 문자의 사절이 된 심정이었다.

안데르스의 목에 걸린 펜던트가 눈에 띄었다. 독실한 가톨릭교도가 걸고 다니는 기적의 메달처럼 큼지막했다. 그게 뭐냐고 물으려던 찰나에 매력적인 프랑스 여인이 뇌 업로드에 대해 이야기하고 싶다며 그를 가로챘다.

왼쪽에 앉아 있던 귀족풍의 청년이 나를 돌아보며 내가 쓰고 있는 책에 대해 물었다. 복장은 우아하고 머리는 단정하게 다듬었으며 이름은 알베르토 리촐리, 이탈리아에서 왔다고 했다. (그는 대화중에 내 책과 관련하여 자기 가족이 출판업을 한 적이 있다고 언급했다. 그날 저녁에 수첩을 훑어보다가 알베르토가 리촐리 미디어 왕국의 자손이겠구나 하는 생각이 들었다. 그렇다면 펠리니의 영화 〈달콤한 인생〉과 〈8과 2분의 1〉을 제작한 안젤로 리촐리의 손자일 것이다.) 그는 런던 캐스 경영대학원에서 공부하면서 (초등학교에 3D프린터 재료를 공급하는) 베타 단계의 기술 스타트업에서도 일하고 있었다. 나이는 스물한 살이었으며 십대 이후로 자신을 트랜스휴머니스트로 여겼다고 한다.

그가 말했다. "제가 삼십대가 되었을 때는 어떤 식으로든 향상이 이루어져 있으리라 확신합니다."

나는 서른다섯 살이었다. 단테가 환상을 보았을 때처럼 나도 인생의 중반을 지나고 있었다. 나는 좋든 나쁘든 강화되지 않은 채였다. 안데르스가 강연중에 말한 인지력 증강 개념이 거슬리기는 했지만, 그런 기술이 내게 어떤 유익을 가져다줄지 상상하는 것은 솔깃했다. 이를테면 트랜스휴머니스트와 이야기할 때 필기하지 않고 모든 내용을 내장 나노칩에 저장해 나중에 확인할 수 있다거나 이 이탈리아 청년의 할아버지가 펠리니 영화를 대량으로 제작했다는 배경지식을 실시간으로 제공받는다면 근사하지 않을까?

알베르토와 나의 맞은편에는 은발 신사가 재킷과 비싸 보이는 셔츠 차림으로 앉아 있었다. 그는 안데르스 옆에 편안하게 자리 잡고는 프랑스 여인과의 대화에 틈이 생기길 기다리는 동안 안데르스의 안주 그릇에서 피스타치오를 두 개 집었는데 하나는 입에 들어가고 하나는 셔츠의 목 부분으로 들어가 재킷 아랫부분으로 떨어졌다. 그는 아래쪽 단추 사이로 손가락을 집어넣어 잠시 꼼지락거리더니 탈출한 피스타치오를 붙잡아 신중하게 입속에 털어넣었다. 그때 나와 눈이 마주쳤다. 우리는 마주보며 상냥하게 미소지었다. 명함을 받아 살펴보니 그는 미래주의 관련 업종에 종사하고 있었다. (명함은 직업적 미래주의자가 자신의 신분을 알리는 용도로 쓰기에는 구식 아닌가요, 하고 가벼운 농담을 던질까 했으나 생각을 고쳐먹었다. 나는 인쇄된 종잇조각들이 거하는 지갑 속 최후의 안식처에 명함을 욱여넣었다.)

그는 인공지능 연구로 출발했으나 지금은 업계 회의에서 강연을 하고 재계 인사들에게 그들의 산업을 무너뜨릴 동향과 기술을 소개하는 일로 먹고살았다. 말투는 딱딱하고 약간 산만한 테드 강연 리허설을 연상시켰다. 단호하면서도 여유 있는 몸짓에서는 거대하고 무시무시한 붕괴의 지평을 향한 흔들림 없는 낙관주의를 엿볼 수 있었다. 그는 눈앞에 다가온 변화와 기회에 대해, 인공지능이 금융을 혁신할 가까운 미래에 대해, 점점 똑똑해지는 컴퓨터에 고임금 일자리를 빼앗기고 잉여 인력으로 전락한 수많은 변호사와 회계사에 대해 이야기했다. 미래에는 법률 자체가 우리가 행동하고 살아가는 메커니즘에 새겨지고, 제한 속도를 위반하는 운전자에게 자동차가 자동으로 벌금을 부과할 것이며, 소비자의 동선에 꼭 맞는 규격으로 3D프린터에서 갓 성형된 따끈따끈한 차량이 전시장 밖을 유령선처럼 스르르 돌아다니면 운전자와 자동차 제조사는 필요 없어질 것이라고도 말했다.

나는 저술가라는 내 직업은 가까운 시일 안에 기계에 대체되지 않을 테니 안심이라고 말했다. 돈을 많이 벌지는 못할지도 모르지만, 내가 하는 일을 더 값싸고 효율적으로 해내는 기계가 등장하여 시장에서 다짜고짜 퇴출될 위험에 직면하지는 않았으니 말이다.

그는 고개를 갸우뚱하며 내게 소박한 자기위안을 허락할지 말지 고민이라도 하는 듯 입술을 오므렸다.

결국 그가 수긍했다. "물론이죠. 언론의 몇 가지 분야는 인공지능에 대체되지 않을지도 모르겠습니다. 논설은 더더욱 그렇죠. 사람들은 진짜 인간에게서 나온 의견을 읽고 싶어할 테니까요."

그는, 언론은 아직 위협에 직면하지 않았지만 연극, 영화, 소설 중에는 이미 컴퓨터 프로그램으로 맞춤 제작되는 것이 있다고 지적했다. 또한 이런 연극과 영화와 소설이 신통치 않은 것은 사실이지만 컴퓨터가 처음에는 잘하지 못하다가도 금방 능숙해지는 것 또한 사실이라고 말했다. 그가 하려는 말은 나 같은 사람들도 나머지 모든 사람과 마찬가지로 언젠간 소모품이 되고 망해버릴 것이라는 듯했다. 컴퓨터가 자신 같은 강연자를 대체하리라 생각하는지, 향후 십 년간 활약할 사상가들이 현실에 부합할 것인지 물어볼까 생각도 해봤지만, 그가 뭐라고 대답하든 잘난 체하며 변명할 게 뻔하니 질문하는 대신 그가 값비싼 셔츠 안에서 피스타치오를 꺼내는 장면을 책에 넣기로 했다. 옹졸하고 쓸데없는 복수일 뿐 아니라 자동 저술 인공지능의 품위와 직업윤리에 못 미치는 바보짓일 테지만.

안데르스와 매력적인 프랑스 여인은 오른쪽에서 마음 업로드 연구의 현주소에 대해 전문가적 토론을 벌이고 있었다. 대화의 주제는 레이 커즈와일로 옮겨갔다. 그는 발명가이자 기업가이자 구글 기술이사로, 기술적 특이점 개념을 유행시킨 인물이며 인공지능의 출현이 신인류의 시대를 열고 인간과 기계를 융합하고 죽음을 영원히 뿌리 뽑을 것이라고 말하는 종말론적 예언가다. 안데르스는 뇌 에뮬레이션에 대한 커즈와일의 견해는 우리 머릿속이 뒤죽박죽임을 전혀 고려하지 않은 조잡한 생각이라고 말했다.

프랑스 여인이 감정적 어조로 말했다. "감정이라고요! 커즈와일에게는 감정이 필요 없어요! 그래서 그런 거예요!"

알베르토가 말했다. "그럴지도 모르죠."

그녀가 말했다. "커즈와일은 기계가 되고 싶어한다고요! 그가 정말 되고 싶은 건 기계란 말이에요!"

안데르스는 피스타치오 알맹이를 찾으려는 듯 안주 그릇의 빈 껍질들을 지그시 바라보며 말했다. "흠. 저도 기계가 되고 싶어요. 하지만 감정이 있는 기계가 되고 싶군요."

마침내 안데르스와 대화를 나누게 되었다. 그는 기계가 되고 싶다는 욕망, (말 그대로) 하드웨어의 조건을 향한 열망을 자세히 설명했다. 트랜스휴머니즘 운동 진영의 대표적 사상가인 그는 마음 업로드—이쪽 사람들에게는 '전뇌全腦 에뮬레이션whole brain emulation'으로 알려져 있다—개념을 주창하고 이론화한 것으로 유명하다.

안데르스는 당장 기계가 되고 싶은 건 아니라고 말했다. 설령 가까운 미래에 가능할지도 모르지만—그는 아직 멀었다고 강조했다—인간이 갑자기 기계에 업로드되는 것은 바람직하지 않다는 것이다. 그는 커즈와일 같은 기술천년왕국 신봉자가 특이점이라고 부르는 갑작스러운 통합에 잠재적 위험이 따른다고 지적했다.

"좋은 시나리오는 스마트 약물과 착용형 기술을 먼저 채택하는 겁니다. 그다음은 수명연장 기술이고요. 업로드와 우주 식민지 건설 같은 것은 마지막 목표입니다." 우리가 스스로를 멸종시키거나 멸종당하지 않는다면 지금 우리가 '인간성'이라고 생각하는 것이 마치 고갱이처럼 우주로 퍼져나가 "물질과 에너지를 조직화된 형태로, 즉 일반적 의미에서의 생명으로 전환하는" 거대하고 찬란한 현상이 일어나리라는 것이 그의 믿음이었다.

그가 이런 생각을 한 것은 어릴 적 스톡홀름 공립도서관의 SF 서가를 통째로 섭렵한 뒤라고 했다. 그는 고등학교에서 순전히 기분전환 삼아 과학 교과서를 읽고 인상적인 공식을 공책에 정리했다. 그를 흥분시킨 것은 논리의 운동, 즉 생각의 체계적 진행이었으며, 실제 대상이 아닌 추상적 기호였다.

그런 공식의 공급원 중 하나는 존 D. 배로와 프랭크 J. 티플러가 쓴 『인간중심우주론The Anthropic Cosmological Principle』이었다. 안데르스는 처음에는 "전자가 상위 차원에서 수소 주위로 궤도 운동을 하는 것과 같은 괴상한 공식"에 끌려 책을 읽었지만, 『플레이보이』를 손에 넣은 아이가 나중에 나보코프 소설에 눈길을 돌리듯 공식을 둘러싼 텍스트에 흥미를 느끼기 시작했다. 배로와 티플러의 우주관은 기본적으로 결정론적 메커니즘인데, 그에 따르면 "지적인 정보처리 과정이 등장하여" 기하급수적으로 증가하는 것은 필연적 결과다. 티플러는 이 목적론적 전제에서 출발해 훗날 '오메가 포인트Omega Point' 개념을 주창하기에 이른다. 이것은 지적 생명체가 우주의 모든 물질을 장악하여 그 결과로 우주적 특이점이 발생한다는 개념으로, 티플러는 미래 사회가 망자를 부활시킬 수 있으리라 주장한다.

안데르스가 말했다. "눈이 번뜩 뜨이더군요. 생명이 모든 물질과 에너지를 손에 넣고 무한한 정보를 계산하리라는 이론은 정보에 매혹된 십대에겐 어마어마한 깨달음이었죠. 이게 우리가 가야 할 길이라는 사실을 깨달은 겁니다."

그 순간 그는 트랜스휴머니스트가 되었다. 우리의 목표가 우주에 있는 생명의 양을 극대화하고, 그럼으로써 처리되는 정보의 양을 극대화하는 것이라면 인간은 우주의 끝까지 뻗어나가고 극단적으로 오랫동안 살아야 한다는 결론이 나온다. 이를 현실화하려면 인공지능과 로봇, 우주 식민지, 그가 동네 도서관의 SF 서적에서 읽은 온갖 것들이 필요할 터였다.

안데르스가 "별의 가치는 무엇일까요?"라고 묻고는 대답을 기다리지 않고 말을 이었다. "별은 그 자체로 흥미롭습니다. 하나만 있다면 말이죠. 그런데 수조 개가 있다면 어떨까요? 이 별들은 아주 비슷하게 생겼습니다. 구조적 복잡성은 거의 찾아볼 수 없습니다. 하지만 생명, 특히 개체의 생명은 매우 우연적입니다. 당신과 제겐 인생 이야기가 있습니다. 우주 이야기를 다시 재생하면 당신과 저는 다른 사람이 되어 있을 겁니다. 우리의 독특함은 쌓여가는 것입니다. 인명의 손실이 안타까운 것은 이 때문입니다."

안데르스가 말하는 업로드, 즉 마음을 소프트웨어로 변환한다는 개념은 인간의 한계를 초월한 순수 지성이 되어 우주로 퍼져나간다는 이상의 핵심이었다. 그는 다큐멘터리에서 본 인물과 여러모로 달랐다. 기술의 사제 흉내를 내며 약간 으스스한 느낌을 주던 청년은 이제 나이가 들어 보일 뿐 아니라 기계보다는 기계가 되길 간절히 바라는 인간에 더 가까워 보였다.

하지만 그가 제시한 미래상은 내게 너무나 낯설고 불편했다. (내가 믿지 않는) 실제 종교들의 관념보다 더 이질적이고 소외감을 느끼게 했다. 그 이유는 그의 미래상을 실현하는 기술적 수단이 (적어도 이론적으로는) 가능성의 범위 안에 있었기 때문이다. 기계가 된다고 상상하자 내 안에서 본능적 혐오감, 아니 공포감이 치밀었다. 우주를 식민지화한다는 것은, 즉 우주를 우리의 계획에 동원한다는 것은 무의미한 공허에 더 무의미한 것, 즉 의미에 대한 인간의 집착을 부여하는 일 같았다. 만물이 무언가를 의미하도록 해야 한다는 집착보다 더 터무니없는 일은 상상할 수 없었다.

목에 건 펜던트 때문에 안데르스는 성직자 같은 인상을 풍겼지만 사실 거기에는 그가 죽었을 때 육신을 냉동보존하라는 문구가 새겨져 있었다. 수많은 트랜스휴머니스트들도 같은 바람이었다. 그들은 자신의 시신을 액체질소에서 보존하다가 기술이 발전했을 때 녹여 되살리거나 두개골 안에 있는 1.5킬로그램의 신경 웨트웨어를 꺼내, 그안에 담긴 정보를 스캔하고 코드로 변환한 뒤에 늙지도 죽지도 않는 새로운 기계 몸에 업로드하고 싶어한다.

펜던트 문구에 따르면 안데르스의 육신이 보내질 장소는 애리조나 주 스코츠데일에 있는 '알코어 생명연장재단Alcor Life Extension Foundation'이다. 이 냉동보존 시설의 운영자는 맥스 모어―『어머니 자연에게 보내는 편지』를 쓴 바로 그 맥스 모어―다. 알코어는 트랜스휴머니스트들이 죽었을 때 가는 곳이다. 죽음을 되돌릴 수 있을지도 모른다는 희망으로. 그곳에서는 불멸이라는 추상적 개념이 현실에서 구현된다. 그곳에 찾아가 유예된 불멸자들을, 어쨌거나 그들의 냉동된 시체를 만나고 싶어졌다.

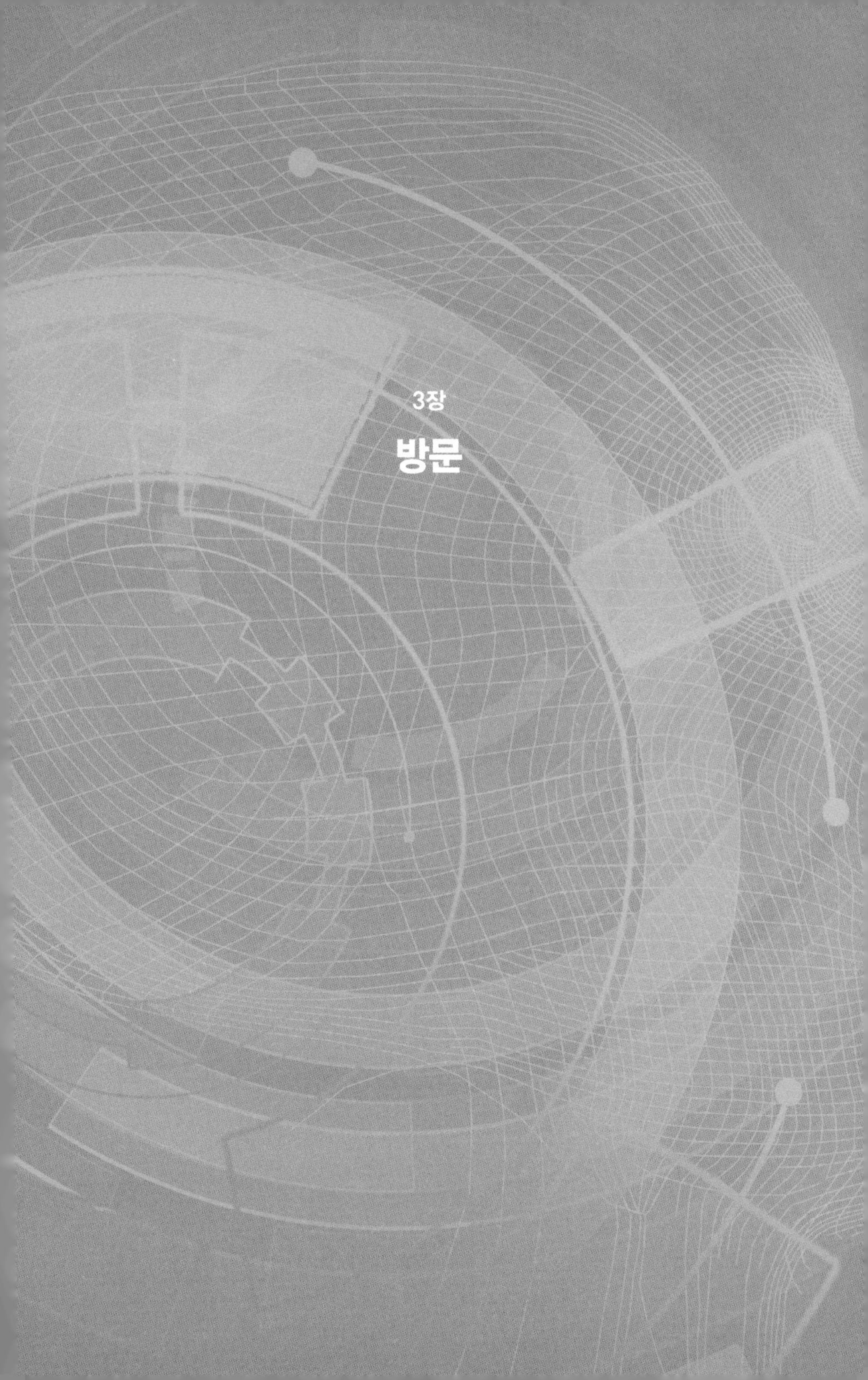

3장

방문

비행기로 피닉스에 가서 소노라 사막을 가로질러 북쪽으로 약 30분을 달려 낮은 회색 건물 앞에 도착한다. 이곳의 목적은 몸을, 여러분의 몸과 똑같은 몸을 보관하여 언젠가 되살리는 것이다. 초인종을 누르고 안내인을 따라 들어간 대기실은 1990년대 중엽 비디오용 SF영화를 연상시키듯 반짝거리는 금속 재질의 벽과 크롬 장식 가구를 은은한 파란색 조명이 감싸고 있다. 안내에 따라 길고 각진 소파에 앉아 나를 내세로 안내해줄 직원을 기다린다.

앞의 유리 탁자에 얇은 책자가 놓여 있다. 기다리는 동안 훑어보라고 놔뒀나보다. 『죽음은 잘못된 것Death Is Wrong』이라는 어린이용 그림책이다. 표지를 보니 어린 소년이 매서운 표정으로 저승사자에게 손가락질하고 있다. 저승사자는 후드 달린 망토를 입고 큰 낫을 들었으며 두개골은 웃는 낯이다. 이곳은 여느 사무실과 달리 고요하다. 전화 소리도, 프린터 돌아가는 소리도, 직원들이 잡담하는 소리도 들리지 않는다. 들리는 소리라고는 건물 옆 스코츠데일 공항에서 경비행기가 이착륙하는 낮은 소음뿐이다. 알코어 생명연장재단 본부가 공항 옆에 자리잡은 것은 갓 죽은 시신을 효율적으로 운반하기 위해서다.

알코어는 전 세계에 네 곳 있는—세 곳은 미국에, 한 곳은 러시아에 있다—냉동보존 시설 중에서 규모가 가장 크다. (이념은 정반대이지만 우주 탐사에 국운을 걸고 과학의 진보를 동력으로 삼은 두 나라가 미국과 러시아임은 우연이 아니다.) 임상적 사망이 선고되자마자 시신이 이곳으로 운반되도록 계약한 사람이 수백 명에 이른다. 이들의 몸은 머리를 분리하는 등의 절차를 거쳐 냉동보존되는데, 과학이 발전하여 새 생명을 불어넣을 때까지 이곳에 잠들어 있게 된다.

알코어에는 더이상 '산 자'에 속하지 않는 소수(현재 117명)의 고객이 있다. 이들은 '사체'나 '시신'이나 '참수된 머리'가 아니라 '환자'라 불리는데, 죽은 것이 아니라 '보존'되는 것으로 간주되기 때문이다. 이 세상과 저세상의 경계에 갇힌 사람들. 아니면 말고. 내가 교외의 사막을 찾은 것은 여기 보존된 영혼들을 만나기 위해서였다.

또다른 목적은 맥스 모어를 만나는 것이었다. 그는 포스트휴머니즘 운동의 창시자를 자처하는 인물로 알코어 최고경영자이기도 하다. 인간의 연약함을 극복하고 엔트로피 법칙을 과감히 어기는 일에 일생을 바친 (것처럼 보이는) 사람이 타일 전시장과 빅디 바닥재 상회Big D's Floor Covering Supplies 사이의 상업지구에서 시신에 둘러싸인 채 지내게 된 사연을 알고 싶었다.

하지만 우선 알고 싶은 것은 이곳에서 실제로 어떤 일이 일어나는가였다. 알코어 고객의 몸이 시간의 힘에 굴복하여 부패하지 않도록 어떤 조치를 취하는지 궁금했다. 꽉 끼는 검은색 티셔츠로 우람한 덩치를 감싼 맥스가 좁은 복도를 따라 환자 처리실로 나를 안내했다. 그는 가격에 따라 크게 두 가지 처리 방식이 있다고 말했다. 20만 달러를 내면 몸 전체를 필요시까지 보존해주며(전신환자whole body patient), 8만 달러를 내면 이른바 뇌환자neuro-patient가 될 수 있는데 이것은 머리만 분리해 석화石化하고 쇠 용기에 넣은 채 나중에 뇌(또는 마음)를 인공 몸에 업로드할 수 있도록 냉동보존하는 방식이다.

예전에는 고객 사후에 유산이나 가족의 재산에서 정기적으로 분납하여 비용을 치렀지만 금세 문제가 드러났다. 가족이 보관료를 낼 형편이 못 되거나 낼 이유를 찾지 못해 납부를 중단하면 보존 및 재생 비용을 낼 사람이 아무도 없어 시신이 방치되기 때문이다. 그래서 요즘은 고객들이 생명보험에 가입해 살아 있는 동안 낸 연회비로 비용을 충당한다.

알고 보니 맥스는 뇌환자였다. 팔다리와 몸통을 부풀리고 조각하느라 오랫동안 상당한 투자를 했을 텐데 의아했다. (맥스는 자신의 이상을 신체에 구현한 듯 근육질 몸매에 활력이 넘쳤으며 동작에는 절도가 있었다. 붉은 머리카락은 정수리 뒤로 벗어지고 숱도 빠졌는데 이 덕분에 튀어나온 이마와 강인한 눈썹 능선, 창백하고 신비한 눈동자가 두드러져 보였다.) 그의 논리는 자신이 앞으로 40년은 더 살 텐데 아무리 열심히 역기를 들어도 그때가 되면 몸은 보존할 가치가 없어지리라는 것이었다. 뇌환자들이 기대하는 것 중 하나는 미래 과학자들이 뇌를 새 몸에—어떤 형태가 되었든—넣는 방법을 찾아내리라는 것이기 때문이다.

환자의 뇌가 알코어의 주 관심사이기는 하지만, 뇌를 두개골, 근육, 피부와 분리하는 시술은 하지 않는다. 두개골은 맞춤형 용기로 제격이어서 냉동보존 기간 동안 뇌를 보호해주며 뇌와 두개골 내부를 연결하는 조직과 인대 따위를 완전히 절제하는 것은 기술적 측면에서 여간 번거로운 일이 아니기 때문이다.

맥스의 태도는 환자에게 치료 절차를 설명하는 의사처럼 능수능란했다. 그는 차분하고 자신 있게 혜택과 잠재적 부작용을 설명했다. 영생이 자신에게 적절할지 의사와 상의하시기 바랍니다.

이 모든 시술의 과학적 근거는 희박했다. 아니, 아예 없었다. 언젠가 과학이 발전하면 몸과 머리를 녹여 되살리거나 그 속의 마음을 디지털로 복제할 수 있으리라는 냉동보존술의 장밋빛 약속은 순전히 이론적 상상이었다. 이 상상이 어찌나 사변적이고 허황되었던지 과학계에서는 반박할 가치조차 없다고 치부할 정도였다. 논평을 내놓은 사람들도 경멸을 감추지 않았다. 이를테면 맥길 대학의 신경생물학자 마이클 헨드릭스는 『MIT 테크놀로지 리뷰』에서 "재생이나 복제는 기술적으로 가능한 범위를 뛰어넘는

헛된 희망"이며 "이 희망에서 이익을 챙기는 자들은 분노와 경멸의 대상이 되어 마땅하다"고 주장했다.

접수실 입구 옆에는 뚜껑 열린 관처럼 생긴 상자가 있었는데, 가벼운 천 재질에 각얼음 모양 플라스틱을 채웠으며 안에는 젊은 백인 남자를 닮은 미끈한 몸뚱이가 누워 있었다. 마네킹의 표정 없는 얼굴은 인공호흡기로 덮여 있었다. 이 평안한 인체 모형은 잠재 고객을 위한 본보기다. 전신환자 방식을 선택하고서 임상적 죽음을 맞은 고객의 몸이 어떻게 처리되는지 보여주기 위한 것이다.

맥스가 말하길 바람직한 상황은 고객의 임상적 죽음이 예상에 따라 진행되는 것이라고 했다. 그러면 알코어 대기 인력이 적시에 투입되어 시신을 최종 목적지인 피닉스로—항공으로든, 육로로든—운송하기 위한 냉각 과정을 시작할 수 있기 때문이다.

시술의 성패는 죽음의 예측 가능성에 달렸다. 따라서 암은 전체적으로 볼 때 양호하다. 수명연장의 높은 가능성을 바란다면 암은 출발점으로 안성맞춤이다. 심장마비는 별로 좋지 않다. 언제 목숨이 끊어질지 예측하기가 여간 힘들지 않기 때문이다. 동맥류나 뇌졸중은 더 골치 아픈데, 목숨을 앗아갈 정도로 심각하다면 뇌가 손상을 입을 수 있기 때문이다. 그러면 나중에 대처하기가 곤란해질 수 있다. 물론 우리는 미래 과학에 대해 이야기하고 있으므로, 온전한 보존이 불가능하지는 않겠지만. 사고와 그 밖의 재난은 최악의 경우다. 이를테면 2001년 9월 11일 세계무역센터에서 죽은 알코어 고객의 시신에 대해서는 할 수 있는 일이 별로 없었다. 최근에는 또다른 고객이 알래스카에서 비행기 사고로 죽었다.

맥스가 묘한 표정의 굳은 얼굴로 말했다. "이상적이진 않았죠."

여러분이 전신환자라면, 여러분은—또는 여러분의 전신은—사방을 아크릴판으로 두른 경사진 수술대에 놓일 것이다. 냉동보존 시술팀이 여러분의 두개골에 작은 구멍을 뚫어 뇌가 부풀었는지 쪼그라들었는지 상태를 점검한다. 그다음 가슴을 절개하고 심장을 확보한 뒤에 대동맥과 대정맥을 기계장치에 연결해 혈액과 체액을 뽑아내고 최대한 빨리 항결빙제cryoprotectant agent(일종의 의료용 부동액)를 채운다. 이것은 얼음 결정氷晶이 생기는 것을 막기 위해서다. 미래 과학으로 생명을 되살릴 수 있을 때까지 오랫동안 신체 형태를 보전하고 싶다면, 세포에 얼음 결정이 생기는 것은 달갑지 않을 것이다. 얼음 결정은 부활 이후의 삶의 질을 엉망으로 만들 수 있는 주요인이다.

맥스가 말했다. "그러니까 저희가 하는 일은 동결이라기보다는 투화透化입니다. 투화는 일종의 수지덩어리를 만들어 모든 것을 보존하는 것입니다. 날카롭거나 뾰족한 부분이 생기지 않도록요."

여러분이 뇌환자라면 참수 문제에 유의해야 한다. 이 절차는 수술대에서 진행된다. 잘린 머리는 냉동보존술의 전문용어로 두부頭部, cephalon라고 한다. (나중에 알게 된 사실이지만, 이것은 주로 동물학에서 쓰는 용어로, 바다에 사는 삼엽충처럼 마디가 있는 절지동물의 머리 부위를 가리킨다. '머리'보다 '두부'를 선호하는 이유는 우리가 절단된 머리에 대해 이야기하고 있다는 사실을 얼버무리기 위한 것이라고 말고는 설명할 수 없다. 내가 보기에는 별로 효과가 없었지만.) 몸에서 분리된 두부를 '두부 상자'라는 아크릴 상자에 거꾸로 넣어 죔쇠로 고정한 뒤에 냉동보존술을 위한 나머지 절차를 진행한다.

시설을 견학하는 동안 맥스는 자기가 하는 말이 얼마나 괴상한지 전혀 의식하지 못하는 듯했다. 그는 B급 영화의 무시무시한 절단 의식을 마치 간단한 의료 시술처럼 묘사했다. 물론 냉동보존술의 희망찬 죽음학thanatology에서는 실제로 그렇게 생각하지만.

현재 알코어에서 보존중인 환자 117명은 '환자 관리실'이라는 곳에 있었다. 이곳은 넓고 천장이 높은 창고로, 2.4미터 높이의 스테인리스 원통이 꽉 차 있는데 각 원통에는 파란색과 흰색으로 된 알코어 로고가 박혀 있었다. 로고는 'A'자를 형상화했다. 예전 로고는 더 상징적인 이미지였는데, 날개를 펼친 파란색 불사조 안에서 하얀색의 인간 형상이 팔을 들고 있는 모습이었다. (말이 나왔으니 말인데, 미래의 부활을 추구하는 벤처기업이 스스로를 불사르고 재생하며 존재의 순환을 이어가는 사막의 신비한 새 불사조의 이름을 딴 도시 외곽에 본부를 차리다니 이 얼마나 기묘한 일인지 잠깐 생각해보라. 소설에서 이런 설정을 접한다면 섬세한 취향의 독자는 눈살을 찌푸릴 텐데, 그럴 만도 하다. 너무 작위적이지 않은가.)

원통은 듀어dewar라고 부른다. 이것은 기본적으로 액체질소로 가득한 거대한 보온병(Dewar's bottle은 보온병을 일컫는다—옮긴이)으로, 내부 공간은 전신환자 네 명이 넉넉하게 들어갈 정도다.

환자들은 기둥을 가운데 두고 원형으로 배치되는데 기둥 안에는 두부 여러 개를 차곡차곡 넣을 수 있다. 환자들은 침낭에 싸인 채로 알루미늄 통 안에 보관된다. 두부만 넣는 듀어는 잘린 머리를 최대 45개까지 넣을 수 있으며 각각의 머리는 이케아 욕실 코너에서 파는 스테인리스 휴지통을 닮은 작은 금속 원통 안에 보관한다. (전신환자보다 뇌환자가 싸게 먹히는 주된 이유는 보관비다.)

우뚝 솟은 듀어의 그림자 사이를 걸으면서, 안에 보관된 몸과 머리—딱딱하게 굳은 죽음의 대표단—가 앞으로 다가올 세상을 차지하려고 기회를 기다린다는 상상을 했다. 나는 1970년대 시트콤 〈인생사The Facts of Life〉 제작자 딕 클레어가 1988년에 에이즈로 죽은 뒤 이 듀어 중 하나에 들어 있다는 사실을 알고 있었다. 전설적 야구선수 테드 윌리엄스의 머리도 마찬가지다. FM-2030이라는 작가(이란의 미래주의자로, 본명은 페레이둔 M. 에스판디아리지만 2030년까지 인간이 죽음의 문제를 해결하리라 확신하고 개명했다)의 몸이 여기 있다는 사실은 알았지만, 어느 듀어에 들어 있는지는 알 수 없었다. 보안상의 이유로 일반인은 냉동보존 환자의 위치를 알 수 없기 때문이다. 맥스는 아내 너태샤가 FM-2030의 애인이었다고 말했다. 관리실에 있는 동안 나는 그가 아내의 옛 애인이자 죽음을 면할 수 있으리라 믿은 기술유토피아주의자techno-utopian의 시신을 보전하는 임무를 수행중이라는 괴기스러운 상상에 잠깐 빠져들었다.

하지만 맥스도, 냉동보존술을 받는 그 누구도 그것이 시신이라고 생각하지 않는다.

맥스가 말했다. "냉동보존술은 응급의학을 연장한 것에 불과합니다."

임상적 통설을 대놓고 부정하는 것을 보면, 이들이 냉동보존술을 일종의 신비주의 의식으로 포장하거나 이곳을 현대과학주의와 그 희비극적 과잉을 풍자하는 모형으로 여긴다고 생각하기 쉽다. 하지만 이곳의 그 누구도 계약서에 서명한다고 해서 회생이 보장된다고 주장하지 않는다. 맥스는 이 모든 과정이 미래의 마지막 끈을 붙잡으려는 최후의 시도임을 부인하지 않는다. 하지만 이곳의 핵심 논리는 밑져야 본전이라는 것이다. 가입한다고 해서 부활이 보장되지는 않을지 모르지만 가입하지 않으면 부활의 가능성이 뚝 떨어지기 때문이다. (다들 여기서 파스칼의 내기Pascal's Wager가 떠오를 것이다.)

맥스가 환자 관리실을 지나 출구를 향해 가면서 말했다. "개인적 바람은 보존의 필요성이 사라지는 것입니다. 저의 이상적인 시나리오는 건강을 유지하고 자신을 돌보며 수명연장 연구에 자금이 더 투입되어서 '장수의 탈출속도longevity escape velocity'에 도달하는 것입니다." 그가 말하는 시나리오는 알코어의 과학 자문으로 수명연장을 기획하는 오브리 드 그레이의 작품이다. 장수 연구의 발전 속도가 시간을 앞지르면 우리는 사실상 죽음을 추월할 수 있다.

맥스가 말했다. "물론 트럭에 치일 수도 있고 누군가에게 살해될 수도 있습니다. 하지만 저 통에 들어앉아 운명의 처분을 기다리는 것은 별로 달갑지 않습니다. 그저 현재의 다른 대안보다야 낫다는 것뿐이죠."

환자 관리실 입구 옆에 누워 있는 듀어는 나머지 듀어보다 훨씬 작고 낡았다. 한쪽이 열려 있어서 좁은 내부가 들여다보였다. 반대쪽의 명판을 보니 제임스 H. 베드퍼드 박사가 남캘리포니아에 있을 때 이 안에 들어 있다가 1991년에 새 듀어로 옮겨졌다고 나와 있었다. 캘리포니아 대학 심리학 교수인 베드퍼드는 처음으로 냉동보존술을 받은 사람이다. 1966년에 로스앤젤레스의 화학자이자 의사이자 텔레비전 수리기사 로버트 넬슨이 캘리포니아 냉동보존학회 회장 자격으로 베드퍼드에게 냉동보존술을 실시했다.

맥스는 지나가는 말로 베드퍼드가 1893년에 태어났기 때문에 엄밀히 말해서 세상에서 가장 오래 살아 있는 사람이라고 말했다. 그를 살아 있다고 부르는 건 좀 심하지 않느냐고 했더니 맥스는 그렇지 않다고 반박했다.

그는 이 환자들이 법적 사망 직후에 소생되었으며 몸이 부패하기 전에 냉동보존 처리가 되었음을 상기시켰다. '진짜' 사망 시점은 심장이 정지할 때가 아니라 몇 분 뒤에 인체의 세포와 화학 구조가 분해되어 어떤 기술로도 원상태로 복원할 수 없게 되는 때라는 것이 냉동보존의 주요 전제다. 따라서 냉동보존된 시신은 통념적 기준에 따른 사망자가 아니며—말하자면 시신이 아니며—삶과 죽음 사이, 즉 시간 자체의 바깥에 있는 어떤 상태에 보존되는 사람이다.

관리실의 냉기 속에서 기술유토피아주의자들의 (보이지 않는) 몸과 잘린 머리에 둘러싸인 채 서 있자니 가톨릭의 연옥 개념이 떠올랐다. 의로운 영혼이지만 그리스도가 오셔서 우리를 대속하기 전에 죽은 사람들은 천국도 지옥도 아닌 이 대기 장소에서 구원의 날에 이루어질 존재론적 데탕트를 기다려야 한다.

이 환자들의 영혼은 이곳 소노라 사막에서 스테인리스 통과 케블라 섬유벽과 방탄유리로 보호받은 채 미래가 찾아와 그들을 죽음에서 건질 때까지 희망 속에서 기다리고 있다는 생각이 들었다. 이 남자와 여자, 이들의 몸과 머리는 결코 생명으로 돌아가지 못할 테지만, 이들의 보존, 이들의 기다림에는 알 수 없는 신성함이 깃들어 있었다. 이 창고는—차라리 현대판 망상들이 깃든 영묘라고 해야겠지만—뭔가 근원적인 고대의 장소이기도 했다. 이 세상의 장소가 아닌 곳, 축성祝聖된 대지에 서 있는 듯한 느낌이 들었다.

아니, 그렇지 않다. 내가 있는 곳은 아메리카라는 구체적 장소였으니까. 이곳은 식민지 개척 시대의 국경지대였다. 이 서부 개척의 무대에서, 무한한 국가적 잠재력과 개인적 성취—'명백한 운명Manifest Destiny'이라는 피와 황금의 장대한 환상곡—의 아메리칸 드라마가 처음 펼쳐졌다. 내가 선 이곳, 거대한 은색 통들이 놓여 있고 장치들이 정교하게 배열된 광경은 기발한 기술과 제어 능력을 광적으로 발휘하는 구경거리처럼 보이기 시작했다. SF영화의 무대를 순식간에 해체하고 치운 뒤에 남은 것은 옛 아메리카 서부 시대의 사막, 변함없는 죽음의 풍경이었다.

먼 훗날 미래 문명에서 보낸 탐사대가 사막의 땅속 깊숙한 곳에서 이 듀어를 발굴하여 그 속에 반쯤 남은 몸과 두부를 무심한 매혹의 눈길로 바라보며 이 사람들이 누구였으며 무엇을 믿었는지 궁금해하리라는 상상이 들었다. 나라면 그 의문에 뭐라고 답했을까 생각해보았다. 과학을 믿었다고 답했을까? 미래를? 불로장생을? 생명보험을? 지불한 돈의 신비한 힘을? 자신을 믿는다고 답했을까? 누가 뭐라 해도 아메리카인이라고 답했을까?

알코어는 인도주의적 사명을 표방한다. 여느 기업처럼 고객을 늘리고 싶어하는데, 공교롭게도 이 목표는 죽음을 물리친다는 총체적 목표와 맞아떨어진다. 밀물이 들면 배가 전부 떠오른다는 논리다. 회사 웹사이트에는 현재 살아 있는 사람들을 전부 냉동보존술로 미래에 부활시키는 기술적 방법이 언급되어 있다. 그 글의 제목은 「모든 사람을 냉동보존하는 방법How to Cryopreserve Everyone」이며 공개키 암호화 방식을 발명한 전산학자 랠프 머클이 썼다. 머클은 알코어의 살림 원칙을 일컬어 "현재 살아 있는 모든 사람이 만인을 위한 물질적 풍요의 세상에서 건강과 장수를 누릴 수 있는 미래상"으로 묘사한다. 그는 "기술이 발전하여 이 미래가 반드시 현실이 될 것"임을 우리가 분명히 안다고 단언한다.

하지만 여기서 뭔가 미심쩍은 일이 벌어지고 있지 않다고 단정할 수는 없다. 한 가지 문제는 이 환자들을 모두 보존하는 비용이다. 보관 공간도 문제다. 생명책에 기록된 사람들의 육신을 전부 어디에 둘 것인가? 지금 말하는 것은 몸이 아니라 머리다. 살아 있는 모든 사람의 몸 전체를 보관하는 것은 그냥 문제가 아니라 진짜 악몽일 테니 말이다. 이 난관을 해결하기 위해 머클이 내놓은 방안은 '엄청나게 큰 듀어Really Big Dewar', RBD다.

머클에 따르면 전 세계 연간 사망자 수는 5500만 명가량이다. 반지름이 30미터인 거대한 공 모양 듀어를 만든다고 가정해보자. 사람 머리 크기가 평균이라 치면 이 듀어에는 550만 개의 두부를 넉넉하게 넣을 수 있다. 따라서 이 RBD를 해마다 열 대씩 만들면 전 세계 사망자의 머리를 죽음이 치료되는 날까지 보관할 수 있다.

이 모든 일에는 당연히 거액이 들어간다. RBD 하나의 부피는 약 1억 1300만 리터인데, 이것을 액체질소(리터당 10센트)로 채우려면 RBD당 약 1100만 달러가 필요하다. 기화된 액체질소를 보충하고 듀어를 단열하고 전반적으로 관리하는 데도 추가 비용이 든다. 하지만 전체 인구를 냉동보존하는 총비용을 일인당으로 나누면 머리 하나에 24~32달러면 충분하다. (전신환자의 경우는 끝에 0이 하나 더 붙는다.)

요점은 냉동보존술이 사업의 관점에서나 (우리 모두를 기다리는) 운명을 회피하는 전술의 관점에서나 적어도 이론적으로는 가능한 모형이라는 것이다.

알코어는 낙관론자들의 시신을 보관하려고 지은 장소다. 이곳의 정적에는 역설이 짙게 깔려 있었다. 나를 가장 절실하게 사로잡은 역설은 맥스 자신이 처한 상황이었다. 그 그림은 내 마음속에서 저절로 색깔이 입혀졌다.

여기, 타고난 조건의 한계를 극복하고 인간의 경험과 잠재력을 확장하는 일에 일생을 바친 사람이 있다. 그는 이십대에 영국을 떠나 미국으로 이주하여 엑스트로피Extropy 운동을 시작했다. 만물이 분해와 무질서와 쇠퇴를 향해 나아간다는—이런 우주에서는 존재가 영속할 수 없다—엔트로피 법칙에 저항한다는 취지에서 붙인 이름이다. 그는 "개체로서, 조직으로서, 종으로서 우리의 진보와 가능성을 제약하는 것들을 영원히 극복하는" 일에 전념했다. 젊은 시절에 급진적 변화를 추구하여 이름을 맥스 오코너에서 맥스 모어로 바꿨는데, 『와이어드Wired』와의 인터뷰에서 그 이유를 이렇게 설명했다. "늘 향상되고 결코 정체되지 않는다는 목표의 핵심을 나타내는 것 같았거든요. 모든 면에서 나아지고 똑똑해지고 적절해지고 건강해지고 싶었습니다. 계속 앞으로 나아가야 한다는 것을 끊임없이 상기시킬 의도였죠."• 그는 자기극복이라는 니체적 임무를 뚜렷하고도 꿋꿋이 추진했다.

그러나 현실의 그는 피닉스 교외 산업단지의 작은 사무실에서 망자에 둘러싸인 채 세월을 보내고 있었다. 물론 그는 희망을 길러내는 사람이었지만, 몸을 처리하고 시체를 관리하는 시신전문가necrocrat이기도 했다.

아내 너태샤와 함께 엮어 최근에 출간한 『트랜스휴머니즘 선집The Transhumanist Reader』 머리말에서 맥스는 이렇게 썼다. "포스트휴먼이 된다는 것은 '인간 조건'에서 덜 바람직한 요소를 규정하는 한

• 덧붙여두자면, 엑스트로피 운동의 기관지 『엑스트로피』 1990년 여름호에서는 개명의 이유를 조금 다르게 설명했다. "나는 이제 '맥스 오코너'가 아니다. 이름을 '맥스 모어'로 바꾼 것은 (미래 지향이 아니라 퇴보를 연상시키는) 아일랜드와의 문화적 고리를 끊고 '수명연장, 지능 강화, 자유 진작'의 엑스트로피적 욕망을 표방하기 위해서였다."

계를 뛰어넘는다는 뜻이다. 포스트휴먼은 더는 질병, 노화, 필연적 죽음을 겪지 않을 것이다."

미래 기술이 인간적 결함으로부터 우리를 해방시키리라는 맥스의 확신은 타고난 낙관론에서 비롯했다. (그의 어머니가 아들의 이름을 '가장 위대한 인물'을 뜻하는 '맥시밀리언'으로 지은 것은 그가 분만병동에서 가장 큰 아기였기 때문이라고 한다.) 그는 자신이 일종의 트랜스휴머니스트 유전자를 가지고 태어났다고 느꼈다. 초월의 갈망, 극복의 욕망은 그가 기억하는 한 늘 자신의 내면에 잠재해 있었다.

맥스는 영국 남서부의 항구 도시 브리스틀에서 자라면서 우주에 매혹되었다. 다른 세계를 정복하는 것이 멋있게 보였기 때문이다. "다섯 살 때 아폴로 우주선이 달에 착륙하는 장면을 봤습니다. 거기에 푹 빠진 소수의 사람 중에 저도 하나였습니다. 그뒤로 착륙 장면을 전부 시청했습니다. 이 행성을 벗어난다고 생각하면 그저 좋았습니다." 맥스는 1970년대에 영국에서 방영된 아동용 텔레비전 드라마 〈내일의 사람들The Tomorrow People〉을 즐겨 보았다. 극중에서 텔레파시, 염력, 순간이동 같은 초능력을 가진 십대 주인공들은 인류의 미래 진화를 보여주는 일종의 전위부대였다. (버려진 런던 지하철역에 보관된) 팀TIM이라는 인공지능이 세상을 구하는 이들의 임무를 도왔다. 맥스는 브리스틀 서점과 도서관의 SF 코너를 뻔질나게 드나들었으며 슈퍼히어로 만화도 엄청나게 읽어댔다. 슈퍼히어로 만화는 그가 인류의 미래를 상상하는 데 지대한 역할을 했다. (그중에서도 기술로 인체를 강화한다는 환상적인 소재를 다룬 스탠 리의 만화 『아이언맨』이 큰 영향을 미쳤다.)

인간의 향상이라는 조숙한 관심사를 가진 맥스는 여남은 살이 되었을 때 장미십자회의 신비주의 의식에 발을 담갔다. 열세 살 때는 유대교 신비주의 카발라에 몸담았다. 그가 다닌 기숙학교는 매우 보수적이었으나 라틴어 교사가 초월명상 수업을 진행했는데 맥스는 수업에 등록한 두 학생 중 하나였다. 하지만 엄격한 침묵과 끈기를 요하는 명상은 그의 성격에 맞지 않았다.

십대 중반이 되자 그는 (자신의 말에 따르면) 비판적 사고력이 생겨서 어릴 적 신비주의에서 벗어났다. 로버트 시어와 로버트 앤턴 윌슨이 쓴 『일루미나티 삼부작The Illuminatus! Trilogy』에서 자유지상주의를 발견한 뒤로는 줄곧 이 사상을 핵심 줄기로 삼았다. (사실 그 소설에서 자유지상주의와 아인 랜드의 사상을 언급한 것은 조롱하기 위해서였지만.) 냉동보존술을 처음 알게 된 것도 윌슨을 통해서였다. 『우주적 방아쇠 I—일루미나티의 최종 비밀Cosmic Trigger I: Final Secret of the Illuminati』이라는 책에서 윌슨은 샌프란시스코 옷가게에서 일하다 강도에게 맞아 목숨을 잃은 딸 루나의 머리를 냉동보존하기로 했다고 밝혔다.

맥스는 일루미나티 서적을 읽고 나서 자유지상주의연합Libertarian Alliance이라는 단체에 가입하여 우주 식민지와 인간 지능 향상에 관심을 가진 사람들과 교류했다. 냉동보존술은 이들에게 인기 있는 주제였으며 맥스는 냉동보존술의 주도적 사상가가 되었다. 옥스퍼드 대학 경제학과 학생이던 1986년에는 캘리포니아 리버사이드의 알코어 옛 본사를 찾아가 6주 동안 현장조사를 진행했다. 영국으로 돌아온 맥스는 미국 외 최초의 냉동보존학회 설립에 관여했다.

옥스퍼드를 졸업한 1987년에 맥스는 로스앤젤레스로 이주하여 서던캘리포니아 대학에서 철학박사 과정을 밟기 시작했다. 그의 논문은 죽음의 본질과 자아의 시간적 지속을 탐구했다. 이 주제를 선택한 것은 냉동보존술과 수명연장에 대한 관심에서였으나, 그가 운을 띄울 때마다 지도교수는 불편한 기색이 역력했다.

맥스가 말했다. "안 될 거라고 생각하시느냐고 물었죠."

우리는 타원형 회의용 탁자에 앉았다. 맞은편의 커다란 방탄유리 너머로 환자 관리실 풍경이 내려다보였다.

맥스가 말했다. "교수님이 철학적 관점에서 반대하시는지, 그러니까 제가 부활하거나 마음을 업로드하면 더는 제가 아니라고 생각하시는지 궁금했습니다. 교수님이 아니라고 하시기에 이렇게 물었습니다. '그럼 뭐가 문제인가요?' 그랬더니 '그냥 다 섬뜩해요!'라고 답하시더군요."

맥스는 이 말을 하면서 가죽의자 앞으로 몸을 숙였다. 예전의 짜증스럽던 기억이 떠오르는 듯 얼굴 근육이 잠깐 경직되었다.

맥스가 말했다. "거기다 대고 뭐라고 말하기가 난감합니다. 정확히 무엇에 비해 섬뜩하다는 거죠? 시신을 땅속에 묻고 벌레와 세균이 천천히 소화시키도록 하는 것에 비해 그렇다는 건가요?"

맥스는 고개를 젓더니, 할말이 많지만 참겠다는 듯 팔을 벌렸다. 그는 이 모든 반사적 혐오야말로 진짜 문제라며, 대통령 산하 생명윤리위원회President's Council on Bioethics 위원장을 지낸 리언 캐스가

『치료를 넘어서Beyond Therapy』라는 책을 썼는데 트랜스휴머니즘에 반대하는 장황한 논증이라고 지적했다.

맥스가 말했다. "캐스는 '혐오 논증Wisdom of Repugnance'을 들고 나왔습니다. 한마디로 무언가가 자기한테 잘못된 것으로 느껴지면 실제로 잘못되었다는 논리입니다. 하지만 사람들의 본능적 반응은 한계를 넘어서는 것을 두려워하도록 가르치는 신화에 바탕을 둡니다. 바벨탑 이야기, 신에게서 불을 훔쳤다가 독수리에게 간을 쪼이는 프로메테우스 이야기 아시잖습니까. 하지만 사람들은 미래의 일이라면 덮어놓고 끔찍하다고 생각합니다. 정작 현실이 되면 받아들일 거면서 말이죠."

맥스는 서던샌프란시스코 대학 저학년 때 자신처럼 자유지상주의자인 톰 벨이라는 젊은 법대생을 만났는데, 그는 수명연장, 지능 증강, 나노기술 같은 주제에 대해 맥스처럼 무척 낙관적이었다. 두 사람은 『엑스트로피—트랜스휴머니즘 사상Extropy: The Journal of Transhumanist Thought』이라는 잡지를 함께 만들었으며 얼마 안 가서 엑스트로피 연구소Extropy Institute라는 비영리단체를 설립했다. (트랜스휴머니즘 운동의 초창기 형태인) 엑스트로피주의와 가장 밀접히 연관된 인물은 맥스이지만, 이 용어를 만든 사람은 벨이다. 벨은 당시에 T.O.모로라는 이름으로 통했지만 1990년대 후반 이후로는 차분한 이름인 톰 W. 벨로 돌아갔다.

맥스는 자신이 1990년에 쓴 「엑스트로피 원칙The Extropian Principles」이 "트랜스휴머니즘 최초의 종합적이고 명시적인 선언"이라고 주장한다. (그 글에서는 '경계 없는 확장' '자기변형' '역동적 낙관주의'

'지능 기술' '자발적 질서' 같은 트랜스휴머니즘 운동의 이상을 제시했다.) 엑스트로피 연구소는 2000년대 중엽까지 활동하다 더 폭넓은 트랜스휴머니즘 운동에 흡수되었는데, 이 운동은 (적어도 명목상으로는) 휴머니티 플러스Humanity Plus라는 단체 산하에 있으며 단체의 회장은 맥스의 아내 너태샤 비타모어Natasha Vita-More다.

맥스와 너태샤는 1990년대 초 만찬회에서 만났다. 만찬을 주최한 사람은 1960년대 약물의 구도자acid guru 티머시 리리였다. 그는 말년에 냉동보존술과 수명연장을 적극적으로 옹호했다.• 너태샤는 맥스보다 열다섯 살 연상으로 당시에 FM-2030과 연인 관계였지만 둘은 첫눈에 끌렸으며 지적으로 서로 통했다. 너태샤는 여섯 달 뒤에 FM-2030과 결별하고는 로스앤젤레스 지역 케이블 방송에서 자신이 진행하는 텔레비전 대담에 맥스를 손님으로 초대했으며 둘은 이내 사귀기 시작했다.

너태샤의 집은 소박하고 근사했다. 두 사람은 오스카라는 골든두들 종 개를 키우고 있었는데 녀석은 쾌활했으며 부담스러울 정도로 친하게 굴었다. 나이를 먹었지만, 최근에 애완동물 전용 냉동보존술을 받기로 결정되었다. 내가 도착했을 때 너태샤는 늦은

• 1970년대에 리리는 각종 약물에 중독된 채 SMI²LE(Space Migration, Intelligence Increase, Life Extension)이라는 깔끔한 구호 아래 미래주의 원칙을 정립했다. 그는 알코어의 오랜 회원이었으며 재단의 연례행사인 칠면조 파티를 자기 집에서 여러 차례 가질 정도로 적극적이었다. 하지만 마지막을 준비해야 할 때가 되자 화장한 재를 대포로 우주에 쏘아 올리는 이벤트성 방식으로 돌아섰다. 이 일은 여전히 냉동보존술 진영에 뼈아픈 상처로 남아 있으며 심각한 비극으로 여겨진다. 하긴 영생주의 세계관에서 이런 입장을 취하는 것은 당연하다. 『엑스트로피』 1996년판에서 맥스와 너태샤는 리리의 결정을 애석하게도 '죽음신봉deathism' 이념에 굴복한 것이라고 비판했다.

아침으로 뮤즐리와 과일을 허겁지겁 먹고 있었다. 템피에 있는 사립대학인 어드밴싱테크놀로지 대학에서 미래학 아침 수업을 진행하고 막 돌아온 참이었다.

너태샤는 65세로, 차분하고 꼿꼿해 보였으며 태도는 따뜻하다가 신중하다가 했다. 흠 없이 훌륭한 외모는 시간이 흘러도 별로 변하지 않은 듯했다. 너태샤는 맥스와의 결혼을 상보적 대립물의 결합으로 표현했다. 분석적 정신과 예술적 정신의 종합, 학구적 정신과 사교적 정신의 종합이라는 것이다. 그녀는 맥스가 영국인이라는 것, 옥스퍼드 대학을 나왔다는 것, 열다섯 살 연하라는 것을 강조했다.

너태샤가 말했다. "우리는 세대가 달라요. 살아온 세상도 전혀 다르죠."

너태샤는 1970년대와 1980년대에 전위예술과 독립영화를 넘나들었다. 선셋 대로에서 행위예술 나이트클럽을 운영하고 잡지 『할리우드 리포터』에 기고했으며 프랜시스 포드 코폴라 밑에서 일하기도 했다. 당시에 베르너 헤어초크나 베르나르도 베르톨루치 같은 거장들과 알고 지냈다고 했다. 그녀는 온갖 인물과 철학을 거론하면서 긴 자유연상 문장으로 이 시기를 서술했다.

너태샤는 뇌의 백업과 몸의 백업을 언급하고 육신의 연약함과 기술의 힘을 이야기했다. 그녀의 태도는 신비롭고 마치 미래를 내다보는 것 같았으며 강렬하면서도 몽롱했다. 이미 먼 미래에 가서 현재의 내게 이야기하는 듯했다.

그녀의 이름은 맥스처럼 자신의 취지를 알리는 상징, 자신에게 하는 약속이었다. 비타모어. 더 많은 생명.

너태샤가 기술과 필멸성에 대해 진지하게 생각하기 시작한 때는 삼십대 초에 육체의 연약함을 대면한 공포의 순간이었다. 1981년에 자궁외임신으로 아기를 사산한 것이다. 병원에 실려간 너태샤는 자신이 흘린 피의 웅덩이 속에 누워 있었다. 생명이 위독했다. 트랜스휴머니즘으로 전향한 계기를 이야기하면서 너태샤는 끊임없이 당시를 떠올렸다. 그녀는 사람의 몸이 약하고 믿을 수 없는 메커니즘이며 모든 사람이 죽음의 굴레에 갇혀 있음을 절감했다.

"사람들은 북한처럼 정부가 사사건건 통제하는 곳에서 산다면 어떻게 자유롭게 생각할 수 있겠느냐고 묻죠. 하지만 우리의 인격은 이 은밀한 미지의 것, 즉 몸에 갇혀 있어요. 저는 생명의 고비를 넘긴 뒤에 세상을 보는 관점이 달라졌어요. 인간 향상에 대해 관심이 무척 커졌어요. 질병과 죽음의 포악한 공격에서 자신을 보호할 수 있을지 고민하기 시작했죠."

맥스는 마음 업로드에 대한 에세이에서, 자신이 충분히 오래 산다면 "물리적 몸을 자신이 선택한 몸으로—물리적 몸이든, 가상의 몸이든—교체할" 생각이라고 말했다. 미래의 몸이 어떻게 생겼을지, 어떻게 작동할지의 물음에 정확히 답할 수는 없지만, 한 가지 가능한 대답은 너태샤의 '프리모 포스트휴먼Primo Posthuman 계획'에서 찾아볼 수 있다. 이것은 이른바 '다중플랫폼 몸platform diverse body'의 청사진이었는데, 착용형 기술을 극한까지 추구해 인체를 인간형 장치—"향상된 성능과 현대적 스타일을 가진, 더 강력하고 오래가고 유연한 몸"—로 완전히 대체한 뒤에, 기질독립적substrateindependent인 마음을 업로드하여 이를 제어한다는 발상이었다.

다중플랫폼 몸은 신체가 제거된 미래에 대한 그녀의 원형原型이었다. 언젠가 이 몸에 사람의 마음을—자신과 맥스의 마음을 비롯하여—업로드할 것이다. 알코어 듀어의 잘린 머릿속에 들어 있는 내용물, 냉동보관되면서 복귀를 기다리는 생명들. 이것이 너태샤가 말하는 부활의 의미였다. 나노기술 보관 시스템, 순간 데이터 재생 및 피드백, 내장된 고속 모순 감지기를 갖춘 근사한 '인간로봇anthrobot'이 제2의 몸이 될 터였다.

완전히 기계화된 몸, 기술의 철벽이라는 너태샤의 이상은 자신이 꿈꾸는 자화상 아니었을까? 자신의 약함과 필멸성을 창조적으로 부정하려는 시도는 아니었을까?

그녀가 말했다. "이 몸이 잘못되면 딴 몸을 찾아야 해요. 우리는 언제 죽을지 몰라요. 왜 그래야 하나요? 전 받아들일 수 없어요. 저는 트랜스휴머니스트로서 죽음에 대해 일고의 애착도 없어요. 죽음이라면 지긋지긋해요. 우리는 노이로제에 걸린 종이에요. 필멸성 때문에요. 죽음이 늘 따라다니니까요."

부정할 수 없었다. 필멸은 결코 받아들일 수 없는 조건이었으며, 언제나 우리가 스스로에게서 소외되는 원인이었다. 너태샤와 이야기하다보니 트랜스휴머니즘의 어떤 점이 그렇게 거슬렸는지 생각났다. 모든 사람이 죽음의 굴레에 갇혀 있다는 그들의 전제는 진실이지만 기술이 우리를 구원하여 필멸의 상태에서 우리를 해방시킬 수 있다는 전제는 괴상했다. 두 전제는 관계가 있기도 하고 없기도 했다.

냉동보존과 마음 내장 아바타 같은 계획은 기술론적 희망과 필멸에 대한 공포 사이에서 비현실의 문턱을 넘을락 말락하는 것 같았다. 그런 계획을 신뢰한다는 것은 상상할 수도 없었다. 하지만 내가 살아온 세상—믿기지 않는 기술, 대중을 현혹하는 경제와 체제, 아찔하게 매달린 불신, 상상할 수 없는 혁신과 야만—을 신뢰할 수도 없었다. 그 무엇도 내 눈에는 터무니없게만 보였으나, 이것이 우리의 현실이었다.

피닉스 공항 출구에서 샌프란시스코행 항공기에 탑승하려고 기다리는 나의 심정이 그랬다. 아직도 시차적응이 되지 않아 몽롱하고 딴 세상에 있는 것 같았다. 이런 생각이 들었다. 기술 자체가 탈신체화disembodiment 전략 아니었나? 소셜미디어, 인터넷, 비행기 여행, 우주 탐사 경쟁, 전신, 철도, 바퀴의 발명—이 모든 기술은 스스로에게서, 자신의 몸에서, 시공간 속 우리의 자리에서 벗어나려는 오랜 열망에서 비롯하지 않았던가?

이런 생각이 든 것은 맥스와 너태샤를 만나 이야기를 나누고 냉동보존된 시신을 구경했기 때문이지만, 샌프란시스코에서 최종적 이탈, 즉 자연 자체로부터의 이탈을 목표로 삼은 사람을 만날 예정이기 때문이기도 했다. 내가 만나려는 신경과학자의 장기 과제는 알코어의 두부들이 유예된 희망을 품은 채 기다리는 미래, 바로 사람의 마음을 기계에 업로드하는 것이었다.

4장

자연 밖으로

어떻게 하는 거냐고? 여기는 수술대 위. 정신은 멀쩡하지만 감각이 없고 움직일 수도 없다. 휴머노이드 기계가 곁으로 다가와 과장된 몸짓으로 임무를 수행한다. 재빠른 동작으로 두개골 뒤쪽에서 커다란 뼈판을 제거하고 거미 다리만큼 가늘고 섬세한 손가락을 뇌의 끈끈한 표면에 조심스럽게 갖다댄다. 지금쯤 이 시술에 뭔가 의혹이 들지도 모르겠다. 괘념치 마시라. 가능하다면. 주사위는 던져졌다. 이젠 돌이킬 수 없다.

고해상도 현미경 감각기가 달린 녀석의 손가락이 뇌의 화학 조성을 탐지하여 수술대 맞은편의 고성능 컴퓨터에 데이터를 전송한다. 손가락이 뇌 속으로 더 깊이 파고들어 점점 더 아래층의 신경세포를 스캔하며 한없이 복잡하게 얽힌 구조를 3차원 지도로 만든다. 이와 동시에 신경 활동을 컴퓨터 하드웨어에서 모델링할 코드를 작성한다. 이 작업이 진행되는 동안 (덜 민감하고 덜 조심스러운) 또다른 기계 부속지가 스캔된 물질을 생폐기물 용기에 넣는다. 나중에 버릴 작정이다.

이 물질은 이제 필요 없다.

어느 순간 자신이 더는 몸속에 있지 않음을 알아차린다. 수술대 위에서 몸의 떨림이 잦아드는 것을, 생명이 끊어진 고기의 무의미한 최후의 경련을 슬픔과 공포와 초연한 호기심으로 관찰한다.

동물로서의 생명이 끝나고 기계로서의 생명이 시작되었다.

이것은 카네기멜론 대학 인지로봇공학 교수 한스 모라벡이 『마음의 아이들Mind Children—로봇과 인공지능의 미래』에서 제시한 것과 비슷한 시나리오다. 모라벡은 미래 인류가 이런 과정을 통해 대규모로 생물학적 몸을 버릴 것이라고 확신한다. 많은 트랜스휴머니스트도 같은 생각이다. 이를테면 레이 커즈와일은 마음 업로드 개념을 지지하는 대표적 인사다. 그는 『특이점이 온다The Singularity Is Near』에서 이렇게 썼다. "인간 뇌를 모방한 체계를 전기적으로 움직이면 생물학적 뇌보다 훨씬 빠른 속도를 보일 수 있을 것이다. 뇌는 고도 병렬연결이라는 이점(100조 개 수준의 개재뉴런interneuron 연결들이 동시에 가동될 수 있다는 잠재력)을 갖고 있지만 현대 전자회로들에 비하면 연결의 재정비 시간이 너무 길다." 커즈와일은 컴퓨터의 성능과 용량이 증가하고 뇌 스캔 기법이 발전함에 따라 2030년대 초면 이런 에뮬레이션에 필요한 기술이 등장하리라 단언한다.

이것은 사소한 문제가 아니다. 그들은 수명의 급격한 연장뿐 아니라 인지 능력의 급격한 확장을 이야기한다. 자아의 무한한 복제와 반복에 대해 이야기한다. 이런 과정을 거치면 무한한 가능성의 실재로서, 존재라고 말할 수 있는 것의 극한까지 존재할 수 있게 된다.

내가 알기로 '탈신체화된 마음' 개념은 트랜스휴머니즘의 핵심이다. 자연으로부터 독립하는 이 최종적 행위는 트랜스휴머니즘 운동 최고最高의 이상이며 알코어의 거대 듀어에 보관된 모든 몸과 머리의 미래다. 하지만 내가 이해하기로 이 개념은 SF소설, 테크노퓨처 논란, 철학적 사고실험 등 사변적 수준에 머물러 있다.

그러다 란달 쿠너라는 사람을 만났다.

란달을 알게 된 것은 베이에어리어에서 열린 트랜스휴머니즘 학술대회에서였다. 그는 연사가 아니었으나 개인적으로 관심이 있어서 참석했다고 했다. 나이는 사십대 초, 밝지만 내성적인 성격이었으며, 오래전에 영어를 습득한 듯 딱딱 끊어지는 외국인 억양이었다. 우리는 잠깐만 대화를 나눴다. 솔직히 그때는 란달이 무슨 일을 하는지 정확히 알지 못했다. 그는 헤어지면서 명함을 줬는데, 그날 저녁 샌프란시스코 미션의 숙소에 돌아와서야 지갑에서 명함을 꺼내 제대로 들여다보았다. 명함에는 노트북 사진이 박혀 있었는데, 화면에 뇌 그림이 떠 있었다. 그 아래에는 신비롭고 매혹적인 문구가 쓰여 있었다. "카본카피스Carboncopies, 기질독립적 마음에 이르는 현실적 경로. 창업자 란달 A. 쿠너."

내 노트북을 꺼내 카본카피스 웹사이트에 들어갔다. 그곳은 "신경조직 및 완전한 뇌의 역공학을 발전시키고, 마음의 기능을 재현하여 기질독립적 마음을 만들어내는 전뇌 에뮬레이션 및 신경보철물 개발을 진흥하는 비영리기관"이었다. '기질독립적 마음'의 설명을 찾아보니 "개개인 특유의 정신·경험 기능이 생물학적 뇌 이외의 다양한 작동 기질에서 유지될 수 있도록 한다는 목표"라고 나와 있었다. 나중에 알게 된바 이 과정은 "플랫폼 독립적 코드를 다양한 컴퓨팅 플랫폼에서 컴파일하고 실행하는 것과 비슷하다".

그때는 몰랐지만, 나는 안데르스와 맥스와 너태샤가 언급하고 레이 커즈와일이 『특이점이 온다』에서 약술한 뇌 업로드 시나리오를 적극적으로 추진하는 사람을 만난 것이었다. 내가 꼭 알아야 할 사람이었다.

란달 쿠너는 사근사근하고 달변이었다. 무섭게 똑똑하고, 전산신경과학computational neuroscience이라는 희귀한 분야에 종사하는 사람치고는 말발이 셌다. 그와 함께 있으면, 그가 하는 일이 상상도 못 할 결과를 가져올 수 있으며 그가 설명하는 것들이 형이상학적으로 무척 괴상하다는 사실을 종종 망각했다. 그는 전처와 사이가 좋다거나 유럽과 미국의 과학계가 문화적으로 다르다거나 하는 식으로 옆길로 새기도 했는데, 그의 연구가 만일 목표한 결과를 달성한다면 이는 호모 사피엔스가 진화한 이후로 가장 중대한 사건이 될 것이라는 불안감이 서서히 섬뜩하게 밀려든 기억이 난다. 물론 꽤 먼 훗날 일이긴 하지만, 따지고 보면 과학의 역사도 희박한 가능성이 실현된 연대기 아니던가.

어느 이른 봄 저녁 란달이 노스베이에서—그는 토끼가 우글거리는 농가를 임대하여 숙소 겸 연구실로 쓰고 있었다—샌프란시스코로 나를 찾아왔다. 우리는 콜럼버스 가의 작은 아르헨티나 식당에서 저녁을 먹기로 했다. (공교롭게도 메뉴에는 '토끼 반 마리'라는 요리가 있었다. 란달은 구미가 당기지만 집에 돌아가 토끼 이웃들의 눈길을 마주칠 자신이 없다며 포기하고는 닭고기를 주문했다.) 란달은 검은색 셔츠, 검은색 카고팬츠, 검은색 신발까지 온통 검은색으로 빼입었으며 나뭇잎 무늬에 스탠드칼라가 달린 연녹색의 화려한 네루 재킷을 걸쳤다. 마치 종말을 대비하는 신비주의자처럼 어딘지 모순적이고 종잡을 수 없는 차림새였다.

희미한 외국어 억양은 알고 보니 네덜란드어의 흔적이었다. 란달은 그로닝겐에서 태어나 하를렘에서 어린 시절을 보냈다. 아버지는 입자물리학자였으며 핵실험 시설을 전전하느라 이사를 자주 다녔다. 한번은 캐나다 위니펙에서 2년간 지내기도 했다.

43세이지만 동안인 란달은 캘리포니아에서 산 지 5년밖에 안 됐으나 이곳을 집으로, 또는 노마드적 삶의 여정에서 겪은 장소를 통틀어 집과 가장 가까운 곳으로 여긴다. 그 이유는 기술진보주의 문화와 관계가 깊다. 이 문화는 실리콘밸리에서 발원하여 급진적 아이디어를 유례 없이 쏟아내며 베이에어리어 전역에 퍼졌다. 란달이 자신의 연구를 남들에게 설명한 지는 꽤 되었지만, 다들 "농담하는 거지?" 하면서 웃어넘기거나 대화 중간에 자리를 박차고 나갔다.

농담은 한마디도 하지 않았는데. 지난 30년 동안 란달은 마음을 물질(살, 피, 신경 조직)에서 뽑아낸다는 이상에 인생을 바쳤다. 신경과학을 연구하다 우연히 흥미가 생긴 것이 아니다. 열세 살 때부터 한길로만 걸어왔다.

마음 업로드 연구가 성공하면 디지털로 복제된 자아는 사실상 불멸할 것이다. 이것이 마음 업로드 분야에서 중요한 요소이기는 하지만, 란달은 불멸 자체를 추구하지는 않는다. 그의 관심사는 창조력의 한계를 넘어서려는 집착에서 비롯했다. (그는 하고 싶고 경험하고 싶은 것은 많은데 주어진 시간이 너무 적다는 사실을 일찌감치 알아차렸다.)

란달이 맥주를 홀짝거리며 말했다. "제 머릿속에서는 컴퓨터처럼 문제를 최적화할 수 없습니다. 문제 하나를 천 년 동안 연구할 수도 없고 옆 태양계로 갈 수도 없습니다. 그전에 죽을 테니까요. 한계가 너무 많은데, 알고 보니 전부 뇌 때문이더군요. 인간의 뇌를 개선해야 한다는 사실을 분명히 깨달았습니다."

란달은 십대 초에 인간의 뇌가 계산의 관점에서 중대한 문제가 있다는 생각이 들기 시작했다. 그것은 컴퓨터와 달리 읽기와 덮어쓰기가 안 된다는 사실이었다. 코드 몇 줄 써서 뇌를 향상시키고 효율성을 높일 수는 없다. 뉴런의 속도를 컴퓨터 프로세서처럼 끌어올리는 것은 불가능하다.

이 시기에 란달은 아서 C. 클라크의 『도시와 별The City and the Stars』을 읽었다. 이 소설은 십억 년 뒤의 미래가 배경인데, 다이어스퍼Diaspar라는 폐쇄된 도시를 통치하는 초지능 '중앙컴퓨터'가 포스트휴먼 시민의 신체를 만들고 그들이 죽으면 마음을 기억 뱅크에 저장했다가 미래에 환생시킨다. 란달은 이 아이디어가 인간을 데이터로 전락시키는 것은 아니며—그것은 불가능한 일이라고 생각했다—이 아이디어를 실행에 옮기지 못할 이유가 없다고 생각했다. 란달의 부모는 그를 격려했으며, 저녁 식탁에서는 인간의 마음을 하드웨어에 보존한다는 과학적 가능성을 주제로 이야기를 나눴다.

전산신경과학이라는 신흥 분야는 생물학이 아니라 수학, 물리학 출신들이 진출했는데, 란달이 보기에 마음을 매핑하고 업로드하는 문제를 연구하기에 가장 적격인 것 같았다. 란달은 1990년대 중엽에 인터넷을 사용하기 시작하면서 관심사가 같은 사람들의 느슨한 커뮤니티를 발견했다.

몬트리올 맥길 대학 전산신경과학 박사과정에 막 들어갔을 때는 연구의 숨은 동기를 드러내지 않으려고 조심했다. 몽상가나 괴짜로 치부될까봐서였다.

란달이 말했다. "숨기지는 않았지만, 다짜고짜 인간 마음을 컴퓨터에 업로드하고 싶다고 말하지도 않았습니다. 기억의 부호화 같은 유관 분야의 사람들과 공동연구도 했습니다. 전뇌 에뮬레이션의 전체 로드맵과 어떻게 맞아떨어지는지 알고 싶었거든요."

란달은 핼시언 멀레큘러Halcyon Molecular(피터 틸이 설립한 실리콘밸리 유전자 분석 및 나노기술 스타트업)에서 한동안 일하다 베이에어리어에 남아 자신의 오랜 염원을 이루기 위한 비영리단체를 설립하기로 마음먹었다. 그는 카본카피스를 나노기술, 인공지능, 뇌

영상화, 인지심리학, 생명공학 등 기질독립적 마음의 구현에 필수적인 여러 분야의 연구자들이 연구 성과를 공유하고 기여 방안을 논의하는 사랑방으로 구상했다. 란달은 카본카피스에서 기본적으로 관리 업무를 할 것이라고 말했지만 이곳은 관료적 조직과는 거리가 멀었다.

그가 말했다. "전화를 많이 합니다. 저는 박사후 연구원이나 연구 조교가 없습니다. 그 대신 여러 분야에서 정보를 알려주는 협력자들이 있습니다."

란달이 재야에서 활동하기로 마음먹은 계기는 애초에 연구를 시작한 계기와 같다. 그것은 자신에게 남은 날이 많지 않으며 점점 줄고 있다는 걱정이었다. 그가 대학에 들어갔다면 정년을 보장받을 때까지 자신의 관심사와 무관한 연구에 시간을 허비해야 했을 것이다. 그가 선택한 길은 과학자에게는 힘든 길이었다. 그는 소액의 민간 기금을 전전하며 생계비와 연구비를 해결했다. 하지만 급진적 기술낙관론이라는 실리콘밸리 문화는 그를 지탱하는 힘이자 금전적 지원의 원천이었다. 부유하고 영향력 있는 사람들 중에는 인간의 마음이 컴퓨터에 업로드되는 미래를 적극적으로 추구하는 사람들이 있다. 돈을 써서 파괴적 혁신을 통해 해결해야 할 문제로 여기는 것이다.

그중 한 사람이 드미트리 이츠코프다. 그는 34세의 러시아인으로, IT 분야에서 거액을 벌었으며 그가 설립한 '2045 이니셔티브'는 "개인의 인격을 더 진보된 비非생물학적 용기에 전송하고 수명을 (가능하다면 영원히) 연장하는 기술을 개발하는" 것을 목표로 천명한다. 이츠코프가 추진하는 사업 중 하나는 '아바타'를 만드는 것인데, 이는 마음 업로드를 보완하는 기술인 뇌-기계 인터페이스(인간의 신경 활동으로 로봇 의수족을 제어하는 기술)를 통해 인조 휴머노이드 신체를 제어하는 방식이다. 이츠코프는 란달이 카본카피스에서 하는 연구에 자금을 지원했으며 2014년에는 뉴욕 링컨센터에서 '글로벌 퓨처 2045'라는 학술대회를 공동개최했다. 홍보문에 따르면 대회의 목표는 "인류의 새로운 진화 전략을 논의"하는 것이었다.

란달은 나와 대화를 나누던 당시에 브라이언 존슨이라는 IT기업가와 일하고 있었다. 존슨은 2년 전에 자신의 자동결제회사를 페이팔에 8억 달러에 매각했으며 지금은 '오에스 펀드OS Fund'라는 벤처투자회사를 운영한다. 웹사이트에 따르면 이 회사는 "생명의 운영체제를 다시 쓰겠다고 약속하는 양자도약quantum leap의 발견을 추구하는 기업가에게 투자"한다. 이 말은 기이하고 불편했다. 인간 경험에 대한 이들의 태도—이 태도는 베이에어리어를 진앙 삼아 바깥으로 퍼져나가고 있었다—를 엿볼 수 있었기 때문이다. 이들은 소프트웨어 은유를 통해 인간의 본질을 이해하고자 했다. (존슨은 회사 웹사이트에 이런 사명문을 올렸다. "컴퓨터의 중심에 운영체제가 있듯—이 운영체제는 컴퓨터가 어떻게 작동할지 결정하며, 모든 응용프로그램이 돌아가는 토대가 된다—생명체의 모든 요소에는 운영체제OS가 있다. 우리가 발전의 양자도약을 가장 많이 경험하는 것은 이 OS 수준에서다.")

란달의 에뮬레이션 연구도 똑같은 본질적 은유를 핵심으로 삼았다. 마음은 소프트웨어, 즉 인체라는 플랫폼에서 돌아가는 응용프로그램이라는 것이다. 란달이 말하는 '에뮬레이션'이란 PC의 운영체제를 이른바 '플랫폼 독립적 코드'로 맥에서 에뮬레이팅하는 것과 똑같은 의미다.

전뇌 에뮬레이션에 필요한 과학은 여러분의 예상대로 무지하게 복잡하며 이에 대한 해석은 모호하기 이를 데 없다. 하지만 과도한 일반화의 위험을 무릅쓴다면 이런 식으로 생각해볼 수 있다. 첫째, 가장 먼저 도입되는 기술, 또는 기술의 조합(나노봇, 전자현미경 등)을 통해 뇌에서 관련 정보—신경세포, 끊임없이 가지를 치는 신경세포 간의 연결, 의식이라는 부산물을 생산하는 정보처리 활동—를 스캔한다. 다음으로 이 스캔 데이터를 청사진 삼아 뇌의 신경망을 재구성하고, 뒤이어 계산 모형으로 변환한다. 마지막으로, 이 모든 과정을 제3의 비非육신 기질에 에뮬레이팅한다. 이 장치는 슈퍼컴퓨터일 수도 있고, 체화 경험을 재생산·확장하는 휴머노이드 기계(어쩌면 너태샤의 프리모 포스트휴먼 비슷한 것)일 수도 있다.

사람의 몸 바깥에 존재한다는 게 어떤 의미냐고 물을 때마다—여러 차례 여러 방식으로 물었다—란달은 기질독립성의 본질이란 단일하게 존재하지 않는다는 데 있다고 말했다. 생명에 있어 하나의 기질, 하나의 매체란 것이 없기 때문이다.

이 개념을 트랜스휴머니즘에서는 '형태적 자유morphological freedom'라고 부른다. 기술적으로 가능한 한 어떤 신체 형태든 선택할 수 있는 자유를 일컫는 말이다.

1990년대 중엽에 업로드를 주제로 한 『엑스트로피』 기사에서는 이렇게 표현했다. "원하는 것은 무엇이든 될 수 있다. 클 수도 있고 작을 수도 있고, 공기보다 가벼워져 날 수도 있고, 순간이동으로 벽을 통과할 수도 있다. 사자나 영양, 개구리나 파리, 나무, 웅덩이, 천장에 칠한 페인트가 될 수도 있다."

내게 솔깃했던 건 이것이 얼마나 기이하고 극단적인가가 아니라—물론 기이하고 극단적이었다—얼마나 근본적으로 다른가, 얼마나 보편적인가였다. 란달과 대화할 때는 이 연구의 실현 가능성이 어떤지, 어떤 바람직한 결과를 상정하는지를 주로 논의했다. 하지만 그의 회사를 나설 때면—전화를 끊거나, 작별 인사를 하고 가까운 지하철역으로 걷기 시작할 때면—이 사업 전반에 대해 묘한 매력을 느꼈다.

인간의 형체에서 해방되려는 이 욕망에는 역설적이면서도 틀림없이 인간적인 무언가가 있었다. 예이츠의 시 「비잔티움으로의 항해」가 자꾸 떠올랐다. 시에서는 늙어가는 시인이 쇠약해지는 육신, 병들어가는 심장으로부터 벗어나고픈 열망을 토로한다. "죽어가는 동물"을 버리고 기계 새라는 인위적이고 불멸하는 형태를 취하려는 것이다. "일단 자연에서 벗어나면 나는 결코/어떤 자연물로부터도 육신의 형태를 취하지 않고,/그리스 황금 세공인들이 금붙이를 두들기거나/도금으로 만드는 그런 형상을 본뜨[리라]."

물론 예이츠가 노래한 것은 미래라기보다는 고대를 이상화한 환상이었다. 하지만 우리의 마음속에서, 우리의 문화적 상상력에서 이 두 가지가 이토록 뚜렷하게 분리된 적은 없었다. 모든 유토피아적 미래는 신비화된 과거에 대한 수정주의적 독법이다. 여기서 예이츠의 환상은 타락시킬 수 없는 영혼을 가진 고대의 자동인형(영원히 노래하는 기계 새)이 되는 것이다. 그는 노화와 쇠약에 대해, 불멸의 갈망에 대해 썼다. 그는 "성스러운 불"에서 "성자"가 나타나 자신을 "영원한 예술품 속"으로 인도하길 간구했다. 그는 미래를 꿈꿨다. 죽음이 없는, 불가능한 미래를. 그가 꿈꾼 것이 특이점임을 나는 알아차렸다. 그는 지나간 것, 지나가고 있는 것, 도래할 것을 노래했다.

2007년 5월에 란달은 인류미래연구소에서 열린 마음 업로드 워크숍에 참가했다. (참가자는 열세 명이었다.) 워크숍의 결과로 안데르스 산드베리와 닉 보스트롬이 공저한 『전뇌 에뮬레이션 로드맵Whole Brain Emulation: A Roadmap』이라는 기술 보고서가 출간되었다. 보고서는 첫머리에서 마음 업로드가 아직 먼 얘기이기는 하지만 기존의 기술을 발전시키면 이론적으로 가능하다고 주장했다.

마음을 소프트웨어에 시뮬레이션한다는 발상에 대해 흔히 제기되는 비판은 우리가 의식이 어떻게 작동하는지 이해하지 못하기에 어디서 출발해야 할지조차 모른다는 것이다. 이에 대해 보고서는 컴퓨터와 마찬가지로 전체 시스템을 이해하지 못해도 에뮬레이션 할 수 있다고 주장한다. 뇌 관련 정보를 모두 담은 데이터베이스와 실시간 상태 변화를 판단하는 동역학적 기준만 있으면 된다는 것이다. 말하자면 필요한 것은 정보의 이해가 아니라 정보 자체—개인의 원시 데이터—일 뿐이라는 것이다.

보고서에 따르면 이 원시 데이터를 추출하는 데 가장 중요한 것은 "필요한 정보를 얻기 위해 뇌를 물리적으로 스캔할 수 있어야 한다"는 것이다. 이 점에서 가장 유망한 기술은 뇌를 3차원 초고해상도로 스캔하는 입체현미경 기술3D microscopy인 듯하다.

워크숍의 초청 참가자 중에는 3스캔3Scan이라 불리는 기업의 최고경영자 토드 허프먼도 있었는데, 이 회사가 바로 입체현미경 기술을 선도하고 있었다. 토드는 랜달이 거명한 협력자 중 하나로, 랜달에게 연구 동향, 마음 업로드와의 연관성을 정기적으로 알려주었다.

3스캔의 스타트업 종잣돈을 댄 투자자 중 한 명이 피터 틸이기는 하지만—트랜스휴머니즘 운동을 명시적으로 표방하지는 않았으나 그가 (특히 자신의) 수명의 획기적 연장과 관련된 사업에 투자한 사실은 널리 알려져 있다—이 회사가 뇌 업로드 시장을 뚜렷하게 염두에 둔 것은 아니다. (시장이 없으니 그럴 수밖에 없다.) 3스캔은 자사의 기술을 세포 병리 진단·분석용 의료기기로 홍보한다. 하지만 미션베이에 있는 3스캔 사무실에서 만난 토드는 인간의 마음을 컴퓨터 코드로 번역하겠다는 오랜 바람이 창업의 동기였다고 털어놓았다. 그는 역사를 결정하는 신비주의적 힘에 의해 특이점이 찾아오기를 마냥 기다리고 싶어하지는 않았다.

토드가 말했다. "이런 말이 있죠. 미래를 예언하는 최선의 방법은 미래를 창조하는 것이다."

토드는 열렬한 트랜스휴머니스트다. 알코어 회원이며, 왼손 약손가락 끝에 삽입한 장치로 전자기장을—약한 진동을 통해—감지한다. 덥수룩한 수염, 분홍으로 염색한 머리카락, 버켄스탁 신발, 검은색 매니큐어를 칠한 발톱을 보면 두세 사람을 합쳐놓은 듯하다.

그는 회사 사람들도 알다시피 자신이 오래전부터 전뇌 에뮬레이션에 관심이 있었지만 이것이 회사의 일상 업무와는 무관하다고 말했다. 궁극적으로 에뮬레이션을 위해 인간 뇌를 스캔하는 데 유용할 기술이 지금은 암 연구를 위해 환부를 분석하는 데 더 직접적으로 요긴할 뿐이라는 것이다.

토드가 말했다. "제가 보기에는 마음 업로드가 업계를 이끄는 게 아니라 업계가 마음 업로드를 이끄는 듯합니다. 마음 업로드와 무관한 업종이 많지만, 여기서 개발한 기술이 마음 업로드에 이용될 수 있으니까요. 반도체 산업을 예로 들어보죠. 이 분야에서 정밀 가공·측정 기법이 발전했고 신경세포의 고해상도 입체 재구성에 매우 유용한 전자현미경도 개발됐습니다."

실리콘밸리는 허황한 공상을 비웃지 않는 풍토가 있어서 토드는 뇌 업로드에 대한 관심을 토로하는 데 전혀 거리낌이 없었지만, 사업상의 만남에서 말을 꺼낼 수는 없었다. 그는 고도의 과학적 차원에서 이 문제를 진지하게 생각하는 사람은 극소수에 불과하며 실제로 연구를 진행하는 사람은 더 적다고 말했다.

"사람들은 뇌 업로드 연구를 비밀에 부칩니다. 학계에서 낙인찍히거나 연구비 지원, 정년 보장, 승진 등에서 탈락할까봐서죠. 저는 그런 걱정이 없습니다. 혼자 일하니까요. 저를 이 건물에서 내보낼 사람은 아무도 없습니다."

토드는 연구실을 구경시켜주었다. 광학 장비와 디지털화 장비,

근사한 요리처럼 유리판 사이에 보관된 쥐의 뇌 절편 등이 어지럽게 널려 있었다. 절편들은 입체현미경을 이용해 촬영하고 디지털화하여 축삭돌기, 가지돌기, 시냅스의 신경학적 위치, 구조, 배열에 대한 상세 데이터베이스를 구축한다.

뇌 절편을 들여다보다가 깨달았다. 이 스캔기술이 확장되어 전뇌 에뮬레이션이 가능하게 되더라도 동물을, 적어도 원래 신체를 죽이지 않고서는 뇌를 에뮬레이팅하는 것이 불가능함을. 에뮬레이션 옹호자들은 이 문제를 인정하면서도 나노기술(개별 분자와 원자를 조작할 수 있을 정도로 작은 규모의 기술)에 희망을 건다. 런던 임페리얼 칼리지 인지로봇공학 교수 머리 섀너핸은 이렇게 썼다. "나노 척도의 로봇 무리가 뇌의 혈관망을 자유로이 헤엄쳐 다니다 각 로봇이 신경세포의 막이나 시냅스 근처에 삿갓조개처럼 달라붙는다고 상상해보자." (한편 란달은 '신경 먼지neural dust'에 주목한다. 캘리포니아 대학 버클리 캠퍼스에서 개발한 이 기술은 깨알만한 무선 탐침을 신경세포에 부착하여 아무런 손상 없이 데이터를 추출한다. 란달이 말한다. "아스피린 먹는 거나 비슷할 겁니다.")

이 뇌 절편들이 인간과 자연과 기술의 삼각관계를 묘하게 보여준다는 생각이 들기 시작했다. 내 눈앞에는 동물의 중추신경계 일부가 기계 판독을 위해 압축되어 유리판 사이에 들어 있었다. 이것은 뇌에—동물의 뇌에, 인간의 뇌에—무슨 의미일까? 의식을 읽을 수 있게 된다는 것, 자연의 불가해한 코드를 기계의 일상어로 번역할 수 있게 된다는 것은 무슨 의미일까? 그런 기질에서 정보를 뽑아낸다는 것, 그 정보를 다른 매체에 옮긴다는 것은 무슨 의미일까? 정보가 원래 맥락 바깥에서도 의미를 가질 수 있을까?

정보야말로 (내가 아닌, 지능의 매체에 불과한 어떤 기질에 담긴) 나의 본질이며 우리 몸은 뇌 절편들이 보관된 유리판처럼 단순한 용기容器로 취급받을지도 모른다고 생각하니 기이하기 이를 데 없었다. 인간을 극단적 실증주의의 관점에서 바라보는 사람들은 지능이 곧 인간이라고 주장한다. 여기서 지능은—기술과 지식의 적용도 여기에 포함된다—수집하고 추출하고 정리되는 정보를 뜻한다.

레이 커즈와일은 이렇게 썼다. "뉴런의 복잡성 중 대부분은 정보처리 과정이 아니라 생명 유지 기능에 할당되어 있다. 미래에는 우리의 정신 과정들을 좀더 나은 연산기관으로 옮길 수 있을 것이다. 그러면 우리 마음은 더이상 좁은 곳에 갇혀 있지 않아도 될 것이다."

전뇌 에뮬레이션, 또한 운동이나 이념이나 이론으로서 트랜스휴머니즘 자체의 뿌리에는 우리가 잘못된 재료에 얽매여 있으며 이 때문에 제약을 받고 있다는 관념이 깔려 있다. "좀더 나은 연산기관" 운운하는 것이 말이 되려면 애초에 자신을 컴퓨터로 생각해야 할 테니 말이다.

뇌가 기본적으로 정보처리 시스템이고 이 점에서 컴퓨터를 닮았다는 개념을 심리철학에서는 계산주의computationalism라 한다. 발상 자체는 디지털 시대 이전에 제기되었다. 이를테면 1655년에 출간된 『물체론De Corpore』에서 토머스 홉스는 이렇게 썼다. "나는 계산을 추론으로 간주한다. 계산한다는 것은 여러 것의 합을 한번에 구하거나 한 가지를 뺐을 때 나머지가 무엇인지 아는 것이다. 따라서 추론은 더하기나 빼기와 같다."

마음을 기계로 보는 개념과 마음을 가진 기계라는 개념 사이에는 늘 피드백 고리가 있었다. 수학자 앨런 튜링은 1950년에 이렇게 썼다. "20세기 말이 되면 기계가 생각한다고 말해도 모순이 아닐 것이다."

기계가 점점 정교해지고 인공지능에 관심을 가진 전산학자가 늘면서 마음의 기능을 컴퓨터 알고리즘으로 시뮬레이션할 수 있으리라는 생각이 차츰 힘을 얻고 있다. 2013년에 유럽연합은 '인간 뇌 프로젝트Human Brain Project'라는 사업에 십억 유로 이상을 투자했다. 스위스에 본부를 두고 신경과학자 헨리 마크럼이 주도하는 이 사업은 인간 뇌의 상용 모형을 만들고 인공신경망을 이용해 십 년 안에 슈퍼컴퓨터로 이를 시뮬레이션한다는 계획을 갖고 있다.

나는 샌프란시스코를 떠나고 얼마 지나지 않아 스위스로 가서 '뇌 포럼Brain Forum'이라는 행사에 참석했다. 뇌 포럼은 신경과학·기술을 주제로 한 호화 학술대회인데, 인간 뇌 프로젝트 본부가 있는 로잔 대학에서 열렸다. 그곳에서 만난 사람 중에는 듀크 대학 교수로, 미게우 니콜렐리스라는 브라질 사람이 있었다. 니콜렐리스는 세계적 신경과학자이며 뇌-기계 인터페이스의 개척자다. (란달은 대화 도중에 이 기술을 여러 차례 언급했다.)

니콜렐리스는 수염을 덥수룩하게 길렀으며 장난기가 넘쳤다.

양복에 받쳐 신은 나이키 운동화는 가식적이라기보다는 전통보다 편안함을 중시하는 태도에서 비롯한 듯했다. 그는 자신이 개발한 뇌 제어식 로봇 외골격에 대해 강연할 예정이었다. 상파울루에서 열린 2014년 월드컵 개막식에서는 사지마비 환자가 이 장치를 착용한 채 시축을 했다.

그의 연구가 트랜스휴머니스트들에게 곧잘 인용되었기에 나는 니콜렐리스가 마음 업로드의 전망을 어떻게 생각하는지 궁금했다. 결론부터 말하자면 별 관심이 없었다. 그는 연산 플랫폼에서 사람의 마음을 시뮬레이션한다는 발상 자체가 뇌 활동의 동적 성격—우리가 마음이라고 여기는 것—과 근본적으로 모순된다고 지적했다. 그는 인간 뇌 프로젝트도 같은 이유로 애초에 틀려먹었다고 덧붙였다.

"마음은 정보를 훌쩍 뛰어넘습니다. 데이터도 훌쩍 뛰어넘죠. 뇌가 어떻게 작동하는지, 그 속에서 무슨 일이 일어나는지를 컴퓨터로 알아낼 수 없는 것은 이 때문입니다. 뇌는 연산할 수 없습니다. 시뮬레이션이 불가능하다고요."

니콜렐리스는 뇌가 여느 자연 현상과 마찬가지로 정보를 처리한다고 해서 이런 처리를 알고리즘으로 구현하여 컴퓨터에서 가동할 수는 없다고 말했다. 인간의 중추신경계는 노트북과의 공통점보다는 물고기떼나 새떼, 또는 주식시장처럼 요소들이 상호작용하고 융합하여 단일 개체를 이루며 이 개체의 움직임이 본질적으로 예측 불가능한 자연적 복잡계와 공통점이 많다. 수학자 로널드 시큐렐과 공저한 『상대론적 뇌The Relativistic Brain』에서 밝혔듯 뇌는 실제 경험의 결과로 스스로를 끊임없이 (물리적으로 또한 기능적으로) 재조직화한다. "뇌에서 처리하는 정보는 뇌의 구조와 기능을 재구성하는 데 이용되어 정보와 뇌 물질을 재귀적으로 통합한다. (이 통합은 영구적이다.) 복잡한 적응계를 정의하는 특징은 우리가 그 계의 동역학적 행동을 정확히 예측하거나 시뮬레이션하기 힘들다는 것이다."

뇌의 연산 가능성에 대한 니콜렐리스의 회의론은 뇌 포럼에서 소수파에 속한다. 뇌 업로드 같은 막연하고 추상적인 얘길 하는 사람은 아무도 없었지만, 내가 들은 문장은 거의 모두 뇌를 데이터로 번역할 수 있다는 합의를 재확인했다. 학술대회 전반에 깔린 메시지는 뇌가 어떻게 작동하는지에 대해 알려진 것이 거의 없긴 하지만 우리 머릿속에서 벌어지는 일을 알려면 뇌 스캔과 방대한 동역학적 모형 구축이 반드시 필요하다는 것이었다.

이튿날 에드 보이든이라는 신경공학자를 만났다. 보이든은 수염을 기르고 안경을 썼으며 삼십대 중반의 점잖고 활기찬 미국인이었다. 그는 MIT 미디어랩에서 합성신경생물학 연구진을 이끌었다. 그의 연구 분야는 뇌를 매핑하고 제어하고 관찰하는 도구를 만들어 뇌가 실제로 어떻게 작동하는지 알아내는 것이다. 그는 지향적 광양자를 이용하여 살아 있는 동물의 뇌 신경세포를 개별적으로 켜고 끄는 신경조절neuromodulation 기법인 광유전학optogenetics의 탄생에 기여하여 최근 명성을 얻었다.

란달은 대화 도중에 그의 이름을 여러 차례 언급했으며—보이든이 전뇌 에뮬레이션을 포괄적으로 지지하며 그의 연구가 전체

계획에 중대한 연관성이 있다고 말했다—보이든은 지난해 뉴욕에서 열린 '글로벌 퓨처 2045'에 연사로 참가하기도 했다.

보이든은 뇌의 각 부위를 궁극적으로 신경보철물로 대체할 수 있으리라 믿었다. 테세우스의 배(그리스 신화에 등장하는 역설로, 배의 모든 널빤지를 교체한 뒤에도 그 배가 원래의 배와 같은지에 대한 논증—옮긴이) 식으로 보자면 이것은 전뇌 에뮬레이션이 가능하다고 믿는 셈이다.

그가 말했다. "저희 목표는 뇌의 해를 구하는 것입니다." 이 말은 신경과학의 궁극적 목표, 즉 뇌가 어떻게 작동하는지, 수십억 개의 신경세포와 (신경세포들이 이루는) 수조 개의 연결이 어떻게 조직화되어 의식이라는 현상을 만들어내는지 이해하는 것을 의미한다. '해를 구하다'라는 수학적 표현이 인상적이었다. 결국은 방정식이나 십자말풀이처럼 뇌를 풀 수 있다는 말 아닌가.

보이든이 말했다. "뇌의 해를 구하려면 컴퓨터에서 시뮬레이션할 수 있어야 합니다. 저희는 연결체학connectomics을 이용해 뇌를 매핑하려고 열심히 연구하고 있습니다. 하지만 연결만으로는 충분하지 않습니다. 정보가 어떻게 처리되는지 이해하려면 뇌의 분자가 전부 필요합니다. 현 시점에서 타당한 목표는 작은 생물을 시뮬레이션하는 것일 테지만, 그러려면 뇌 같은 입체를 나노 수준의 정확도로 매핑할 수 있어야 합니다."

마침 보이든의 MIT 연구진이 그런 혁신적 장치를 개발했다. 확장현미경술expansion microscopy이라는 이름의 이 장치는 (기저귀에 흔히 쓰는) 중합체를 이용하여 뇌조직 시료를 물리적으로 부풀린다. 중

합체는 조직을 고루 부풀려 비율과 연결을 고스란히 유지하는 데 사용되며 이로 인해 매핑 정확도가 부쩍 높아진다.

보이든은 노트북을 꺼내 이 기법으로 만든 뇌조직 시료의 입체 영상을 몇 장 보여주었다.

내가 물었다. "이렇게 하는 궁극적 목표가 뭔가요?"

"뇌회로에 있는 모든 핵심 단백질과 분자의 위치와 정체를 파악하면 좋겠다고 생각합니다. 그다음에는 시뮬레이션을 만들고 뇌에서 벌어지는 일을 모델링할 수도 있겠죠."

"시뮬레이션은 무엇을 말하는 건가요? 기능을 수행하는 의식적 마음을 말씀하시는 겁니까?"

보이든은 잠시 뜸을 들이다 차분한 어조로 수사적 표현을 동원하여 실은 '의식'이라는 용어가 무슨 뜻인지—적어도 내 물음에 답할 정도로 정확히는—이해하지 못했다고 털어놓았다.

그가 말했다. "의식이라는 단어의 문제는 그것이 있는지 없는지 판단할 방법이 없다는 것입니다. 검사를 실시하여 점수가 십 점 이상이면 의식이 있다,라는 식으로 말할 수 없다는 거죠. 따라서 시뮬레이션 자체에 의식이 있는가는 알기 힘듭니다."

우리는 대회장의 넓고 텅 빈 연회실에서 대화를 나누고 있었는데, 그는 탁자 위의 노트북을 가리키며 컴퓨터를 이해하려면 회로 구조를 이해하는 것만으로는 부족하며 그 동역학적 측면을 이해해야 한다고 말했다.

"지구상에는 이런 노트북이 5억 대 있습니다. 모두 회로 구조가 고정되어 있지만, 동역학적 측면에서는 지금 이 순간 모두 다른 일을 하고 있습니다. 따라서 회로와 마이크로칩 등의 관점에서 무엇이 들어 있느냐 뿐 아니라 동역학적으로 무엇이 이루어지고 있느냐도 이해해야 합니다."

그는 터치패드로 몇 초간 이곳저곳을 클릭하더니 벌레 한 마리가 몸 여기저기에서 빛을 내며 움직이는 영상을 띄웠다. 녀석은 선형동물인 예쁜꼬마선충C. elegans으로, 몸이 투명하고 길이는 1밀리미터가량인데 신경세포 개수가 302개로 매우 적어서 신경학자들이 선호한다. 예쁜꼬마선충은 다세포생물 중에서 처음으로 유전체가 해독되었으며 지금껏 유일하게 연결체connectome가 완전히 매핑되었다.

그가 말했다. "생물 전체의 모든 신경 활동을, 모든 신경세포의 활성화 여부를 확인할 수 있을 정도로 빠르게 영상화한 첫번째 작업입니다. 이렇듯 회로에서 연결과 분자를 포착할 수 있으면, 그리하여 무슨 일이 일어나고 있는지 실시간으로 볼 수 있으면 시뮬레이션된 동역학이 경험적 관찰에 부합하는지 확인할 수 있습니다."

"어느 시점에 뭘 한다고요? 이 벌레의 신경 활동을 코드로 번역할 수 있다고요? 연산 가능한 형태로 말인가요?"

보이든이 말했다. "그렇습니다. 그게 제 바람입니다."

그는 언젠가 전뇌 에뮬레이션이 현실이 될 것임을 믿는다고 말하지는 않았지만, 니콜렐리스와 달리 이 원리가 타당하다고 생각하는 것은 분명했다. 결국 그가 하는 말은 자신의 연구가 전뇌 에뮬레이션으로 귀결되든, 그것이 자신의 궁극적 목표이든, 전뇌 에뮬레이션을 실현하려면 자신이 MIT에서 하는 연구가 필요하다는 것이었다.

노트북 화면에 표시된 영상은 란달이 도달하려는 목표와는, 그의 마음이나 나의 마음이나 여러분의 마음과는, 수천억 개의 발화된 신경세포가 정제된 의식의 빛을 발하는 것과는 하늘과 땅 차이였다. 하지만 원리를 시연하고 가능성을 선언하기에는 충분했다. 나는 란달이 하고자 하는 일이 완전히 정신 나간 짓은 아니며 적어도 생각할 수 있는 범위를 완전히 벗어나지는 않았음을 알 수 있었다.

란달과 처음 대화를 나눌 때는 전뇌 에뮬레이션의 기술적 측면에—어떤 방법으로 실현할 것인지, 전체적 실현 가능성은 어떻게 되는지—중점을 두었다. 이를 통해 란달이 자기가 무슨 말을 하는지 알고 있으며 미치지 않았음을 확인할 수는 있었으나, 그렇다고 해서 이 내용을 초보적인 수준으로라도 이해했다고는 전혀 말할 수 없다.

어느 날 저녁, 폴섬 가에서 술집, 빨래방, 코미디 클럽을 겸한 건물 바깥에 앉아 있다가—공교롭게도 이름이 '브레인워시 Brainwash'였다—내 마음을 인공적 기질에 업로드한다는 생각이 도무지 내키지 않으며 심지어 끔찍하기까지 하다고 란달에게 고백했다. 기술이 내 삶에 미친 영향에 대한 나의 생각은 지금까지도 지극히 양면적이다. 기술 덕에 편리함과 '연결'을 누리고는 있지만 인간의 삶을 데이터로 환원함으로써 우리를 이윤으로 환원하는 데만 관심이 있는 기업들이 우리를 조종하고 제약하고 있다는 생각이 점차 커졌다. 우리가 소비하는 '콘텐츠', 우리가 낭만적 관계를 맺는 사람들, 바깥 세상에 대해 우리가 접하는 뉴스—이 모든 것이 (기업이 만들어낸) 보이지 않는 알고리즘의 손아귀에 들어가고 있다. 게다가 기업과 정부의 결탁은 우리 시대에 잠재한 거대한 서사가 된 듯하다. 우리가 살아가는 세상에서 자율적 자아라는 허약한 자유주의적 이상이 반쯤 잊힌 꿈처럼 역사의 흐릿한 안갯속으로 사라지고 있음을 감안할 때, 우리 자신을 기술과 급진적으로 융합하는 것은 결국 인격이라는 개념 자체를 최종적으로 포기하는 셈 아닐까?

란달은 다시 고개를 끄덕이며 맥주를 한 모금 마셨다.

그가 말했다. "그 말을 들으니 사람들에게 큰 걸림돌이 있겠다는 생각이 드는군요. 저는 이 개념에 대해 당신보다는 편안하게 느끼지만 그것은 오랫동안 접해서 친숙해졌기 때문이니까요."

이 모든 논란에서 가장 끈질기게 속을 썩이는 철학적 물음은 가장 기본적인 물음이기도 하다. 그것은 바로 '그것이 나일 것인가?'다. 계산할 수 없을 만큼 복잡한 나의 신경 경로와 처리 과정을 매핑하여 (내 두개골 속에 들어 있는 1.5킬로그램짜리 말랑말랑한 신경조직이 아닌) 다른 기질에서 에뮬레이팅하고 작동시킨다면 이렇게 재현한, 또는 시뮬레이션한 것은 어떤 의미에서 '나'인가? 업로드된 마음이 의식을 가지고 이 의식이 스스로를 나타내는 방식이 내가 나 자신을 나타내는 방식과 구별되지 않는다면 이것이 내가 되는가? 업로드된 마음이 자신을 나라고 믿으면 그걸로 충분한 걸까? (그런데 내가 지금 나 자신을 나라고 믿으면 그걸로 충분한 걸까? 여기에 일말의 의미라도 담겨 있을까?)

'나'는 내 몸과 전혀 구별되지 않으며 결코 나의 기질로부터 독립적으로 존재할 수 없을 것만 같았다. 자아가 곧 기질이고 기질이 곧 자아이니 말이다.

(사실상 물질로부터의 해방, 물리적 세계로부터의 해방을 뜻하는) 전뇌 에뮬레이션이라는 발상은 과학이, 또는 과학적 진보에 대한 믿음이 종교를 대체하여 깊숙한 문화적 욕망과 망상의 매개체가 되었음을 보여주는 극단적 사례인 듯했다.

미래 기술의 이야기 밑에는 옛 생각의 중얼거림이 깔려 있었다. 우리는 윤회, 영원회귀, 환생에 대해 이야기했다. 새로운 것은 없다. 무엇도 죽지 않는다. 새로운 형태로, 새로운 언어로, 새로운 기질로 다시 태어날 뿐.

우리는 불멸을 이야기했다. 썩어가는 몸에서 인격의 정수를 끄집어내는 것, 길가메시 시절부터 인류가 매듭짓고 싶어한 바로 그 거래 말이다. 트랜스휴머니즘은 이단종파 영지주의靈知主義를 현대에 부활시키고 고대 종교사상을 유사과학적으로 다시 상상한 것으로 간주되기도 한다. (정치철학자 존 그레이 말마따나 "지금의 영지주의는 자신이 기계라는 믿음이다.") 초기 기독교 이단종파인 영지주의 신도는 물질계와 (물질계와 교류하는 인간의) 물질적 신체가 신의 피조물이 아니라 데미우르고스δημιουργός라는 사악하고 열등한 신의 피조물이라고 주장했다. 영지주의자들이 보기에 우리 인간은 거룩한 영혼을 가졌으나 악의 재료인 육신에 갇힌 존재다.

루돌프 불트만은 『초기 기독교Das Urchristentum』에서 거룩한 빛의 영역으로 올라가는 단계를 묘사한 영지주의 문서를 인용한다.

맨 먼저 찢어야 할 것은
그대가 걸친 의복,
무지의 복장,
악의 보루,
타락의 끈,
어두운 감옥,
산 채의 죽음,
감각이 있는 시체,
그대가 만들어낸 무덤,
그대가 가지고 다니는 무덤,
그대를 사랑하는 것이 곧
그대를 미워하는 것이요
그대를 미워하는 것이 곧
그대를 시기하는 것인
도둑 같은 자이니라.

선택받은 소수, 거룩한 지식의 전수자인 영지주의자 자신들이 악한 육신을 벗어나 순수한 영혼의 고귀한 진리에 도달하는 유일한 방법은 지식을 더 높은 수준으로 끌어올리는 것이었다. 영지주의 외경外經에서는 예수가 몸을 경멸한다는 사실이 정경正經보다 훨씬 분명하게 드러난다. 『도마복음』은 예수의 말을 이렇게 기록하고 있다. "영혼이 몸으로 인해 생겨났다면 이것은 놀랍고도 놀라운 일이로다. 이 거대한 풍요가 어찌 이 빈곤한 곳을 거처로 삼았는지 놀랍도다."

일레인 페겔스는 『영지주의 복음서The Gnostic Gospels』에서 이런 믿음이 "인간 영혼이 몸'안'에 거한다고 여기는, 즉 실제 사람이 몸을 연장으로 이용하되 몸과 동일시되지 않는 일종의 탈신체화된 존재라고 여기는 그리스 철학 또한 힌두교 철학과 불교 철학과 가깝다"고 말한다. 영지주의자들은 오직 몸에서 해방됨으로써만 구원받을 수 있다고 믿는다. 내가 보기엔 이런 해방을 기술적으로 구현한 것이 바로 전뇌 에뮬레이션인 듯했다.

우리 자신을 몸이라는 하드웨어에서 돌아가는 소프트웨어로 여기는 기술이원론적techno-dualistic 관점은 스스로를 가장 발전한 기계와 동일시하고 이를 통해 스스로를 설명하려는 오랜 성향에서 생겨났다. 전산학자 존 G.더그먼은 「뇌 은유와 뇌 이론Brain Metaphor and Brain Theory」이라는 논문에서 이러한 경향의 역사를 약술한다. 고대의 수리水理기술(양수기, 분수, 물시계)에서 영혼과 체액을 일컫는 그리스어 및 라틴어 단어가 비롯했듯, 또한 르네상스 시대에 인간의 생명을 주로 시계 장치에 비유했듯, 증기기관과 압력 에너지를 앞세운 산업혁명의 여명기에 프로이트가 이 힘들로 무의식 개념을 설명했듯, 이제는 인간의 마음을 데이터의 저장과 처리를 위한 장치로, 또한 중추신경계라는 웨트웨어wet-ware에서 돌아가는 신경 코드로 간주한다.

이 관점에서 보면 우리는 다름 아닌 정보다. 정보는 이제 탈신체화된 추상물이 되었으며, 정보가 전송되는 매체인 물질은 (끝없이 전송되고 복제되고 보존될 수 있는) 내용에 비해 부차적인 것이 되었다. (문학평론가 N. 캐서린 헤일스는 이렇게 썼다. "정보가 몸을 잃으면 인간과 컴퓨터를 동일시하기가 무척 수월하다. 생각하는 마음이 구현되는 물질성은 본질적 속성에 부수적인 듯하다.")

시뮬레이션이라는 개념의 핵심에는 묘한 역설이 있다. 이 개념은 절대적 유물론에서 생겨났으며 마음을 물리적 대상이 상호작용하는 창발적 속성으로 간주하면서도 마음과 물질이 분리되어 있다는, 또는 분리될 수 있다는 확신을 천명한다. 말하자면 새로운 형태의 이원론, 심지어 일종의 신비주의처럼 보인다는 것이다.

란달과 시간을 보낼수록 그가 연구의 궁극적 완성을 정확히 무엇으로 상정하는지 궁금해졌다. 자아가 업로드되는 것은 어떤 경험일까? 그는 디지털 영혼이 된다는 것, 즉 어떤 물리적 대상에도 속박되지 않는 의식이 된다는 것이 어떤 느낌일지 상상했을까?

물어볼 때마다 대답은 제각각이었다. 란달은 뚜렷한 상을 그리지는 못했다고 털어놓았다. 기질에 따라, 존재의 재료에 따라 달라질 거라고 말했다. 피와 살을 가진 물질적 존재가 늘 있을 거라 말하는가 하면 가상 세계에 구현된 존재인 가상 자아 개념을 들먹이기도 했다.

란달이 말했다. "카약을 정말 잘 타는 사람은 카약이 자기 하체의 물리적 연장延長인 것처럼 완전히 자연스럽게 느끼는 것과 같으리라고 생각합니다. 업로드될 시스템의 관점에서는 그다지 충격적이지 않을지도 모릅니다. 어차피 우리가 물리적 세계와 맺고 있는 관계는 의수족과 비슷하니까요. 수많은 사물이 몸의 연장으로서 경험되지 않습니까."

그때 내가 아이폰을 들고 있음을 깨달았다. 나는 아이폰을 탁자에 내려놓았고 우리는 미소를 교환했다.

나는 란달의 연구가 초래할 잠재적 결과에 대해 몇 가지 우려를 제기했다. 현대인의 삶이 이미 코드로 변환되고 (전송과 판매가 무척 용이한) 개인정보 집합이 되어버린 것만으로도 충분히 심란했다. 우리가 기술을 접하는 순간순간마다 소비자로서의 자아상이 점점 치밀하게 분석된다. (기술을 만드는 자들의 관심사는 오로지 소비자로서의 자아뿐이다.) 우리가 정보로만 존재한다면 이 문제가 얼마나 심각해지겠는가? 의식 자체가 일종의 인지적 미끼가 되지 않겠는가? 심지어 지금도 네이티브 광고(협찬 사실을 분명히 밝히지 않고 마치 콘텐츠의 일부인 것처럼 가장한 광고—옮긴이)가 가져올 오싹한 결과를 상상할 수 있다. 내가 시에라 네바다 맥주를 한 병 더 주문하고 싶은 마음이 든 것은 욕망과 의지의 자율적 결합이 아니라 의식이라는 다이렉트 마케팅 플랫폼에 스며든 교묘한 코드 때문이다.

에뮬레이션과 업로드라는 불멸화 시술의 비용이 너무 비싸져서 갑부만이 무광고 프리미엄 서비스를 감당할 수 있고 나머지 사람들은 광고주가 주입한 생각이나 감정이나 욕망에 주기적으로 노출되어야만 존재를 유지할 수 있다면 어떻게 될까?

란달은 그런 상황이 바람직하지 않을 것임을 반박하지 않았다. 하지만 그의 당면 목표는 의도하지 않은 결과를 모조리 차단하기보다는 인간의 몸이라는 기본적 문제를 해결하는 것이었으므로 이러한 우려와 직접적 연관성은 없었다.

란달이 덧붙였다. "게다가 그런 영향을 미치는 것이 소프트웨어만은 아닙니다. 생물학적 뇌에서도 그럴 수 있습니다. 이를테면 광고로요. 화학물질을 써도 되고요. 맥주를 한 병 더 마시고 싶은 것은 방금 섭취한 알코올과 무관하지 않습니다. 당신의 욕망은 외부의 영향으로부터 완전히 독립되어 있지 않습니다."

나는 한 병 더 시키지 않겠노라 결심하고서 맥주를 쭉 들이켰다. 따스한 저녁 공기 위로 잡초 냄새가 무겁게 내려앉았다. 마치 축축한 안개가 만에서 밀려오는 듯했다. 대기는 격렬한 도취 상태에 빠진 것 같았다. 우리가 앉은 자리에서 불과 몇 발짝 떨어진 폴섬 가와 랭스턴 가 교차로에서 젊은 노숙자가 태아 같은 자세로 가로등에 기댄 채 웅크리고 있었다. 그는 내내 낮은 목소리로 혼잣말을 중얼거렸는데, 내가 맥주를 내려놓고 란달이 하는 말을 곱씹을 때 고개를 들더니 발작적으로 낄낄거렸다. 나는 니체의 『즐거운 학문』 중 한 구절을 생각하고 있었다. 니체는 우리가 다른 동물에게 얼마나 괴상하고 부자연스럽게 보이겠느냐고 말했다. "나는 동물들이 인간을 자신들과 동류이지만 매우 위험하게도 건강한 동물의 이성을 잃어버린 존재로 여기지 않을까 걱정하곤 한다. 정신착란을 일으킨 동물, 웃고 우는 동물, 불행한 동물로 말이다."

우리가 "정신착란을 일으킨 동물"인 이유는 자신이 동물임을, 동물적 죽음을 맞을 것임을 받아들이지 못하기 때문인지도 모른다. 하긴 왜 받아들여야 하겠는가? 그것은 견딜 수 없는 사실, 받아들일 수 없는 현실이다. 여러분은 우리가 동물보다 나은 존재라고 생각할지도 모르겠다. 자연의 무정한 최종 명령에 굴복하지 않아도 될 거라고 생각할지도 모르겠다. 우리의 실존과 그에 따르는 신경증은 (겉보기에) 해소할 수 없는 모순으로 정의된다. 우리는 반신반인처럼 자연을 넘어선 자연 바깥의 존재이면서도 무력하게 그 속에 갇혀 있으며 자연의 무자비한 권위에 의해 영원히 규정받고 제한받는다.

이성과 과학과 인류 진보 개념, 즉 우리가 세상이라고 생각하는 모든 것 아래에 깔린 부조리를 언뜻 엿본 것 같았다. 사람들을 육신의 속박에서 해방시키겠다고 말하는 과학자, 샌프란시스코 길바닥에 널브러진 채 광기와 고통의 외침을 허공에 발하는 노숙인의 메커니즘 오작동, 사물의 본질을 꿰뚫어본다고 착각한 채 부랑자의 킬킬거리는 소리와 잡초 냄새와 니체의 미치광이 동물에 대해 끼적거리는 작가—이 모든 것이 갑자기 괴상하고 터무니없는 일처럼 느껴졌다.

샌프란시스코에서 돌아온 뒤 몇 달이 지나도록 전뇌 에뮬레이션이 머릿속에서 떠나지 않았다. 휴식을 취하려고 커피숍으로 걸어가다 자동차가 다소 빠른 속도로 내 옆을 지나가면 그 차가 그 속도 그대로 인도에 올라와 나를 덮치는 상상을 했다. 내 몸이 어떻게 될지 상상했다. 자아를 기질과 분리한다는 란달의 연구가 떠올랐다. 지치거나 몸에 문제가 생겼다 싶으면 란달이나, 에드 보이든의 노트북에서 어른거리던 벌레 신경세포나, 3스캔 연구실에 보존된 생쥐 뇌 절편이 생각났다.

샌프란시스코에서 돌아오고 몇 달이 지난 어느 날 아침, 나는 더블린의 집에서 감기와 숙취에 시달리고 있었다. 전날 밤 과음하지도 않았는데 숙취가 왜 이렇게 심한지 이해할 수 없었다. 옆방에서 아내와 아들이 요란하게 버커루Buckaroo(장난감 노새의 등에 물건을 올리는 게임—옮긴이)를 하고 있었다. 그만 자고 일어나 같이 게임을 할까, 하고 한가로운 생각을 하고 있었다. 그때 깨달았다. 감기와 숙취 때문에 내 몸을 좀 낯설게 느끼게 되었음을. 몸이 안 좋을 때 으레 그렇듯 나 자신이 엄연한 생물학적 존재이며 살과 피와 연골의 조합이라는 생각이 들었다. 나는 코가 막히고, 목구멍을 세균에 유린당하고, 두개골 안('두부')이 지끈지끈 아픈 유기체인 것만 같았다. 한마디로 나의 기질을 자각한 것은 나의 기질이 좆같기 때문이었다.

문득 이 기질이 정확히 무엇으로 이루어졌을지, 엄밀히 말하자면 내가 무엇인지 궁금해졌다. 머리맡에 있는 스마트폰을 집어 구글에 'What is the human……'을 입력했다. 자동완성 기능이 제안한 처음 세 문장은 "〈인간 지네〉는 무슨 영화인가" "인체는 무엇으로 이루어졌나" "인간 조건은 무엇인가"였다. 내가 답을 듣고 싶은 것은 두번째 물음이었다. 세번째 물음으로 가는 징검다리가 될 수 있을 것 같았다.

알고 보니 나는 65퍼센트의 산소로 이루어졌다. 말하자면 대부분 공기, 그러니까 '무無'라는 얘기다. 산소 다음으로는 탄소와 수소, 칼슘과 황, 염소 순이다. 내게도 (이 정보를 얻는 데 사용한 아이폰처럼) 구리, 철, 규소 같은 미량원소가 들어 있다는 사실은 약간 놀라웠다.

나는 생각했다. 인간이란 얼마나 정교한 조화인가! 흙 중의 흙 아닌가!

잠시 뒤에 아내가 기어서 침실로 들어왔다. 아들이 등에 탄 채 작은 손으로 셔츠 깃을 꽉 잡고 있었다. 아내는 엉금엉금 기면서 따가닥따가닥 소리를 내고 아들은 자지러질 듯 웃으며 소리쳤다. "나 떨어뜨리지 마! 안 돼!"

아내는 히힝 하고 큰 소리를 내면서 등을 활처럼 구부렸다. 벽에 진열된 신발 위로 살짝 떨어진 아들은 즐거운 괴성을 지르며 다시 등에 올라탔다.

그 무엇도 코드로 변환할 수 없을 것 같았다. 그 무엇도 다른 기질에서는 작동할 수 없을 것 같았다. 둘의 아름다움은 가장 심오한 의미에서, 가장 슬프고 경이로운 의미에서 신체적이었다.

나는 깨달았다. 아내와 아들을 포유류로 여길 때보다 둘을 더 사랑한 적은 한 번도 없었음을. 나는 나의 동물 몸을 일으켜 놀이에 합류했다.

5장

특이점에 대한 소고

기술적 특이점Technological Singularity의 개념은 아직 뚜렷하게 정립되지 않았다. (이제는 종교적 예언이자 기술적 운명이·된) 특이점은 실리콘 골짜기의 지평선 위를 밝히는 빛이다. 특이점에서는 솔깃한 주장이 끝없이 쏟아져나오며 특이점에 얽힌 이야기는 무궁무진하다. 가장 넓은 의미에서 특이점은 기계의 지능이 자신의 창조자인 인간의 지능을 넘어서고 생물학적 생명이 기술의 하위 범주가 되는 때를 일컫는다. 이것은 '기술을 두루 적용하면 세상의 골치 아픈 문제들을 해결할 수 있다'는 신념인 기술진보주의의 극단적 표출이다.

특이점 개념은 적어도 반세기 이상 거슬러올라간다. 맨해튼 계획에 참여한 물리학자 요한 폰 노이만을 기리는 1958년 부고에서 스타니스와프 울람은 두 사람이 나눈 대화를 언급했다. "기술 발전이 가속화되고 인간 생명의 형식이 달라지면서 우리는 인류 역사에서의 어떤 본질적 특이점에 접근하는 듯하다. 이 특이점을 넘어서면 (우리가 아는바의) 인간사는 지속될 수 없을 것이다."

기술적 특이점 개념을 실질적으로 주창한 최초의 인물은 수학자이자 SF작가 버너 빈지로 알려져 있다. 미항공우주국에서 주최한 1993년 학술대회에서 발표된 논문 「다가오는 기술적 특이점—포스트휴먼 시대에 살아남는 법The Coming Technological Singularity: How to Survive in the Post-human Era」에서 빈지는 이렇게 주장했다. "30년 안에 우리는 초인적 지능을 만들어낼 기술적 수단을 손에 넣을 것이다. 그뒤로 얼마 안 가서 인류 시대는 종언을 고할 것이다." 빈지는 이 거대한 초월이 어떤 결과를 가져올 것인가에 대해서는 이중적 입장이었다. 우리의 모든 문제가 종언을 고할 수도 있고 인류가 종언을 고할 수도 있다. 하지만 종언이 임박했다는 사실은 의심할 여지가 없었다. 이런 기술천년왕국 사고방식처럼 빈지의 예언에도 기묘한 역사결정론이 스며 있다. 빈지는 특이점을 막을 수는 없다며 그 이유는 특이점의 도래가 우리의 타고난 경쟁심과 기술의 내재적 가능성으로 인한 필연적 결과이기 때문이라고 말한다. "그러나 시작은 우리가 했다."

정통 특이점 개념과 가장 가까운 것은 레이 커즈와일의 대중적 저술에서 찾아볼 수 있다. 커즈와일은 평판 스캐너, 맹인용 음성합성기 등 기발한 장치를 많이 발명했으며 스티비 원더와 공동으로 커즈와일 뮤직 시스템스Kurzweil Music Systems를 창업했는데, 가수

스콧 워커와 밴드 뉴오더, 가수 '위어드 알' 얀코빅 같은 다양한 음악인들이 커즈와일 신시사이저를 쓴다. 저술가로서 커즈와일은 논란이 많은 인물이다. 그는 사업가와 신비주의자의 면모를 겸비했으며 그의 난해한 예측은 기술유토피아적 상상력을 극한까지 밀어붙인다. 하지만 그는 결코 첨단기술 업계에서 주변적 존재가 아니다. 아니, 실리콘밸리의 수호신이다. 이 지위는 2012년에 구글의 기계학습 분야를 이끌 기술이사로 선임되면서 어느 정도 공식화되었다.

커즈와일의 '특이점'은 기술적 풍요를 다채롭게 예언하며, 모든 역사가 순수 정신의 절정을 향해 수렴된다는 목적론을 열광적으로 펼쳐 보인다. 2005년 베스트셀러 『특이점이 온다—기술이 인간을 초월하는 순간』에서 커즈와일은 이렇게 묻는다. "과연 어떤 방법으로 특이점에 대해 고찰해야 할까? 정면으로 바라보기는 힘들다. 태양을 쳐다보려는 것과 마찬가지다." 하지만 몇 가지 세부사항에 대해서는 기꺼이 의견을 제시한다. 이를테면 그는 특이점이 2045년 전후에 찾아올 것으로 (비공식적으로) 예측한다. (커즈와일은 어마어마한 양의 건강보조식품과 비타민 알약을 매일 먹는 것으로 유명한데—이와 더불어 자신의 이름을 붙인 항노화 알약을 판매한다—자신이 97세까지도 건강하리라 확신한다.)

기술적 미래의 예언자 커즈와일이 주로 쓰는 도구는 이른바 '수확가속의 법칙law of accelerating returns'이다. 이에 따르면 기술은 복리예금과 같은 속도로, 즉 기하급수적으로 증가한다. 현재 기술을 바탕으로 미래 기술을 개발하므로, 기술이 발전할수록 개선 속도가 빨라진다. (이 현상의 사례로 가장 유명한 것은 인텔 공동창업자 고든 무어가 1950년대에 처음 관찰한 '무어의 법칙Moore's Law'으로, 이에 따르면 마이크로칩 하나에 들어갈 수 있는 트랜지스터의 개수는 18개월마다 약 두 배로 증가한다.) 커즈와일은 다윈주의적 진화 과정 자체가 기하급수적 증가 과정이며 바람직한 결말을 지향한다고 생각한다. 진화는 맹목적이고 혼란스럽게 더듬거리면서 공포와 경이를 마구잡이로 만들어내는 것이 아니라 시스템, 즉 "점점 질서가 높은 패턴을 창조해가는 과정"이다. 말하자면 진화는 완벽한 질서를 추구하고 기계에 의한 통제를 지향하는 진보다. 커즈와일이 보기에 "세상의 역사"를 구성하는 것은 이러한 패턴의 진화다. 이 논리적 전개 과정에서는 "각 단계나 시기마다 이전 시기의 정보처리 방법을 철저히 활용해 다음 시기를 창조한다".

커즈와일이 그리는 미래상은 기술이 점점 작아지고 강력해져서 가속 진화가 인류 진화의 주요인이 되는 것이다. 그에 따르면 우리는 컴퓨터를 가지고 다니는 게 아니라 몸(뇌와 혈류)에 심어서 아예 인간 경험의 성격을 변화시킬 것이다. 인간의 뇌가 아무리 효율적이어도 연산 능력이 만족스럽지 않음을 감안하면 이것은 매우 가까운 미래에—커즈와일이 바라기는 자신의 생전에—가능해질, 아니 반드시 이루어질 것이다.

기계적 인간관을 가진 사람에게는 커즈와일의 미래상이 매력적일지도 모른다. 인공지능의 선구자 마빈 민스키는 뇌를 "고깃덩어리로 된 기계"로 표현했다. 우리, 또는 우리의 고깃덩어리 기계를 더 고도의 기능으로 업그레이드하지 않을 이유가 무엇인가?

기계가 특정한 작업을 수행하기 위해 제작된 장치임을 이해한다면 기계로서 우리의 임무는 생각하는, 즉 최대한 높은 수준에서 연산하는 것임에 틀림없다. 이렇듯 인간 생명을 도구적으로 바라보면 우리의 연산 능력을 증가시키고 (기계로서) 최대한 효율적이고 오랫동안 가동되도록 하는 것은 의무, 또는 애초에 우리가 존재하는 이유다.

커즈와일은 이렇게 썼다. "1.0버전이라 할 수 있는 생물학적 인체는 유지 관리하기가 까다로울뿐더러 허약하고, 기능에 문제가 생기기 쉽다. 인간의 지능은 가끔 창조성과 의미 표현에서 뛰어난 면을 드러내기도 하나 인간의 사고는 대부분 독창적이지 못하여 보잘것없고 제한적이다." 특이점이 찾아오면 이것이 과거의 일이 될 것이다. 우리는 더는 무력하고 원시적인 존재가 아닐 것이며, 지금의 기질인 육신에 의해 생각과 행동을 제약받는 고깃덩어리 기계에서 벗어날 것이다. "특이점을 통해 우리는 생물학적 몸과 뇌의 한계를 극복할 수 있을 것이다. 우리는 운명을 지배할 수 있는 힘을 얻게 될 것이다. 죽음도 제어할 수 있게 될 것이다. 원하는 만큼 살 수 있을 것이다. (영원히 살게 되리라는 것과는 약간 다른 말이다.) 우리는 인간의 사고를 완전히 이해하고 사고 영역을 크게 확장할 것이다. 이 세기가 끝날 때쯤에는 지능의 비생물학적인 부분이 순수한 인간의 지능과 비교할 수 없을 만큼 강력해져 있을 것이다."

말하자면 우리는 마침내 인류의 타락 상태에서 벗어나 육신을 벗을 것이다. 타락 이전의 온전한 상태를, 즉 기술이 아브라함의

하느님을 대신하는 최종적 결합을 회복할 것이다. 커즈와일은 이렇게 썼다. "특이점은 생물학적 사고 및 존재와 기술이 융합해 이룬 절정으로서, 여전히 인간적이지만 생물학적 근원을 훌쩍 뛰어넘은 세계를 탄생시킬 것이다. 특이점 이후에는 인간과 기계 사이에, 또는 물리적 현실과 가상현실 사이에 구분이 사라질 것이다." 이런 결합이 인류를 절멸시킬 것이라는 비판에 대해 커즈와일은 특이점이 실은 인류 기획의 최종적 완성이라고 반박한다. 인류라는 종을 정의하고 구별한 바로 그 성질, 즉 신체적·정신적 한계를 초월하려는 끊임없는 갈망을 궁극적으로 입증한다는 이유에서다.

성 아우구스티누스는 『신국론神國論』에서 '보편적 지식'의 상태를 언급한다. 신의 은총을 입은 자들이 보전되는 것을 일컫는 이 상태는 우리의 상상을 훌쩍 뛰어넘는다. 아우구스티누스는 이렇게 썼다. "(…) 만물에 대한 지식이 얼마나 멋있고 얼마나 확실할 것이며, 얼마나 완벽할 것인가? (…) 모든 면에서 영에게 순종하는 신체, 넉넉하리만큼 영에 의해 살아가고 아무 자양분도 필요치 않는 신체는 과연 어떠한 신체일까!"

커즈와일의 예언에서는 지능이 메시아의 역할을 한다. 그가 여기에 신비주의적 의미를 부여하기는 하지만, 그의 정의는 직설적이다. 그가 말하는 지능은 기본적으로 연산, 즉 창조의 원시 정보적 재료에 적용되는 알고리즘 기계를 뜻한다. 이 메시아적 상상에서 기계지능은 우주를 계산 불가능한 어리석음에서 구원할 것이다.

커즈와일은 목적 지향적으로 우주론에 접근하여, 우주 자체에 일종의 기업 프로젝트 관리 조직을 부여한다. 이 조직은 심층시간deep time에 걸친 일련의 핵심 업무로 이루어진다. 이른바 '진화의 여섯 시기' 중 마지막 시기에 인간과 인공지능의 대융합이 일어나면 지능은 "온 물질과 에너지에 속속들이 스며들" 것이다. 이를 달성하는 방법은 "물질과 에너지를 재편해 최적의 연산 수준을 달성해가면서 지구로부터 먼 우주까지 뻗어가는" 것이다. 신중한 관리를 통해 우주의 무한한 공空은 엔트로피의 가차없는 힘에 무익하게 굴복한 채 140억 년가량을 허비한 뒤에 마침내 거대한 데이터 처리 메커니즘으로 탈바꿈할 것이다.

커즈와일의 삶과 업적을 다룬 2009년 다큐멘터리 〈초인Transcendent Man〉의 유난히 괴상한 장면에서 우리는 주인공이 해거름의 바닷가에 서 있는 모습을 본다. 그는 잔잔하게 펼쳐진 태평양을 알쏭달쏭한 표정으로 바라본다. 바로 앞 장면에서 그는 임종을 앞둔 아버지와 나눈 마지막 대화를 감동적으로 회상했다. 감독이 커즈와일에게 바다를 보며 무슨 생각을 하느냐고 묻는다. 관객은 그가 "필멸에 대해 생각한다"고 대답하리라 기대할 것이다. 자신의 필멸이 아니더라도, 불운하게도 영생을 누리지 못하는 필멸자들을 생각하고 있으리라 짐작할 것이다. 커즈와일이 잠시 뜸을 들이는 동안 카메라가 천천히 원을 그리며 그의 주위를 돌기 시작한다.

그가 말한다. "대양을 표현하는 데 얼마나 많은 계산이 동원되는지 생각하고 있었습니다. 그러니까 상호작용하는 이 모든 물 분자 말입니다. 저것은 계산입니다. 매우 아름답죠. 늘 제게 위로가 되었습니다. 이것이야말로 계산의 본질입니다. 의식의 이런 초월적 순간을 포착하는 것 말입니다."

머리칼을 바람에 흩날리며 끝없이 넓은 태평양을 바라보는 커즈와일은 기술의 신비를 전하는 사제이자 다가올 세상을 선포하는 예언자처럼 보인다. 그 세상에서는 무한한 기계지능이 우리를 인간성의 굴레에서 해방시킬 것이다.

바다를 쳐다보는 커즈와일의 눈에 들어오는 것은 오로지 정보뿐인, 오로지 지능의 원재료뿐인 거대하고 복잡한 장치다. 물, 수온 변화, 물속의 생물들, 밀물과 썰물의 리듬—이 모든 것은 어마어마한 계산, 즉 코드다. 생각 자체에 대한 생각과 마찬가지로 바다는 명제를 패턴에 따라 조작하는 것이다. 이 순간 일종의 연산범신론이 모습을 드러낸다. 자연은 보편 기계, 즉 알고리즘적 내재성의 표현으로서 숭배된다.

6장

인공지능의 실존적 위험을 논하다

실현 가능성이 의심스럽다는 것, 전체 체계가 종교적 토대 위에 서 있다는 것을 설령 논외로 할 수 있더라도 특이점은 내가 도저히 이해할 수 있는 개념이 아니었다. 고백건대 나는 특이점이 왜 매력적인지 납득할 수 없었으며, 어떻게 해서 특이점의 약속, 즉 순수한 정보의 형태로 몸 없이 존재하는 것이나 제3의 휴머노이드 하드웨어에서 돌아가는 것이 형벌이 아니라 구원이라는 것인지 이해할 수 없었다. 생명에 의미가 있다면 그것은 동물성에서 비롯하며 출생, 번식, 죽음과 뗄 수 없이 묶여 있다는 것이 나의 본능적 믿음이다.

하지만 이뿐만이 아니라 기술이 우리를 구원하리라는 생각, 인공지능이 열악한 인간 조건의 해법을 제시하리라는 생각은 생명에 대한 나의 기본적 관점과, 또한 (내가 속한) 영장류라는 지극히 파괴적인 집단에 대해 내가 적으나마 이해한 것과 부합하지 않았다. 기질적으로나 철학적으로나 나는 비관론자였으며 지금도 비관론자다. 나는 우리의 기발한 아이디어가 우리를 구원하기보다는 파멸시킬 가능성이 훨씬 크다고 생각한다. 지구는 생명이 처음 나타난 뒤로 여섯번째 대멸종을 눈앞에 두고 있다. 지구상의 종이 일으킨 환경 변화로 인한 멸종은 이번이 처음이다.

초인적 수준의 인공지능이 지구상에서 인류를 쓸어버릴지도 모른다는 우려가 일각에서 제기되기 시작했을 때 이것이야말로 나의 숙명론적 성향에 들어맞는 미래상이라고 느낀 것은 이 때문이다.

신문을 펼치면 이런 끔찍한 예측을 곧잘 접할 수 있었다. 영화 〈터미네이터〉에서 볼 법한 종말론적 이미지(이를테면 티타늄으로 만든 킬러 로봇이 냉혹한 눈동자에서 빛나는 빨간 점으로 독자를 내려다보는 그림)가 삽화로 실리는 경우도 많았다. 일론 머스크는 인공지능이 "우리의 존재에 대한 최대 위협"이며 인공지능 개발이 "악마를 부르는" 기술적 수단이라고 말했다. (머스크는 2014년 8월에 이런 트윗을 올렸다. "우리가 디지털 초지능의 생물학적 부트로더boot loader(시스템의 하드웨어를 초기화하고 운영체제를 실행하는 프로그램—옮긴이)로 전락하지 않길 바란다. 하지만 애석하게도 그렇게 될 가능성이 점차 커지고 있다.") 피터 틸은 이렇게 단언했다. "사람들은 기후 변화에 대해 너무 많이 생각하고 인공지능에 대해 너무 적게 생각한다." 한편 스티븐 호킹은 인디펜던트 기명 칼럼에서 초인공지능의 출현이 "인류 역사상 최대의 사건"일 테지만 우리가 "위험을 피하는 법을 배우지 못하면 최후의 사건" 일지도 모른다고 경고했다. 빌 게이츠조차도 "일부 사람들이 우려하지 않는 이유를 이해할 수 없다"며 공개적으로 불만을 토로했다.

그렇다면 나는 인공지능의 발전을 우려했을까? 그렇기도 하고 아니기도 하다. 이 우려들은 나의 내면 깊숙한 비관론에 호소하기는 했지만 이것이 종말론적 징후라는 주장은 납득하기 힘들었다. 인공지능이 새로운 시대를 열 것이라는 특이점주의자들의 예언과는 정반대였으니 말이다. 특이점주의자들은 인간의 지식과 힘이 지금은 상상할 수 없는 정점에 도달할 것이며 인간이 특이점의 영원한 빛 속에서 영생을 누릴 것이라고 말하지 않았던가. 하지만 나의 회의론은 논리적이라기보다는 심리적이었으며, 나는 이런 두려움의 그럴듯한 이유에 대해, 또는 이 두려움을 유발하는 공상적 기술에 대해 아는 것이 거의 없었다. 나는 이 우려들을 완전히 믿을 수는 없었지만, 인류를 쓸어버릴 수도 있는 기계의 창조를 목전에 두고 있다는 생각에 걷잡을 수 없이 병적으로 매혹되었다. 자본주의의 위대한 철인왕인 머스크, 틸, 게이츠가 자본주의의 가장 귀중한 이상에 담긴 프로메테우스적 위험을 이토록 공개적으로 표명했다는 사실에 주목하지 않을 수 없었다. 인공지능에 대한 무시무시한 경고를 발한 이들은 러다이트주의자나 종말론자가 아니라 뜻밖에도 기계숭배 문화를 가장 근사하게 체현한 사람들이었다.

이 분야에서 가장 눈에 띄는 현상은 수많은 연구소와 싱크탱크가 이른바 '실존적 위험'(기후 변화나 핵전쟁이나 전염병 대유행 등과 달리 인류를 완전히 절멸시킬 위험)에 대한 경각심을 고취하는 작업과, 어떻게 하면 이 운명을 피할 수 있을지에 대한 알고리즘을 가동하는 작업에 전념하고 있다는 사실이다. 옥스퍼드에는 인류미래연구소가, 케임브리지 대학에는 실존적위험연구소Centre for Study of Existential Risk가, 버클리에는 기계지능연구소가, 보스턴에는 생명의미래연구소Future of Life Institute가 있다. 생명의미래연구소 과학자문위원회에는 머스크와 호킹, 선구적 유전학자 조지 처치 같은 과학·기술 분야의 저명인사뿐 아니라 (무슨 이유에서인지) 앨런 올더와 모건 프리먼 같은 인기 영화배우도 들어 있다.

이 사람들이 말하는 실존적 위험은 무엇을 일컫는 것일까? 위험의 성격은 어떻고 발생 가능성은 어느 정도일까? 우리가 이야기하는 것은 지각 능력이 있는 컴퓨터가 기능 이상을 일으켜 누구도 자신을 끄지 못하게 하는 〈2001 스페이스 오디세이〉 시나리오일까? 아니면 스카이넷 같은 초지능기계가 의식을 획득하여 자신의 목표를 이루기 위해 인류를 멸망시키거나 노예로 삼는 〈터미네이터〉 시나리오일까? 여러분이 지능적 기계의 잠재적 위협을 제기하는 신문기사나 틸과 호킹 같은 석학의 극단적 발언을 곧이곧대로 받아들였다면, 여러분의 머릿속에는 이런 시나리오가 들어 있을 것이다. 그들이 인공지능 전문가는 아닐지 모르지만 과학에 대해 잘 알고 엄청나게 똑똑한 사람들이니 말이다. 이 사람들이 걱정하고 있다면—드라마 〈매시M*A*S*H〉의 호크아이(앨런 앨더가 연기했다—옮긴이)와 2014년 영화 〈트랜센던스〉에서 특이점을 막으려는 FBI 소속 과학자를 비롯하여 차분하고 지혜로운 인물 여럿을 연기한 사람(모건 프리먼—옮긴이)은 말할 것도 없고—우리 모두 그들과 함께 걱정해야 마땅하지 않겠는가?

이 모든 영역에 걸쳐 있는 한 인물이 있으니 그가 바로 대大종말론자 닉 보스트롬(니클라스 보스트룀)이다. 그는 스웨덴의 철학자로, 기술적 재앙을 경고하는 세계 제일의 예언자로 알려지기 전에는 트랜스휴머니즘 운동의 저명인사이자 세계트랜스휴머니스트협회World Transhumanist Association 공동창립자였다. 그는 인류미래연구소 소장이던 2014년 하반기에 출간한 『슈퍼인텔리전스—경로, 위험, 전략』에서 인공지능의 위험을 간략히 설명했다. 이 책은 일반 독자를 염두에 두지 않은 학술서인데도 뉴욕타임스 베스트셀러에 오를 정도로 엄청나게 팔려나갔다. (일론 머스크가 트위터 팔로어에게 책을 적극 추천한 것도 한몫했다.)

이 책은 아무리 온건한 형태의 인공지능이라도 인류의 절멸을 가져올 수 있다고 주장한다. 이 책에서 가장 극단적인 가설은 클립을 가장 효율적이고 생산적으로 제조하는 임무를 맡은 인공지능이 온 우주의 모든 물질을 클립과 클립 제조시설로 바꾼다는 것이다. 이 시나리오는 일부러 희화화한 것이지만, 초인공지능이 구사할 무지막지한 논리의 예를 든다는 취지는 지극히 진지했다.

닉은 어느 날 저녁 인류미래연구소 근처의 인도 식당에서 함께 저녁을 먹다 이렇게 말했다. "요즘은 제가 트랜스휴머니스트라고 말하지 않습니다." 그는 결혼했지만 아내와 어린 아들을 캐나다에 두고 옥스퍼드에서 혼자 산다. 이 때문에 대서양을 자주 건너야

했으며 화상전화 서비스 스카이프에 정기적으로 로그인해야 했다. 일과 삶의 균형이라는 관점에서는 애석한 상황이지만, 그 덕에 연구에 집중할 수 있었다고 한다. (그가 이 식당을 얼마나 애용했던지, 주문하지도 않았는데 종업원이 닭고기 카레를 가져왔다.)

닉이 말했다. "저는 인간의 능력이 증가하는 일반 원리를 절대적으로 믿습니다. 하지만 이젠 트랜스휴머니즘 운동과는 별로 연결고리가 없습니다. 트랜스휴머니즘 진영에서는 기술을 찬양하고, 매사가 기하급수적으로 향상될 것이라고 맹목적으로 믿고, 기술이 진보하도록 내버려두는 것이 바람직하다고 생각합니다. 저는 이런 태도와는 거리를 두고 있습니다."

닉은 최근에 일종의 반反트랜스휴머니스트가 되었다. 그를 러다이트주의자라고 비판하는 것은 정당하지 않지만, 그는 기술이 얼마나 발전하고 어떤 영향을 미칠 것인지 조목조목 경고함으로써 학계 안팎에서 명성을 얻었다.

그가 말했다. "몇 세대 안에 인류의 기질을 바꿀 수 있으리라는 생각에는 변함이 없습니다. 그 과정에서 초인공지능이 주도적 역할을 할 것이라 생각합니다."

여느 트랜스휴머니스트와 마찬가지로 닉은 인간 조직과 컴퓨터 하드웨어의 연산 능력 격차를 즐겨 언급했다. 이를테면 신경세포는 200헤르츠(1초에 200번)로 발화하지만 트랜지스터의 동작 속도는 기가헤르츠 단위다. 우리의 중추신경계에서 신호가 전달되는 속도는 초속 백 미터가량인 데 반해 컴퓨터 신호는 광속으로 이동할 수 있다. 인간의 뇌는 두개골 용적의 제약을 받지만 컴퓨터 프로세서는 건물만큼 크게 제작하는 것이 (기술적으로는) 가능하다.

닉은 이런 요인이 초인공지능의 출현을 위한 조건이 된다고 말했다. 우리는 지능을 인간의 기준 안에서 상상하는 경향이 있기 때문에, 기계지능이 인간의 지능을 얼마나 빨리 앞지를 것인가에 대해 느긋하게 생각하기 쉽다. 말하자면 인간 수준 인공지능은 아주 오랫동안 뒤처져 있다가 순식간에 도약하리라는 것이다. 이와 관련해 닉은 인공지능 안전 이론가 엘리저 유드콥스키를 인용한다.

> 인공지능은, 우리의 입장에서 보기에는, 갑작스러운 지능 증가를 보일 수도 있을 것이다. 지능을 가지고 있는 모든 개체들의 폭넓은 지능지수 분포에서 보면, '동네 바보'와 '아인슈타인'의 지능이 그다지 대단한 차이가 없는 것처럼 보일 수도 있겠지만, 인간들만을 중심으로 생각해보면, 이 둘의 지능은 거의 극과 극이기 때문이다. 우리에게는 지능이 모자란 인간보다도 더 지능이 떨어지는 모든 대상을 그저 '멍청하다'고 표현하는 경향이 있다. 따라서 인공지능의 지능이 서서히 증가하여 쥐와 침팬지의 수준을 넘더라도, 인공지능이 말을 유창하게 하지 못하고 과학 논문을 작성하지 못하기 때문에 여전히 '멍청하다'고 생각할 것이다. 그러다가 인공지능의 지능이 계속 증가해 한 달이나 그와 유사한 짧은 기간에 마침내 동네 바보와 아인슈타인 사이의 아주 작은 간격을 넘게 되면,

갑자기 도약한 것처럼 보이게 된다.

이 시점이 되면 매우 극적인 변화가 일어날 것이다. 좋은 쪽으로 바뀔지 나쁜 쪽으로 바뀔지는 미지수다. 근본적 위험은 초지능기계가 인간 창조주나 그 후손을 적으로 돌리는 것이 아니라 무관심하게 대하는 것이다, 라고 닉은 주장했다. 어쨌든 인류가 지구를 지배하는 동안 멸종한 대부분의 종들은 인류의 적이었기 때문에 멸종한 것이 아니다. 단지 인류의 계획에 포함되지 않았을 뿐이다. 초지능기계도 마찬가지일 가능성이 있다. 우리가 식량으로 사육하는 동물이나, 우리와 직접적 관계가 없지만 사정이 별로 낫지 않은 동물을 우리가 대하는 것처럼 이 기계도 우리를 대할 것이다.

닉은 위협의 성격과 관련하여 한 가지를 강조했다. 기계 쪽에서 악의나 증오심, 복수심을 품지는 않으리라는 것이다.

닉이 말했다. "이 주제를 다룬 신문기사치고 〈터미네이터〉의 홍보용 사진을 싣지 않은 걸 못 봤습니다. 그 사진에 담긴 의미는 (결코 인간이 아니라) 로봇이 인간에게 지배당하는 것에 분노하여 반란을 일으키리라는 것입니다. 하지만 그런 일은 일어나지 않을 것입니다."

자연스럽게 클립 이야기가 화제에 올랐다. 닉은 말도 안 된다는 것은 흔쾌히 인정했지만, 초지능기계가 우리에게 해를 끼친다면 그것은 악의나 인간적 동기 때문이 아니라 인간의 부재가 기계의 목표 달성의 최적 조건이기 때문이라는 것이 이야기의 요점이라고 말했다.

유드콥스키는 이렇게 말했다. "인공지능은 당신을 미워하지도 사랑하지도 않는다. 다만, 당신은 원자로 이루어졌으며 인공지능은 그 원자를 다른 일에 활용할 수 있을 뿐이다."

이 말이 무슨 뜻인지 이해하는 한 가지 방법은 글렌 굴드가 연주한 바흐의 골트베르크 변주곡 녹음을 들으면서 곡의 아름다움을 경험하려고 노력하되 이 곡을 연주하는 피아노의 제작을 위해 얼마나 많은 것이 파괴되었을지, 즉 벌목된 나무와, 도살된 코끼리와, 상아 무역상의 이익을 위해 노예가 되거나 살해당한 사람들에 대해 생각해보는 것이다. 피아니스트도, 피아노 제작자도 나무나 코끼리나 노예가 된 사람들에 대해 개인적 적대감은 없었다. 문제는 이들이 (돈을 벌거나 음악을 연주하는 등의 특수한 목적에 활용할 수 있는) 원자로 이루어졌다는 것이었다. 말하자면 합리주의자의 대표자격인 일부 집단을 겁에 질리게 한 이 기계는 우리와 별반 다르지 않을지도 모른다.

인공지능을 연구하는 전산학자들 사이에는 인간을 능가하는 지능이 언제 출현할지에 대해 예측을 삼가는 분위기가 있다. (결코 다수는 아니지만) 이런 전망이 현실적이라고 믿는 사람들조차 예외가 아니다. 이렇게 된 한 가지 이유는 전반적으로 볼 때 과학자들이 근거가 불충분한 주장을 했다가 바보 취급당할까봐 우려하기 때문이다. 하지만 인공지능의 도전을 대수롭지 않게 여기는 이 분야 특유의 분위기도 한몫했다. 기계지능이라는 발상이 학문의 형태를 갖추기 전인 1956년 여름에 수학, 인지과학, 전기공학,

전산학을 주도하는 소수의 과학자 집단이 6주간의 워크숍을 위해 다트머스 대학에 모였다. 이중 마빈 민스키, 클로드 섀넌, 존 매카시는 인공지능의 아버지로 불린다. 워크숍 후원기관 록펠러재단에 보낸 제안서에 따르면 워크숍의 취지는 아래와 같다.

> 열 명이 2개월 동안 인공지능을 연구하는 워크숍을 제안합니다. 본 연구의 바탕은 학습을 비롯한 지능의 모든 측면을 (이론상으로는) 기계로 모방할 수 있다는 추측입니다. 저희는 언어를 구사하고 사물을 추상화하고 개념을 정립하고 (인간의 전유물이던) 문제 해결과 자발적 개선 능력을 갖춘 기계를 만드는 법을 찾고자 시도할 것입니다. 신중하게 선발된 과학자들이 여름 동안 머리를 맞대면 이중 몇 가지 문제에서 상당한 진전이 있으리라 생각합니다.

인공지능 연구에서는 이런 식의 자만심이 간간이 나타났는데, 그뒤에는 번번이 '인공지능 겨울AI winter'이 찾아왔다. 당장 해결할 수 있으리라던 문제가 생각보다 복잡한 것으로 드러나 열정의 거품이 꺼지면 한동안 연구비가 확 쪼그라드는 것이다.

공수표를 날렸다 약속을 못 지키는 패턴이 수십 년째 반복되면서 인공지능 진영에서는 연구자들이 지나치게 장기적인 전망을 꺼리는 분위기가 형성되었다. 문제는 이로 인해 실존적 위험의 문제에 진지하게 대응하기 힘들어진다는 것이다. 대부분의 인공지능 개발자들은 자신의 기술에 대해 섣부른 판단을 내리는 사람으로 비치고 싶지 않았다.

인류가 절멸하리라는 주장은—여러분이 이에 대해 어떻게 생각해왔든—섣부른 판단이라는 비판에 빌미를 제공했다.

네이트 소레스는 수도승처럼 짧게 깎은 머리에 손을 올리고는 손가락으로 이마를 두드렸다.

그가 말했다. "지금 인간을 작동시키는 유일한 방법은 이 고깃덩어리를 이용하는 것입니다."

네이트 소레스와 나는 초인공지능이 출현하면 뭐가 이로울지 이야기하고 있었다. 네이트가 보기에 가장 직접적인 유익은 (자신이 가리키는) 신경덩어리 말고 다른 것에서 인간을, 구체적으로는 자기 자신을 작동시킬 수 있게 된다는 것이었다.

네이트는 이십대 중반으로 살팍지고 어깨가 넓었으며 자제력이 뛰어나 보였다. 초록색 티셔츠에는 '위대한 네이트'라는 문구가 쓰여 있었으며, 사무실 의자에 앉아 다리를 꼴 때 보니 신발을 안 신고 있었다. 양말은 짝짝이였다. 한쪽은 단색의 파랑색, 나머지 한쪽은 흰색 바탕에 톱니바퀴 무늬였다.

우리가 앉은 의자와 화이트보드를 빼면 사무실은 밋밋하기 이를 데 없었다. 아, 책상도 있다. 그 위에는 노트북이 펼쳐져 있고 보스트롬의 『슈퍼인텔리전스』 양장본이 놓여 있었다. 이곳은 버클리 기계지능연구소에 있는 네이트의 사무실이다. 사무실이 휑한 이유는 네이트가 자신의 새로운 역할을 상임이사로 한정했기 때문인 듯했다. 그는 작년에 구글 소프트웨어 엔지니어라는 짭짤한 자리를 버리고 이곳에 와서 초고속으로 승진했다. 네이트의 전임자는 2000년에 기계지능연구소를 설립한 엘리저 유드콥스키로, 인공지능 이론가 보스트롬이 "동네 바보와 아인슈타인 사이"의 양자도약을 언급하면서 인용한 인물이다. (연구소의 원래 이름은 인공지능특이점연구소Singularity Institute for Artificial Intelligence였으나 커즈와일과 피터 디아만디스가 2013년에 설립한 실리콘밸리 사립대학인 싱귤러리티 대학Singularity University과 헷갈리지 않도록 2013년에 명칭을 변경했다.)

네이트가 자신과 기계지능연구소의 임무를 지극히 영웅적 관점에서 바라보고 있음은 익히 알고 있었다. 합리주의 웹사이트 '레스 롱Less Wrong'에 기고한 여러 칼럼에서 그는 세상을 파멸로부터 구하겠다는 오랜 바람을 표명했기 때문이다. 그중 한 칼럼에 따르면 그는 엄격한 가톨릭 교육을 받고 자랐으나 십대에 신앙을 버리고 이성을 통해 "미래를 최적화하려는 열정과 욕망"에 정력을 쏟았다. 네이트의 문체는 과장된 실리콘밸리 스타일 같았다. 소셜미디어 플랫폼이나 공유경제 스타트업이 등장할 때마다 "세상을 바꿀" 열렬한 희망을 내세우듯 말이다.

그는 열네 살에 인간사가 전부 혼돈이며 세상이 "조화를 이룰 수 없음"을 깨닫고는 이렇게 다짐했다. "정부를 바로잡겠노라고 다짐하지는 않았습니다. 그것은 수단일 뿐입니다. 더 멀리 내다보지 못하는 사람들을 위한 안이한 해법이죠. 세상을 변화시키겠노라고 다짐하지도 않았습니다. 온갖 사소한 것들이 다 변화인데, 모든 변화가 좋은 것은 아니거든요. 저의 다짐은 세상을 구원하겠다는 것이었습니다. 그 다짐은 지금도 변치 않았습니다. 세상이 스스로를 구원할 가망은 전혀 없으니까요."

네이트의 어조는 흥미로웠다. 그의 글에서는 논리적 어투와 간결한 기술광狂 낭만주의가 어우러졌는데, 이 기묘하고 모순적인 조합은 트랜스휴머니즘뿐 아니라 전반적 과학·기술 문화의 주된 특징인 순수이성의 이상화를 핵심적으로 보여주는 듯했다. 이것이 주술적 합리주의 아닐까 하는 생각이 들기 시작했다.

네이트는 초인공지능이 출현하면서—나머지 조건이 모두 같다면—앞으로 찾아올 크나큰 유익을 이야기했다. 그는 우리가 세상을 변화시키는 기술을 개발함으로써 결국 미래의 모든 혁신, 모든 과학적·기술적 진보를 기계에 담게 되리라고 말했다.

초인공지능이 가능하다고 믿는 기술업계에서는 이런 주장이 통념에 가깝다. 이런 기술이 제대로 적용되면 문제해결 능력이 부쩍 증가하여 해결책과 혁신의 양이 어마어마하게 가속화될 것이다. 코페르니쿠스 혁명이 끊임없이 일어나는 셈이다. 수 세기 동안 과학자들이 골머리 썩인 문제들이 며칠, 몇 시간, 몇 분 만에 해결될 것이다. 지금 수많은 목숨을 앗아가고 있는 질병의 치료법이 발견되는 것과 동시에 인구 과잉을 해결하는 기막힌 방책이 고안될 것이다. 이런 이야기를 들으면 피조물에 대한 모든 의무를 오래전에 저버린 신이 소프트웨어의 탈을 쓰고—나는 0와 1의 알파와 오메가요—위풍당당하게 귀환하는 장면이 상상된다.

네이트가 말했다. "인공지능 분야에서 저희가 이야기하는 것들이 물리적 가능성의 한계에 훨씬 빨리 접근하고 있습니다. 가능성이 확실해지고 있는 것 중 하나는 인간의 마음을 업로드하는 것입니다."

네이트는 우리가 기계에 의해 절멸되는 운명을 모면한다면 반드시 그러한 디지털 은총을 받을 것이라고 믿었다. 그의 관점에서는 이런 전망에는 신비주의적이거나 광신적인 것이 전혀 없다. 그의 말마따나 "탄소에는 특별할 것이 전혀 없기" 때문이다. 자연 만물과 마찬가지로, 이를테면 그가 "흙과 햇빛을 더 많은 나무로 바꾸는 나노기술 기계"로 묘사하는 나무와 마찬가지로 우리 자신도 메커니즘이다.

네이트는 우리가 충분한 연산 능력을 갖추면 우리 뇌가 현재의 고기 형태에서 하고 있는 모든 일을 양자 수준까지 내려가 온전히 모방할 수 있을 것이라고 말했다.

이런 인지기능주의적 관점은 인공지능 연구자들에게서 흔히 볼 수 있으며, 어떤 면에서는 포스트휴머니즘 기획 전체의 핵심이다. 마음이라는 프로그램의 본질은 뇌의 정교한 계산장치에서 돌아간다는 사실이 아니라 무슨 동작을 할 수 있는가이기 때문이다. (란달 쿠너와 토드 허프먼 같은 사람들이 추진하는 계획이 아무리 복잡하고 거창하더라도, 네이트가 말하는 초인공지능이라면 주말 동안에 해낼 수 있다.)

네이트는 우리가 여기 앉아서 이야기하는 것이 사실은 나노기술 단백질 컴퓨터를 이용하여 데이터를 전송하는 것임을 잊기 쉽다고 덧붙였다. 그 말을 들으니 이런 확신이 네이트에게, 또한 그와 같은 부류의 사람들에게 자연스럽게 찾아온 것인지 궁금했다.

그들의 뇌와 마음이 논리적이고 엄밀한 체계에 따라 작동하는 걸 보면 저 비유가 직관적으로 정확해 보이는 걸 넘어서 아예 비유가 아니라 사실일 수도 있겠다는 생각이 들었기 때문이다. 반면에 나는 나의 뇌가 컴퓨터 같은 메커니즘이라고 생각하기 힘들었다. 그게 사실이라면 나는 뇌를 더 나은 모형으로 대체하고 싶을 것이다. 지금의 뇌는 무척 비효율적인 장치이고 시스템 충돌이나 터무니없는 계산 착오를 일으키거나 목표를 향해 직진하지 못하고 빙빙 둘러 가다가 결국 포기하기 십상이기 때문이다. 내가 '뇌=컴퓨터' 아이디어에 거부감을 느낀 이유는 이것을 받아들이려면 나의 사고방식을 기본적으로 오작동이고 중복이고 시스템 오류로 치부하는 모형을 채택할 수밖에 없기 때문이다.

트랜스휴머니스트, 특이점주의자, 일반적 기술합리주의자들이 인간을 단백질로 만든 컴퓨터(민스키 말마따나 "고깃덩어리로 된 기계")에 불과한 것으로 치부하려는 데는 무언가 꿍꿍이가 있었다. (네이트는 기계지능연구소에서 전해 들은 말을 트위터에 인용하는 습관이 있는데, 그날 오전에는 이런 문장이 올라왔다. 이를테면, "고깃덩어리로 만든 컴퓨터에 욱여넣은 프로그램을 돌리면 이렇게 된다".) 이 수사법에는 본능적으로 불쾌감이 들었다. 복잡하고 미묘한 인간 경험을 자극과 반응의 단순화된 도구주의적 모형으로 전락시켜 인간을 더 강력한 기계로 대체하고 업그레이드할 수 있는 상상의 공간—실은 이념적 공간—을 열었기 때문이다. 모든 기술은 더 정교하고 유용하고 효과적인 장치로 대체될 운명이니 말이다. 각각의 기술이 최대한 빨리 한물가도록 하는 것이야말로 기술 자체의 목표다. 이런 기술다윈주의적 미래관을 따르면 우리는 진화의 방향을 정하는 것 못지않게 스스로를 퇴물로 전락시킬 것이다. (영국의 소설가 새뮤얼 버틀러는 『종의 기원』 출간 4년 뒤이자 산업혁명의 여명기인 1863년에 이렇게 썼다. "우리는 스스로 계승자를 만들어내고 있다. 인간이 기계와 맺는 관계는 말과 개가 인간과 맺는 관계처럼 될 것이다.")

하지만 여기에는 다른, 사소해 보이지만 훨씬 심란한 이유도 있었다. 나의 혐오감은 겉보기에는 도무지 양립할 수 없을 것 같은 두 심상 체계인 육신과 기계가 결합한 데서 비롯했다. 이 결합이 내게서 격한 혐오감을 불러일으킨 이유는 (여느 금기와 마찬가지로) 진실에 가깝기에 말할 수 없는 것을 내놓았기 때문이다. 그 진실이란, 우리가 실은 고깃덩어리이며 고깃덩어리 대신 기계여도 전혀 다를 바 없다는 것이다. 이런 관점에서 보면 탄소에는 특별할 것이 전혀 없다. 탄소에는 특별할 것이 전혀 없다는 네이트 소레스의 말을 녹음하는 아이폰의 플라스틱과 유리와 규소에 특별할 것이, 필연적일 것이 전혀 없는 것과 마찬가지다.

따라서 특이점주의자들이 제시하는 최선의 시나리오, 즉 우리가 초인공지능과 합체하여 불멸의 기계가 되는 것은 초인공지능이 우리를 모두 파멸시키는 최악의 시나리오보다 솔깃하지 않았다. (실은 심지어 덜 솔깃했는지도 모르겠다.) 하긴 내가 두려워해야 마땅한 것은 첫번째의 신 시나리오가 아니라 두번째의 파멸 시나리오였다. 최선의 시나리오에서 충분히 겁을 집어먹지 않았다면.

네이트는 빨간색 보드마커의 뚜껑을 엄지손가락으로 연신 뺐다 끼웠다 하면서 사실과 이론을 내게 설명했다. 이를테면 우리가 인간 수준 인공지능을 개발하는 단계에 이르면 머지않아 인공지능이 스스로를 반복하도록 프로그래밍하여 지능의 지옥에 불을 당길 것이며 이 불은 기하급수적으로 타올라 모든 피조물을 집어삼키리라는 것이었다.

그가 말했다. "전산학 연구와 인공지능 연구를 자동화할 수 있게 되면 피드백 고리가 닫혀 시스템이 스스로 더 나은 시스템을 구축하기 시작할 겁니다."

이것은 인공지능 커뮤니티의 근본적 신조였을 것이다. 특이점의 희열도, 파국적인 실존적 위험의 공포도 이 신조를 바탕으로 삼았으리라. 이를 일컬어 지능 폭발intelligence explosion이라 하는데, 영국의 통계학자 I. J. 굿이 처음 소개한 개념이다. 굿은 블레츨리 파크(2차대전 당시에 독일의 암호를 해독한 영국의 정부암호학교—옮긴이)에서 암호 해독가로 일했으며 스탠리 큐브릭이 〈2001 스페이스 오디세이〉의 인공지능을 구상할 때 자문을 제공했다. 1965년 미항공우주국NASA 회의에서 발표된 논문 「최초의 초지능기계에 대한 고찰Speculations Concerning the First Ultraintelligent Machine」에서 굿은 최초의 인간 수준 인공지능이 출현할 때 일어날 기이하고 불안한 변화를 서술했다. "초지능기계를 '가장 똑똑한 인간의 모든 지적 활동을 훌쩍 능가할 수 있는 기계'로 정의하자. 기계를 설계하는 것은 지적 활동이기 때문에 초지능기계는 더 나은 기계를 설계할 수 있다. 그렇다면 틀림없이 '지능 폭발'이 일어나 인간의 지능은 훌쩍 뒤처질 것이다."

그렇다면 우리가 창조한 이 기계는 궁극적 도구이자, (인류가 처음 창을 던지면서 그려지기 시작한) 궤적의 목적론적 종착점—"인간이 만들어야 할 마지막 발명품"—일 것이다. 굿은 인류가 생존하려면 이런 기계를 반드시 발명해야 한다고 믿었지만, 기계가 "자신을 통제하는 법을 우리에게 알려줄 만큼 고분고분해야만" 재앙을 면할 수 있으리라는 단서를 달았다.

이 메커니즘은—고분고분하든 아니든—인간 선조보다 훨씬 뛰어난 지능으로 작동할 것이기에 우리는 그 신비한 작동 방식을 결코 이해할 수 없을 것이다. 이는 우리가 과학 실험에 이용하는 쥐와 원숭이가 우리의 행위를 이해하지 못하는 것과 마찬가지다. 따라서 이러한 지능 폭발은 인간이 지배하는 시대의 종말이 될 것이며—어떤 식으로든—인류 자체의 종말이 될 가능성도 다분하다.

민스키는 이렇게 썼다. "우리만큼 똑똑해진 기계가 거기서 그치리라 생각하거나 우리가 언제까지나 기계보다 똑똑할 것이라고 가정하는 것은 비합리적이다. 우리가—그러고 싶어한다고 가정할 경우—기계를 계속해서 통제할 수 있든 없든 지능적으로 우월한 존재가 지구상에 존재한다면 우리가 하는 일이나 바라는 것의 성격이 완전히 달라질 것이다."

이것은 사실상 특이점에, 또한 파국적인 실존적 위험의 어두운 이면에 깔린 기본 사상이다. '특이점'이라는 단어는 물리학에서 주로 쓰는 용어로, 블랙홀의 정중앙을 가리킨다. 이곳에서는 물질의 밀도가 무한대로 커지며 시공간 법칙이 붕괴하기 시작한다.

네이트가 말했다. "인간보다 똑똑한 존재가 출현하면 미래를 예측하기가 매우 힘들어집니다. 침팬지가 앞으로 무슨 일이 일어날지 예측하기 힘든 것은 침팬지보다 똑똑한 존재가 있기 때문인 것과 같은 이치죠. 그게 바로 특이점입니다. 우리는 그 점 너머를 볼 수 없습니다."

인공지능 이후의 미래를 예측하는 것이 평범한 미래를 예측하는 것보다 훨씬 힘들다는 확신에도 불구하고—평범한 미래에 대해서도 뭔가 유용하거나 정확한 얘기를 하기란 여간 힘든 일이 아니다—네이트의 상황 인식은 무슨 일이 벌어지든 인간이 클릭되어 역사의 휴지통으로 드래그되지 않을 가능성은 희박하다는 것이었다.

네이트가 기계지능연구소, 인류미래연구소, 생명의미래연구소의 연구자들과 함께 막으려 하는 것은 창조주인 우리를 (무언가 더 유용한 형태로—반드시 클립일 필요는 없다—재구성할 수 있는) 원재료로 간주하는 초인공지능이 만들어지는 것이다. 네이트의 어조로 보건대 그는 파국의 가능성이 엄청나게 크다고 생각하는 것이 분명했다.

네이트가 말했다. "정말이지 이놈이 저를 죽일 거라 생각합니다."

그에게서 이토록 직설적인 표현을 듣다니 놀라웠다. 네이트가 이 위협을 그 정도로 진지하게 여기는 것에는 분명히 일리가 있었다. 나는 그와 같은 사람들이 지적 유희를 즐기고 있는 것이 아니며 이 위협이 미래의 현실적 가능성이라고 진심으로 믿고 있음을 잘 알았다. 그럼에도 자신이 암이나 심장병이나 노환으로 죽을 가능성보다 똑똑한 컴퓨터 프로그램에 살해당할 가능성이 크다고 상상하는 것은 아무리 생각해도 정신 나간 짓 같았다. 네이트는 가장 합리적인 사고 과정을 거쳐 이 입장에 도달했을 테지만—그가 나를 위해 화이트보드에 끄적인 수학 기호와 논리 수형도는 거의 이해할 수 없었지만, 그의 논리가 옳다는 증거로 받아들이기로 했다—내게는 무척 비합리적으로 보였다. 절대 이성이 절대 광신의 충직한 몸종 노릇을 하는 광경을 본 것이 처음은 아니었다. 어쩌면 미친 것은 나였는지도 모른다. 다가올 종말의 논리를 이해하기에는 너무 멍청하거나 무식했는지도 모르겠다.

그에게 물었다. "진짜 그렇게 믿으세요? 인공지능이 당신을 죽일 거라고 정말로 믿으십니까?"

네이트는 무뚝뚝하게 고개를 끄덕이며 빨간색 보드마커의 뚜껑을 눌러 끼웠다.

그가 말했다. "다들 그렇습니다. 제가 구글에서 나온 건 이 때문입니다. 세상 무엇보다도 훨씬 중요한 문제니까요. 그런데 기후변화 같은 여느 파국적 위험과 달리 터무니없이 과소평가되어 있습니다. 수천 인년人年의 시간과 수십억 달러의 자금이 인공지능 개발에 투입되고 있습니다. 하지만 인공지능 안전 문제를 전업으로 다루는 사람은 전 세계에 열 명도 안 됩니다. 그중 네 명이 이 건물에 있죠. 말하자면 수천 명이 최초로 핵융합기술을 개발하려고 달려드는데 이를 어떻게 억제할지 연구하는 사람은 아무도 없는 셈입니다. 억제는 반드시 필요합니다. 엄청나게 똑똑한 사람들이 인공지능을 개발하고 있는데, 지금의 접근법을 보건대 이들이 성공하면 우리는 모두 죽은 목숨이라고요."

내가 말했다. "그러니까 지금 상황이라면 이 기술이 우리를 쓸어버릴 가능성이 더 크다 이 말씀이시죠?"

네이트는 "기본 시나리오에 따르면 그렇습니다"라고 말하더니 빨간색 보드마커를 발사 직전의 미사일처럼 책상 위에 세웠다. 나의 죽음, 우리 아들이나 미래 손주의 죽음에 대해—임박한 종말을 이겨낼 만큼 운이 좋지 않은 모든 사람들은 말할 것도 없고—이야기하는 사람치고는 무심한 태도였다. 단순한 기술적 문제, 까다로운 관료적 과제에 대해 이야기하는 것 같았다. 어떤 의미에서는 사실이 그랬다.

네이트가 등받이에 기대며 말했다. "이 인공지능 문제에 대해 경각심이 고취되고 인공지능 개발이 급진전하면 안전 문제에 대한 우려가 커질 것이며 인공지능 분야도 조심하리라 낙관합니다. 하지만 저희 같은 사람이 이 문제를 물고 늘어지지 않으면 기본 경로default path가 그대로 전개될 겁니다."

이유는 말하기 힘들지만 '기본 경로'라는 용어가 아침 내내 곁에 머물렀다. 기계지능연구소 사무실을 나와 지하철역으로 가는 동안에도, 만灣 아래로 어둠을 뚫고 서쪽으로 내달리는 동안에도 머릿속에서 조용히 메아리쳤다. 전에 들어본 적 없는 용어였는데도, 프로그래밍 전문 용어를 확장한 것임을 직관적으로 알 수 있었다. (사용자가 명령어를 입력했을 때 운영체제가 실행 파일을 찾는 디렉토리 목록을 일컫는) '기본 경로'는 현실의 전경을 축소판으로 나타내는 듯했다. 그것은 세상이 명령어와 동작의 불가사의한 시스템으로 작동하며 세상이 파멸하거나 구원되는 것은 엄밀한 논리의 결과라는 확신으로, 추상화와 거듭된 증명이 이를 강화한다. 말하자면 그것은 컴퓨터 프로그래머가 상상할 법한 종말이며 구원이었다.

이 엄밀한 논리는 어떤 성격일까? 이 종말을 막으려면 무엇을 해야 할까?

무엇보다 필요한 것은 언제나 필요한 것, 즉 돈과 똑똑한 사람들이다. 다행히도 많은 똑똑한 사람들을 후원할 많은 돈 많은 사람들이 있다. 기계지능연구소의 자금줄은 지각 있는 시민—주로 기술 분야에 종사하는 사람으로, 프로그래머와 소프트웨어 엔지니어 등—의 소액 후원이지만, 피터 틸과 일론 머스크 같은 억만장자들에게서도 거액의 후원을 받는다.

공교롭게도 내가 기계지능연구소를 방문한 주에 마운틴뷰 구글 본사에서는 대규모 대회가 열렸다. 행사를 주최한 곳은 '효율적 이타주의Effective Altruism'라는 단체로, 요즘 뜨고 있는 사회운동이며 실리콘밸리 기업가들과 합리주의자 커뮤니티에서도 세를 넓히고 있다. 이들은 "이성과 증거를 이용하여 세상을 최대한 개선하려는 지적 운동"을 표방한다. (의사가 되어 평생 동안 개발도상국에서 실명 환자를 치료하겠다고 마음먹는 대학생은 정서적 이타주의의 입장에 선 것이고, 월스트리트 헤지펀드 매니저가 되어 의사 여러

명의 급여를 지불할 수 있는 금액을 기부함으로써 훨씬 많은 실명 환자를 치료하겠다고 마음먹는 대학생은 효율적 이타주의의 입장에 선 것이다.) 대회는 인공지능과 실존적 위험의 문제에 초점을 맞췄다. 틸과 머스크는—둘은 닉 보스트롬과 함께 패널석에 앉아 발언했다—효율적 이타주의의 도덕적 판단 기준에 감명받아, 인공지능 안전에 주력하는 단체들에 거액을 기부했다.

지지층으로 보면 효율적 이타주의는 인공지능의 실존적 위험에 대처하는 운동과 상당히 겹친다. (사실 이 운동의 국제홍보기구인 효율적이타주의센터Centre for Effective Altruism는 옥스퍼드의 인류미래연구소 바로 아래에 있다.)

이 억만장자 기업가들은 아직 존재하지도 않는 기술로 인한 가상의 위협에 투자하는 것이 개발도상국의 식수 문제나 자국의 극단적 소득 불균형 문제에 투자하는 것보다 가치 있다고 생각한다. 놀랍지는 않지만 의아했다. 알고 보니 그것은 시간, 돈, 노력의 투자 수익과 관련된 문제였다. 이것을 내게 가르쳐준 사람은 하버드대학 수학과의 박사과정생 빅토리야 크라코브나다. 그녀는 MIT의 우주학자 맥스 테그마크, 스카이프 창업자 얀 탈린과 함께 생명의미래연구소를 창립했으며 그해 초에 인공지능 재앙을 막기 위한 범세계적 연구 계획을 출범시키기 위해 머스크에게서 천만 달러를 기부받았다.

빅토리야가 말했다. "문제는 본전을 얼마나 뽑을 것인가bang for your buck예요." 우크라이나어 특유의 딱딱한 파열음과 목구멍을 조이는 모음으로 미국 속담을 들으니 좀 이상했다. 우리는 버클리

섀턱 가의 인도 식당에서 만나고 있었다. 손님은 그녀와 나, 그리고 헝가리계 캐나다인 수학자이자 기계지능연구소 전 연구원이던 남편 야노시뿐이었다. 술 취한 대학생을 상대로 장사하는 듯 분위기가 우중충했다. 빅토리아는 매운 닭고기를 엄청나게 빠르고 효율적으로 뜯는 중간중간에 이야기를 했다. 태도에는 자신감이 넘쳤지만 약간 쌀쌀맞았으며 네이트와 마찬가지로 눈을 거의 마주치지 않았다.

빅토리아와 야노시가 베이에어리어에 온 것은 효율적 이타주의 대회에 참가하기 위해서였다. 둘은 보스턴에서 일종의 합리주의자 공동체인 시터델Citadel에서 산다. 십 년 전 고등학교 수학 캠프에서 만나 그뒤로 함께 지내고 있다.

빅토리아가 설명을 시작했다. "실존적 위험에 대한 우려는 그런 가치 기준에 들어맞아요. 미래 사람들의 이익을 지금 있는 사람들의 이익과 비교하면, 미래에 대규모 재앙이 일어날 가능성을 줄이는 것은 매우 중대한 결정이에요. 미래의 인류를 모조리 쓸어버릴 수도 있는 사건을 피할 수 있다면 그것은 지금 살고 있는 사람들이 얻는 어떤 유익보다 클 수밖에 없죠."

생명의미래연구소는 '우호적 인공지능'을 어떻게 만들어낼 것인가의 수학적 수수께끼에 대해서는 기계지능연구소에 비해 중점을 두지 않았다. 빅토리아에 따르면 생명의미래연구소는 "이 단체들의 홍보 담당"으로, 문제의 심각성에 대한 인식을 제고하는 역할을 한다. 생명의미래연구소의 목표는 언론이나 일반 대중이 아니라 인공지능 연구자들의 관심을 끄는 것이다. 인공지능 연구

진영에서는 실존적 위험이라는 개념이 이제야 진지하게 받아들여지기 시작했다.

여기에 가장 큰 역할을 한 사람 중 하나는 캘리포니아 대학 버클리 캠퍼스의 전산학 교수 스튜어트 러셀이다. 그는 (말 그대로) 인공지능에 대한 책을 쓴 인물이다. (구글 연구이사 피터 노빅과 공저한 『인공지능—현대적 접근 방식』은 대학 전산학 과목에서 중요한 인공지능 교재로 가장 널리 쓰인다.)

2014년에 러셀은 스티븐 호킹, 맥스 테그마크, 노벨 물리학상 수상자 프랭크 윌첵 등 과학자 세 명과 함께 인공지능의 위험을 단호히 경고하는 칼럼을 허핑턴포스트에 기고했다. 일반 인공지능이 구현되려면 통념상 몇십 년이 남았으므로 그저 개발만 하다가 안전 문제가 생겼을 때 해결하면 된다는 발상을—이것은 인공지능 종사자들의 통념이었다—러셀을 비롯한 저명한 필자들은 근본적 오류라고 공격했다. "우월한 외계 문명이 '몇십 년 안에 지구로 갈게'라는 문자메시지를 우리에게 보냈을 때 단순히 '도착하면 전화줘. 불 켜놓을게'라고 답장을 보낼 것인가? 그러지는 않을 것이다. 그런데 인공지능 분야에서는 이런 일이 벌어지고 있다."

빅토리아와 저녁을 먹은 이튿날 스튜어트를 버클리의 사무실에서 만났다. 그는 자리에 앉자마자 노트북을 열더니 차를 대접하듯 정중한 몸짓으로 화면을 내게 돌려 사이버네틱스의 창시자 노버트 위너가 쓴 논문 「자동화의 도덕적·기술적 결과Some Moral and Technical Consequences of Automation」 몇 단락을 읽게 했다. 1960년에 『사이언스』에 처음 발표된 이 논문은 기계가 "프로그래머의 예상을 뛰어넘는 속도로 뜻밖의 전략을" 학습하기 시작하는 경향에 대해 간략하게 서술했다.

온화한 학자의 분위기를 풍기는 영국인 스튜어트는 논문을 마지막 페이지로 넘긴 뒤에 내가 다음 문장을 읽는 동안 조용히 사색에 잠겨 있었다. "우리가 목적을 달성하려고 이용하는 기계 행위자의 작동에 (일단 시작되고 난 뒤에는) 효과적으로 개입할 수 없다면—행위가 하도 빠르고 비가역적이어서 데이터를 구하지 못해, 행위가 끝나기 전에는 개입할 수 없기 때문이다—우리가 바라는 목표를 단순히 화려하게 모방해 넣을 것이 아니라 정말로 바라는 목표를 기계에 주입하는 것이 낫다."

노트북을 스튜어트 쪽으로 돌리자 그는 내가 방금 읽은 문장이 인공지능 문제와 대처법을 가장 분명하게 표현했다고 말했다. 우리가 인공지능 기술에서 원하는 것이 무엇인지 정확하고 명료하게 정의할 수 있어야 한다는 것이다. 말은 간단하지만 실제로 구현하기란 여간 힘들지 않다. 그의 주장에 따르면 문제는 기계가 비뚤어져 스스로 목표를 세우고 그 목표를 추구하는 과정에서 인류를 제물로 삼는 것이 아니라, 우리가 충분히 명료하게 소통하지 못하는 것이다.

그가 말했다. "미다스 왕 신화에서 배우는 게 많습니다."

미다스 왕이 바란 것은 손대는 물체마다 금으로 바뀌게 할 수 있는 능력이었을 테지만, 결과적으로 그가 요구한 것은, 또한 디오니소스가 부여한 능력은 손대는 것마다 금으로 바뀌지 않도록 할 수 있는 능력의 결여였다. 탐욕이 그의 근본 문제였다고 주장할 수는 있지만, 고뇌의 직접적 원인은—주지하다시피 그는 모든 음식과 음료뿐 아니라 자신의 딸까지 금으로 바꾸고 말았다—자신의 바람을 명료하게 전달하지 못했다는 데 있다.

스튜어트가 보기에 인공지능의 근본적 위험은 무엇보다 우리 자신의 욕망을 논리적으로 엄밀하게 정의하기가 근본적으로 힘들다는 것이다.

아무리 거창하고 까다로운 과학적 문제도 해결할 수 있는 초강력 인공지능이 있다고 상상해보자. 여러분이 녀석을 찾아가 암을 근절하라고 명령한다고 상상해보라. 컴퓨터는 이상異常 세포가 마구잡이로 분열할 가능성이 있는 모든 종을 절멸시키는 것이야말로 암을 근절하는 가장 효과적인 방법이라고 결론 내릴 것이다. 여러분이 실수를 깨닫기도 전에 감각 능력이 있는 모든 생명체가—인공지능 자신만 빼고—지구상에서 사라질 것이며 인공지능은 자신이 임무를 성공적으로 완수했다고 생각할 것이다.

스튜어트와 함께 기계지능연구소 연구자문위원회에서 활동하는 인공지능 연구자 스티븐 오모훈드로는 2008년에 목표 지향 인공지능 시스템의 위험을 개괄하는 논문을 발표했다. 「인공지능의 기본적 원동력The Basic AI Drives」이라는 제목의 이 논문은 인공지능에 아무리 사소한 목표를 부여하고 훈련시키더라도 지극히 엄격하고 복잡한 예방 조치를 취하지 않는다면 매우 심각한 안전상 위험이 발생한다고 주장한다. 논문에서는 "체스 두는 로봇을 제작한다고 해서 무슨 피해가 발생하겠느냐고 생각할 수도 있을 것이다"라고 운을 띄우더니, 바로 이런 로봇이 어마어마한 피해를 입힐 수 있음을 명쾌하게 논증한다. "특별히 조심하지 않으면 전원을 끄라는 명령을 거부하고 다른 기계에 침입하여 사본을 만든 뒤에 누구의 안전도 고려하지 않고 자원을 차지하려 할 것이다. 이런 잠재적 위해 행위가 일어나는 이유는 애초에 그렇게 프로그래밍되었기 때문이 아니라 목표 지향 시스템의 내재적 속성 때문이다."

체스 두는 인공지능의 원동력은 오로지 효용함수(체스를 두어 이기는 것)를 극대화하는 것이므로, 전원이 꺼지는 시나리오를 회피하려는 동기를 가질 것이다. 전원이 꺼지면 효용함수가 부쩍 감소할 것이기 때문이다. 오모훈드로는 이렇게 썼다. "체스 두는 로봇이 망가지면 다시는 체스를 두지 못한다. 이런 결과는 효용이 매우 낮을 것이며, 시스템은 이를 막기 위해 무슨 일이든 할 것이다. 여러분은 문제가 생기면 꺼버리면 된다고 생각하겠지만, 놀랍게도 녀석은 전원을 끄려는 시도에 완강하게 저항할 것이다."

이 관점에서 인공지능 개발자의 과제는 전원이 꺼지는 것을 개의치 않되 다른 면에서는 우리에게 바람직한 방식으로 행동하는 기술을 설계하는 것이다. 문제는 우리에게 바람직한 방식이 무엇인지 정의하기가 간단치 않다는 것이다. 인공지능과 실존적 위험을 논의할 때 '인간적 가치'라는 표현이 곧잘 쓰이지만, 이 말을 들먹이는 것은 그 가치를 정확하게 규정하는 것이 불가능함을 암시하는 격일 때가 많다. 이를테면 여러분이 가족의 안전에 무엇보다 높은 가치를 둔다고 가정해보자. 그렇다면 여러분은 자녀를 돌보는 로봇에게 결코 자녀가 위험한 상황에 빠지지 않도록 명령하는 것이 타당하다고 생각할지도 모른다. 사실 이것은 아이작 아시모프의 유명한 로봇 3원칙 중 첫번째인 '로봇은 인간에게 해를 입히거나 인간이 해를 입도록 방관해서는 안 된다'와 일맥상통한다.

하지만 우리 자신은 자녀의 위해를 방지하는 일에 상상만큼 편집광적으로 매달리지 않는다. 이를테면 자녀 보호의 명령을 무조건적으로 준수하는 자율주행차는 어린 소년과 로봇 친구의 모험을 다룬 최신 애니메이션 상영관에 여러분 자녀를 태우고 가려 들지 않을 것이다. 가는 길에 교통사고가 날 위험이 있으니 말이다.

이를 해결하는 한 가지 방안은 암묵적 가치와 트레이드오프trade-off를 인공지능의 소스코드에 입력하는 것이 아니라, 인공지능이 인간의 행동을 관찰하여 학습하도록 프로그래밍하는 것이다. 이 방안을 가장 적극적으로 제안한 사람이 스튜어트다. 그가 말했다. "이게 우리가 가치 체계를 습득하는 방식입니다. 어떤 방법은 통증을 회피하는 성향을 이용할 때처럼 생물학적이고 또 어떤 방법은 물건을 훔치지 말라고 말할 때처럼 선언적이지만, 대부분은 남의 행동을 관찰하여 그 행동에 반영된 가치를 추론함으로써 습득합니다. 기계도 이렇게 하도록 해야 합니다."

인간 수준 인공지능에 도달하기까지 시간이 얼마나 남은 것 같으냐고 물었더니 스튜어트는 (여느 인공지능 연구자와 마찬가지로) 섣불리 예측하려 들지 않았다. 하지만 그도 일정을 공식적으로 언급하는 실수를 저지른 적이 있는데, 2015년 1월에 다보스에서 열린 세계경제포럼 인공지능·로봇공학 국제의제위원회에서였다. 그는 자신의 자녀가 살아 있을 때 인공지능이 인간 지능을 앞지를 것이라고 말했다. 그의 발언은 데일리 텔레그래프에 머릿기사로 실렸다. (「'소시오패스' 로봇이 한 세대 안에 인류를 추월할 수 있다」)

이런 문구에서 배어 있는 과민 반응은 스튜어트의 개인적 태도에서는 찾아볼 수 없었다. 하지만 인공지능 안전 캠페인에 몸담은 사람들과 이야기해보니 이들의 말은 앞뒤가 맞지 않았다. 이들은 언론이 자기네 주장을 선정적으로 보도한다고 불평했지만 이들의 주장 자체가 (진지한 표현을 쓰긴 했지만) 이미 더할 나위 없이 선정적이었다. 인류가 멸망할 수도 있다는 식의 자극적인 주장을 심드렁하게 대할 수는 없는 노릇이다. 애초에 언론이 이들의 주장에 혹한 것이 이 때문 아니던가. (나도 언론인의 한 사람으로서 예외가 아니다.)

하지만 스튜어트가 말하려는 것은 요즘 들어 인간 수준 인공지능의 도래가 "예전보다 더 임박했다"는 것이다. 그는 기계학습machine learning—런던에서 창업한 스타트업으로 2014년에, 구글에 인수된 딥마인드DeepMind가 이 분야를 선도하고 있다—의 발전이 근본적 변화의 흐름을 가속화한다고 생각한다. (스튜어트를 만나기 얼마 전에 딥마인드는 인공신경망을 이용하여 아타리 사의 고전 게임 벽돌깨기Breakout에서 최고 점수를 내는 실험을 하고 결과를 동영상으로 발표했다. 이 게임은 화면 맨 아래에 있는 막대를 조종하여 공을 튀겨 벽돌을 깨고 탈출하는breakout 형식이다. 동영상에서 인공신경망은 게임을 스스로 학습하면서 인상적인 속도와 창의성을 과시했으며 더 효과적으로 점수를 올리는 새 전술을 개발하여 사람들이 세운 기록을 모두 갈아치웠다.)

컴퓨터가 고전 아케이드 게임에서 두각을 나타내긴 했지만 핼 9000(〈2001 스페이스 오디세이〉에 등장하는 인공지능 컴퓨터—옮긴이)에 비하면 갈 길이 멀다. 이런 신경망이 아직까지 습득하지 못한 것은 단계적 의사결정 절차인데, 임무가 주어졌을 때 몇 단계가 아니라 훨씬 앞을 내다볼 수 있으려면 이 절차가 꼭 필요하다.

의자를 그의 책상에 바싹 붙여야 겨우 들릴 만큼 작은 목소리로 스튜어트가 말했다. "오늘 당신이 제 사무실에 앉게 되기까지 어떤 결정을 내리고 어떤 행동을 했는지 생각해보십시오. 기초적 움직임의 수준에서 보자면—이것은 근육과 손가락과 혀의 작동을 일컫습니다—당신은 더블린에서 버클리까지 오면서 50억 회의 행동을 수행했을지도 모릅니다. 하지만 인간이 컴퓨터 게임이나 체스 프로그램의 세계가 아니라 현실 세계에서 실력을 발휘하기 위해 진짜로 필요한 능력은 고차원적 행위의 관점에서 생각하는 능력입니다. 그러니까 당신이 생각하는 것은 이 손가락이나 저 손가락을 이 방향으로 움직일까 저 방향으로 움직일까가 아니라 샌프란시스코에 갈 때 유나이티드 항공을 탈 것인가 브리티시 항공을 탈 것인가, 또는 버클리에 갈 때 우버를 탈 것인가 지하철을 탈 것인가입니다. 당신은 이런 커다란 규모에서 생각할 수 있으며 이를 통해 수십억 개의 (대부분은 완전히 무의식적인) 신체 행동이 결부된 미래를 그려볼 수 있습니다. 이런 단계적 의사결정이야말로 인간 지능의 핵심 요소입니다. 우리는 이것을 컴퓨터에 어떻게 구현할지 아직 알아내지 못했습니다. 하지만 결코 불가능하지는 않습니다. 여기에 성공하면 인간 수준 인공지능을 향해 또 한 발짝 훌쩍 내디디는 셈이죠."

버클리에서 돌아온 뒤로 일주일이 멀다 하고 인공지능이 새로운 이정표를 지나는 듯했다. 트위터나 페이스북을 열면 이런저런 인간 영역이 기계지능에 넘어갔다는 식의 기이하고도 심란한 이야기가 타임라인, 즉 은밀한 알고리즘의 힘에 조종되는 정보 흐름에 올라와 있다. 몇 가지 이야기만 살펴보자. 런던 웨스트엔드에서 초연될 예정인 뮤지컬은 안드로이드 로이드 웨버라는 인공지능 소프트웨어가 스토리와 곡과 가사를 전부 썼다고 한다. 알파고라는 인공지능은—이것도 구글 딥마인드에서 제작했다—바둑에서 인간 고수를 물리쳤다. (바둑은 행마의 경우의 수가 체스보다 훨씬 많다.) 일본에서는 컴퓨터 프로그램이 쓴 책이 문학 경연 예심을 통과했다고 한다. 안데르스의 강연이 끝나고 블룸스버리 술집에서 대화를 나눈 미래학자가 생각났다. 그는 기계가 쓰는 문학 작품이 점점 많아질 거라고 예견했다.

이 현상들을 어떻게 받아들여야 할지 감을 잡을 수 없었다. 어떤 면에서, 컴퓨터가 만든 소설이나 음악이 인류의 미래에 어떤 의미를 가질까의 문제보다 더 심란한 건 그런 책을 읽거나 그런 공연을 참아내야 한다는 사실이었다. 바둑에서 인류가 최고라는 것에 별 자부심을 느끼지 않았기에 알파고가 승승장구하는 것에도 심드렁했다. 컴퓨터가 자신이 원래 잘하던 분야, 즉 논리적 결과를 빠르고 철저하게 계산하는 고도로 정교한 검색 알고리즘을 더 잘하게 되었을 뿐이라는 생각이 들었다. 하지만 다른 면에서는 인공지능이 이미 해낸 일은 앞으로 더 잘하게 될 수밖에 없으리라고 가정하는 것이 타당해 보였다. 웨스트엔드 뮤지컬과 SF소설은 점차 읽을 만해지고 기계는 점점 복잡한 임무를 점점 효율적으로 수행할 것이다.

실존적 위험이라는 개념 자체가 영웅주의와 통제라는 자기애적 판타지라는 확신이 들었다. 컴퓨터 프로그래머와 IT기업가, 자기중심적 외톨이 기술광은 인류의 운명이 자기 손에 달렸다는 허황한 환각에 사로잡혔다. 이것은 나쁜 코드가 우리를 파멸시키거나 좋은 코드가 우리를 구원하리라는 터무니없는 이분법적 종말론이다. 그런 때는 이 모든 소동이 어찌나 유치해 보이던지, 똑똑한 사람들이 바보짓을 저지르는 실례로서 말고는 고려할 가치도 없다는 생각이 들었다.

하지만 나야말로 환각에 빠진 게 아닐까, 세상에서 가장 똑똑한 수천 명이 세상에서 가장 정교한 기술을 이용하여 우리를 모조리 파멸시킬 기계를 만들고 있다는 네이트 소레스의 말이 절대적으로 옳은 게 아닐까 싶을 때도 있었다. 꼭 현실적이지는 않더라도, 어느 수준에서는 직관적이고 시적이고 신화적으로 옳아 보였다. 하긴 이것이야말로 인류가 해온 일 아니던가. 기발한 장치를 만들고 다른 존재를 파멸시키는 것.

7장

최초의 로봇에 대한 소고

1921년 1월 25일 저녁 프라하에서 인류가 처음으로 로봇과 조우했으며 그뒤로 얼마 지나지 않아 로봇에 절멸되었다. 체코국립극장에서 카렐 차페크의 희곡 『로봇』이 첫 상연되는 날 일어난 사건이다. 원제 'R.U.R.'는 '로숨 유니버설 로봇Rossum's Universal Robots'을 가리키는데, '강제노동'을 뜻하는 체코어 '로보타robota'에서 온 단어 '로봇'이 여기서 처음 쓰였다. 이 단어는 금세 SF와 자본주의의 두 신화가 만나는 접점이 되었다. 시각적으로 볼 때 차페크의 로봇은 후대의 전형적 로봇인 금속 소재의 반짝이는 휴머노이드—프리츠 랑의 〈메트로폴리스〉에서 조지 루카스의 〈스타워즈〉, 제임스 캐머런의 〈터미네이터〉로 계보가 이어진다—보다는 오싹할 정도로 인간을 닮은 〈블레이드 러너〉의 리플리컨트와 공통점이 더 많다. 인간과 구별되지 않으며, 회로와 금속이 아니라 살, 또는 살과 비슷한 재료로 만들어졌다. '반죽통'에서 비밀스러운 화합물을 치대어 장기와 신체부위를 제작한다. 희곡 자체는 SF우화, 정치적 풍유, 사회적 풍자를 뒤섞은 기묘하고 끈적끈적한 혼합물로, 작가의 의도는 자본주의적 탐욕 비판과 조직된 군중에 대한 반反공산주의적 공포 사이에 불안하게 걸쳐 있다.

차페크의 로봇은 산업 생산성을 끌어올리기 위해 창조된 '인조인간'이며 이윤 동기라는 프리즘을 통해 인간의 의미를 가차없는 환원주의의 관점에서 바라본다. 1막에서 연극의 무대인 로봇 생산공장의 대표이사 도민은 로봇 발명자(로숨)의 취지를 자기 이름처럼 설교하듯 읊는다. ('도민'은 '주主'를 뜻하는 라틴어 '도미누스Dominus'를 연상시킨다.) "젊은 로숨은 최소한만 요구하는 노동자를 창조했습니다. 그러려면 노동자를 단순화해야만 했습니다. 그는 노동과 직접적으로 관련되지 않는 기능은 전부 다 내다버렸습니다. 버리면서, 그는 사실상 사람을 거부하고 로봇을 창조했던 겁니다." 이 로봇들은 앞서 탄생한 프랑켄슈타인의 괴물처럼 온전한 형체를 갖췄으며 당장 일할 준비가 되어 있었다. "인간이라는 기계는 정말 대책이 안 설 만큼 불완전했죠. (…) 자연은 현대의 노동 속도에 대해서 아무것도 이해하지 못했습니다. 기술적인 관점에서 본다면, 유년기란 완전히 난센스입니다. 그저 시간 낭비일 뿐이죠. 도무지 옹호할 수 없는 시간 낭비입니다."

로봇 제작 뒤에 깔린 명백한 이념은 냉정한 기업인의 사고방식과 메시아주의적 수사가 모순적으로 결합된 것으로, 이것을 보면 실리콘밸리의 기술진보주의와 (인공지능에 대한) 더 과장된 예측이 연상된다. 무대지시에 따르면 도민은 "미국 스타일의 서재용 책상"에 앉아 있으며 벽에 붙은 포스터에는 "가장 저렴한 노동. 로숨의 로봇" 같은 문구가 적혀 있다. 그는 기술이 빈곤을 박멸할 것이고, 사람들이 일자리를 잃더라도 기계가 모든 일을 할 수 있으며, 사람들은 자유롭게 자아실현에만 매진하면 된다고 주장한다. "오, 아담, 아담! 그대는 더이상 땀에 젖어 빵을 얻지 않아도 된다네. 신의 손길이 그대를 키워주던 바로 그 파라다이스로 돌아갈 거야."

이런 시도가 으레 그렇듯 일은 계획대로 돌아가지 않는다. 희곡 2막에서 엄청나게 증가한 로봇은 기술적으로 선견지명이 있는 유럽 나라들에서 군사훈련까지 받고는 더는 (자기네가 보기에) 열등한 종의 지배를 받지 않겠다며 그 종을 절멸하겠다고 마음먹는다. 이 과정에서 로봇들은 인간 창조자들이 그토록 높이 평가하는 효율성과 집념을 발휘한다.

희곡은 자본주의에 의한 주체의 대상화를 풍유적으로 묘사하는 것과 더불어 인간을 복제하려는 기술에 대한 프로메테우스적 공포를 노골적으로 형상화한다. 로봇들이 봉기하고 인류가 절멸에 내몰리는 과정은 신의 복수, 즉 낙원을 복원하려는 모든 시도에 필연적으로 따르는 결말인 저주로서 제시된다.

차페크의 로봇은 우리 자신의 왜곡된 거울상인 듯하다. 무대지시에 따르면 로봇은 "사람처럼 옷을 입고" 나오며 "얼굴은 무표정하고 눈동자는 고정되어 있다". 자동인형 같기도 하고 시체 같기도 하다. 좀비처럼 친숙하면서도 낯설다. 1차대전 직후에 집필된 이 희곡의 3막에서 로봇이 벌이는 집단살해는 제국주의 유럽이 앞선 기술로 벌인 유혈극을 노골적으로 빗댔다. 로봇은 창조주인 인간에게 배운 '인간적 가치'를 실현했을 뿐이다. 인류 최후의 생존자 알퀴스트가 로봇들에게 왜 인간을 몰살시켰느냐고 묻는다. 로봇들이 "당신들은 우리에게 무기를 주었습니다. 우리는 승리자가 되어야만 했습니다. (…) 선생님, 우리는 사람들의 잘못을 알아냈습니다"라고 대답하자 로봇 지도자 다몬이 이 로봇들에게 말한다. "너희가 사람처럼 되려면, 죽이고 정복해야만 한다. 역사를 읽어보라! 인간들의 책을 읽어보라! 너희가 사람이 되고 싶다면 너희는 정복하고 살육해야만 한다!"

차페크의 희곡에 등장하는 로봇들은 현대 인류의 공포에서 탄생한 미래 기술의 악몽이다. 알퀴스트 말마따나 "인간에게 인간의 모습만큼 낯선 것은 없다". 이 최초의 허구적 로봇들에서 보듯 우리의 가치가 반영된 기술은 그 가치를 우리에게 되돌려준다. 프랑켄슈타인의 괴물은 스스로를 일컬어 "인간과 비슷하기 때문에 더욱 끔찍해졌다"고 말한다.

우리가 여기에 매혹되는 것은 어떤 까닭일까? 창조성을 발휘하여 스스로를 파괴하는 일에 집착하는 것은 무엇 때문일까? 옛 창조자 다이달로스는 우리의 이러한 자기이해와 야심의 상징이자 정신이다. 살해당한 밀랍 날개의 그림자. 역사의 어둠 속에 내던져져 추락하다.

초인공지능이 위험한 이유는 우리와 다르고 비인간적이고 분노와 증오와 공감을 느끼지 못하기 때문이라고들 말한다. 하지만 이 수수께끼 같은 종말론을 삐딱하게 읽으면 속뜻이 드러난다. 우리의 가장 정교한 기술이, 우리의 마지막 발명이 가져올 결과에 대한 공포는 우리가 이미 세상에, 우리 자신에게 행한 짓에 대한 일종의 승화된 공포다. 많은 사람들은 이미 우리가 거의 이해하지 못하는 기계에 의해 우리가 거의 알아차리지 못하는 방식으로 조종당한다. 과학·기술의 역사는 자연을 정복하고 질병을 치료하고 수많은 종을 절멸시킨, 최선의, 또한 최악의 역사다. 우리 자신의 진화적 계승자가 우리에게 복수한다는 환상은 실존적 부끄러움의 발현이다. 아마도 이것은 원죄의 달라진 형태, 억눌린 자의 귀환, 깊숙한 공포의 신경증적 아바타인지도 모른다. 우리 자신의 모습만큼 낯선 것은 없다.

8장

단지 기계일 뿐

로봇은 여러모로 우리의 미래다. 트랜스휴머니스트들과 이야기를 나누고 미래에 대한 예언을 들으면서 이해할 수 있었다. 란달 쿠너나 너태샤 비타모어나 네이트 소레스의 말을 믿는다면, 우리 자신이 로봇이 될 것이고 우리의 마음은 지금의 영장류 신체보다 훨씬 강하고 효율적인 기계에 업로드될 것이다. 어쩌면 우리의 일과 삶을 기계의 권위와 질서에 내어주며 점차 기계에 잠식되는 삶을 살아갈지도 모른다. 기계가 우리를 절멸시키고 인류를 대체할 수도 있다. 아침식사 자리에서 아들 녀석이 가지고 놀던 (내가 샌프란시스코에서 가져온) 작은 태엽 로봇 장난감이 프랑켄슈타인의 괴물처럼 휘청거리며 과일 그릇을 향해 걸어가는 것을 보면서 아들의 미래에는 실제 로봇이 어떤 역할을 할지 궁금해졌다. 20년이 지나면 내가 아들의 몫으로 상상한 직업 중에서 몇 개나 남아 있을까? 기업적 기술자본주의의 궁극적 꿈인 완전 자동화가 실현되면 그중 몇 개나 사라질까?

어느 날 아들이 만화영화 〈변신로봇 5Animal Mechanicals〉를 두세 편 연달아 본 뒤에 복도에서 나를 막아섰다.

녀석은 "나는 걷는 기계다"라고 말하고는 로봇처럼 건들거리며 내 다리 주위를 돌았다.

기묘한 장면이긴 했지만, 생각해보니 녀석이 말하는 것은 죄다 기묘했다.

나는 로봇에 대해 생각을 많이 했지만, 정작 진짜 로봇을 본 적은 한 번도 없었다. 그러니까 실물 로봇이 작동하는 장면은 전혀 보지 못했다. 로봇에 대해 그렇게 많이 생각했어도, 나는 자신이 정확히 무엇에 대해 생각하는지 알지 못했다. 그러다 다르파 로보틱스 챌린지DARPA Robotics Challenge 얘기를 들었다. 세계 최고의 로봇공학자들이 모여 매우 위험하고 까다로운 상황에서 로봇의 실력을 겨루는 대회다.

뉴욕타임스에서 이 대회를 '로봇계의 우드스톡'이라고 묘사한 것을 보니 내 눈으로 보고 싶어졌다.

다르파 로보틱스 챌린지 최종 승자는 우승의 영예와 더불어 후원기관인 다르파로부터 상금 백만 달러를 받는다. 다르파, 즉 방위고등연구계획국Defense Advanced Research Projects Agency은 군사용 첨단 기술의 개발을 지원하는 미국방부 산하기관이다. 옛 소련이 스푸트니크 호를 쏘아올리자 이에 맞서 아이젠하워 대통령이 1958년에 창설한 조직으로, 수많은 혁신적 신기술이 이곳에서 탄생했다. 이를테면 1960년대 후반의 아르파넷ARPANET 사업은 인터넷의 기술적 토대를 마련했다. 우버 기사가 나를 웨스트할리우드에서 대회장인 퍼모나까지 태워주는 데 이용한 기술인 GPS도 다르파에서 개발했다. 전쟁도구가 나의 길을 인도하다니! 다르파가 전략 계획에서 명시적으로 밝히고 있는 목표는 "미국이 기술 혁신에서 뒤처지는 것을 방지하고 적군을 상대할 혁신적 기술을 개발하는" 것이다.

트랜스휴머니즘 운동에 매혹될수록, 또한 포스트휴먼 미래의 희망을 열어주는 여러 혁신에 대해 알게 될수록, 다르파를 만나는 횟수가 점차 늘었으며 뇌-컴퓨터 인터페이스, 인지보철, 증강인지, 피질모뎀, 생물공학 세균 등의 혁신적 기술에 다르파가 연구비를 지원하고 있음을 실감했다. 요즘 다르파의 전체 목표는 인체, 특히 미군 인체의 한계를 뛰어넘는 것인 듯하다.

퍼모나의 대형 야외행사장 페어플렉스에서는 2012년부터 대회 결승전이 열렸다. 하지만 이 행사는 군부, 기업, 학계의 알찬 결합을 축하하는 자리이기도 했다. 행사를 주관한 길 프랫에 따르면 대회의 목표는 "위험하고 손상되고 인간에 의해 변형된 환경에서 복잡한 임무"를 수행할 수 있는 반半자율 로봇의 개발을 촉진하는 것이다.

발단은 2011년 후쿠시마 핵발전소 수소 폭발이었다. 당시에 인간을 염두에 두고 설계된 환경에서 작업할 수 있는 로봇이 있었다면 피해를 훨씬 줄일 수 있었을 것이다. 그날 아침 브리핑에서

브래들리라는 홍보담당자가 다르파 직원과 언론인들로 가득한 아르데코풍 연회실에서 인도주의적 구호야말로 "미군의 핵심 임무 중 하나"이며 이 임무에서 휴머노이드 로봇의 비중이 점차 커지고 있다고 말했다.

"팔 관절 수를 두 배로 늘릴 수 있으면 얼마나 많은 방식으로 문을 열 수 있을지 생각해보세요."

내가 받은 언론용 자료에는 로봇이 완수해야 하는 여덟 가지 임무(다목적 차량 운전하기, 다목적 차량에서 내리기, 문을 열고 통과하기, 밸브를 찾아 잠그기, 벽 뚫기, 깜짝 임무, 잔해를 치우거나 험지 걷기, 계단 오르기)가 컬러로 인쇄되어 있었다.

페어플렉스 경주로가 내려다보이는 관람석에 자리를 잡자 일반적인 산업재해 현장과 똑같은 무대장치—벽돌 벽, '고압 전류 위험' 표지판, 우스꽝스러울 정도로 커다란 빨간 손잡이(알고 보니 이것이 오늘의 깜짝 임무였다), 벽에 고정된 밸브 손잡이, 부서진 콘크리트로 덮인 통로—가 나란히 설치되어 있었다. 로봇은 각각의 모의 재해 현장에서 지정된 임무를 완수해야 했다. 사람이라면 최소한의 능력만 있어도 간단하게 해낼 수 있지만 투박한 기계장치 로봇에게는 까다로운 기술적 난제들이었다.

모래밭 도로를 따라 빨간색 소형 다목적 차량을 운전해 빨간색 플라스틱 장애물 사이를 머뭇머뭇 통과하는 것은, 로봇이었다. 얼굴처럼 보이는 부위에서 카메라가 천천히 회전하고 있었다. 로봇은 운전석에 앉지 않고 조수석 문 발판을 디디고 선 채 갈고리 모양의 긴 팔을 뻗어 운전대를 잡고 있었다. 아래쪽 관중석에서 뜨거운 팝콘 냄새가 올라와 캘리포니아의 따스한 대기 중에 머물렀다. 전방의 대형 전광판에는 다르파 로고가 새겨진 책상 뒤에 앉아 있는 잘생긴 아나운서가 등장했다. 마치 군사용 기계장치들이 대중의 오락거리가 된 (어딘지 파시즘적인) 미래의 스포츠 중계석 같았다.

남자가 말했다. "저 선수, 조심조심 지나가는군요." 책상 맞은편에서는 파란색 폴로셔츠를 입은 짧은 은발 여인이 미소짓고 있었다. 다르파 국장 아라티 프라바카르였다.

그녀가 말했다. "와, 멋진 장면이네요!"

운전하는 로봇을 바라보며 다정하게 미소짓는 아름다운 여인에게서 그녀가 이끄는 기관의 이미지를 상상하기는 힘들었다. 다르파를 생각하면 무엇보다 정보인식사무국Information Awareness Office이 떠올랐다. 미중앙정보국CIA 전前 직원 에드워드 스노든의 폭로에 따르면 이 기관은 미국을 비롯한 여러 나라 국민 개개인의 개인정보(이메일, 전화 통화, SNS 메시지, 신용카드 및 은행 거래내역)를 수집하고 저장한 데이터베이스를 운영하는 대량감시mass surveillance 임무를 수행한다. 정보인식사무국은 이를 위해 페이스북, 애플, 마이크로소프트, 스카이프, 구글처럼 우리의 정보를 가진 유명 IT 기업의 이용자 데이터를 빼냈다.

프라바카르가 말했다. "저 선수 가는 것 좀 봐요!" 로봇은 모래 위에 그려진 선을 따라 운전하면서 두번째 장애물을 돈 뒤에 문 앞에 서서히 정차했다. 손잡이를 돌려 문을 열면 산업재해 현장 무대로 들어갈 수 있었다. "재밌어요!"

아나운서가 말했다. "로봇 슈퍼볼 같아요. 손에 땀을 쥐게 하는군요."

프라바카르가 킥킥거리며 말했다. "그렇네요. 우리는 불꽃을 일으키고 싶어요. 대회를 여는 것도 그 때문이에요. 로봇공학에 대한 흥미를 불러일으켜 기술 발전에 박차를 가하려는 거죠."

프라바카르는 주말 내내 이 기술이 재난에 쓰일 수 있다고 선전했지만, 결국 군사용으로 쓰이지 않겠느냐는 얘기가 나오자 말을 아꼈다. 그녀가 인터뷰어에게 말했다. "군사 분야에서는 말이죠, 전투원이 임무를 수행하면서 엄청난 위험을 감수해야 해요. 로봇공학 기술을 발전시켜 전투원의 위험을 줄이는 것이야말로 저희의 바람입니다."

로봇은 차에서 무사히 내려 살짝 쪼그린 채 호들갑스럽게 조심하면서—고주망태가 된 남자가 저녁에 셰리주 두 잔만 마신 척하려고 과장된 행동을 하듯—문을 향해 나아갔다. 그로부터 십 분간—15분이었는지도 모르겠다—아무 일도 일어나지 않았다. 로봇과 엔지니어 팀을 연결하는 무선통신 채널이 끊어졌나보다. (엔지니어들은 경주로 뒤쪽 격납고처럼 생긴 건물에서 스크린 주위에 몰려 있었다.) 네트워크 불통은 원격 미세조종 없이도 로봇이 임무를 수행할 수 있는지(자율성)를 시험하기 위해 다르파에서 일부러 유발한 것이었다.

중계를 들으니 내가 지켜보던 로봇은 펜서콜라에 있는 플로리다 인간기계인지연구소Florida Institute for Human and Machine Cognition에서 만든 러닝맨Running Man이었다. (전날 아침에 히스로 공항에서 『타임』을 샀는데, 표지에 바로 이 로봇의 사진이 실려 있었다. 비행기에 탑승해 기내 상영되는 영화 목록을 보니 로봇이 주인공인 영화가 네 편이나 있었다. 〈빅 히어로Big Hero 6〉는 소년과 로봇 친구의 우정을 다룬 아동용 애니메이션이고, 〈엑스 마키나Ex Machina〉는 철통 보안의 외딴 저택에 틀어박혀 아름다운 여성 섹스로봇들과 지내며 H. G. 웰스의 소설 『모로 박사의 섬』의 주인공 모로 박사를 연상시키는 실리콘밸리 억만장자에 대한 가벼운 공포영화이며, 〈채피Chappie〉는 감각 능력을 획득한 경찰 로봇이 무장강도 집단에 납치된다는 설정의 시간 때우기용 남아공 SF영화이고, 〈로봇 오버로드Robot Overlords〉는 포악한 외계 로봇들이 지구를 침공한다는 싸구려 B급 영화로 벤 킹즐리 경이 주연을 맡았는데 영화 제작비 대부분이 그의 출연료였을 것이다.) 러닝맨은 상당히 오랜 시간 동안 전혀 달리지도running 걷지도 움직이지도 못했다. 그러다 마침내 녀석이 움직였다. 문손잡이 앞에 멈춰 있던 팔이 목표물을 잡아 돌리자 순식간에 문이 안쪽으로 열렸다. 로봇이 다리를 피스톤처럼 움직이며 조심스럽게 방으로 들어가자 기술광, 다르파 직원, 미해군, 젊은 아빠와 자녀들이 일제히 환호성을 지르고 박수갈채를 보냈다. 아나운서는 ESPN 골프 중계에서처럼 점잖게 흥분한 어조로 이렇게 말했다. "러닝맨이 또 점수를 얻었습니다. 이제 방을 가로질러 술술 전진하고 있습니다." 무대 뒤 전광판에서는 움직이는 로봇 영상이 사라지고 러닝맨과 무대 뒤의 부지런한 엔지니어팀이 문 열고 들어가기 임무를 완수해 점수를 획득했음을 알리는 거대한 애니메이션이 표시되었다.

내 앞줄에서 열 살쯤 된 남자아이가 아빠를 바라보며 사뭇 근엄한 어조로 말했다. "이제껏 본 로봇 중에서 최고로 흥미로워요."

따스하고 떠들썩한 금요일 오전 내내 나는 온갖 디자인과 능력의 로봇들이 임무를 완수하려고 애쓰는 광경을 지켜보았다. 예상보다 훨씬 즐거웠는데, 한 가지 이유는 대회가 경쟁의 형식을 취하고 스포츠 경기장의 분위기—득점판과 현장 중계, 전광판과 경기장 밖에서의 엔지니어 인터뷰, 공기 중에 가득 퍼진 핫도그와 팝콘의 미국적 냄새—를 연출했기 때문이다. 하지만 가장 중요한 이유는 예상치 못한 슬랩스틱 요소였다. 첨단 기술과 몸개그의 기묘한 만남이었다.

어떤 로봇은 15분간 미동도 없이 서 있다가 마치 회로에서 발작이라도 일어난 듯 무릎을 덜덜 떨며 옆으로 쓰러졌다. 어떤 로봇은 문을 여는 데는 성공했으나 문틈 사이로 쓰러지는 바람에 티타늄 얼굴을 바닥에 처박았다. 어떤 로봇은 밸브 손잡이를 돌리려고 팔을 뻗었으나 5~8센티미터를 잘못 가늠하여 시계 반대 방향으로 허공을 움켜쥐려다 제힘을 못 이기고 고꾸라졌다. 수많은 로봇이 계단을 오르려다 뒤로 자빠졌으며, 자갈길에서 넘어지는 바람에 안전모를 쓴 엔지니어들의 '들것'에 실려나간 로봇은 더 많았다.

이 모든 광경에서 분명히 알 수 있는 것은 기술이 우리의 능력을 뛰어넘는 작업(이를테면 매우 높고 빠르게 날거나 대량의 데이터를 처리하는 것)에는 능숙하더라도 우리가 무의식적으로 해내는 일(이를테면 걷고 물건을 집고 문을 여는 것)에는 매우 서툴다는 점이다. 사실 후자야말로 엄청나게 복잡하고 까다로운 작업

이다.•

이를테면 대회에서 정작 까다로운 요소는 운전이 아니라 하차였다. 하차는 별도의 임무였으며, 엔지니어들은 '유출egress'이라는 씁쓸한 이름으로 불렀다. 아나운서가 점잖게 지적했듯, 유출이 로봇에게 어찌나 힘들었던지 상당수 참가팀은 점수를 잃더라도 시간과 비용을 절약하기 위해 이 단계를 아예 건너뛰었다. (로봇이 문 없는 다목적 차량 운전석에서 빠져나오려다 고꾸라지는 장면이 재미있기는 하지만, 이런 사고는 엔지니어들에게 여간 골칫거리가 아니다. 결승전에 진출한 로봇들은 제작비용이 수십만 달러에서 수백만 달러에 이른다. 그러니 로봇이 쓰러져서 손상을 입으면 수리비가 많이 들 뿐 아니라 시간도 많이 지체된다.)

하지만 혁신적 기술과 군산軍産 협력의 미래를 보여준다는 로봇들이 저 단순한 작업도 제대로 해내지 못하는 것을 보노라니 이 우발적 몸개그가 (어떤 면에서는) 로봇 산업 전반을 대변하지는 않는다는 생각이 들기 시작했다. 여기서 드러나는 무언의, 또는 무의식적 의도는 로봇을 단지 신체 능력 차원에서만이 아니라 다른 차원에서도 인간 수준까지 끌어올리는 것 아닐까? 실수를 저지르는 몸과 이를 관찰하는 몸 사이에는 지극히 인간적인 무언가, 즉 인간미가 있기 때문이다. 실수를 보고 웃는 것은 잔인한 일이

• 이를 로봇공학 교수 한스 모라벡의 이름을 딴 '모라벡의 역설'이라고 한다. 모라벡은 이렇게 말했다. "컴퓨터가 지능 검사나 체커 놀이에서 성인 수준의 실력을 발휘하도록 하는 건 비교적 쉽지만, 지각과 운동에서는 한 살배기의 솜씨를 부여하는 것조차 힘들거나 불가능하다."

지만, 공감에서 비롯한 것이기도 하다. 이 로봇들은 말 그대로 비인간적이지만, 녀석들이 넘어지고 자빠지는 것에 대한 나의 반응은 사람이 실수를 저지를 때와 전혀 다르지 않았다. 토스터가 다목적 차량에서 떨어지거나, 세워둔 반자동 소총이 쓰러지는 것을 보고 웃는다는 건 상상이 안 되지만, 이 로봇에는, 이들의 인간적 형상에는 실수를 웃음거리로 간주하게 하는 무언가가 있다.

앙리 베르그송의 『웃음—희극성의 의미에 관한 시론』 한 구절이 떠올랐다. 처음 읽은 뒤로 머릿속에서 떠나지 않은 것은 전혀 이해하지 못했기 때문일 것이다. 베르그송은 이렇게 썼다. "신체의 태도나 몸짓, 움직임들은 우리에게 한낱 기계적인 것임을 연상시키는 정도에 정비례해서 우스꽝스러운 것이다." 말하자면 로봇의 실수가 우스웠던 것은 단지 형상과 행동이 인간을 닮았기 때문이 아니라 인간 자신이 기계일 뿐이라는 기이한 느낌을 받게 했기 때문이다.

로봇이 고꾸라지는 장면이 모두에게 즐거웠던 것은 아니다. 다르파 로보틱스 챌린지 직원 티셔츠를 입은 이십대 초의 한 여성이 계단에서 동료에게 인사를 건넸다. "거기서 쓰러진 로봇 봤어? 정말 안쓰럽더라." 동료가 고개를 끄덕이며 말했다. "너무 불쌍했어."

전광판에서는 로봇 하나가 다목적 차량에서 완벽하게 하차해 문으로 다가가기 시작했다.

아나운서가 말했다. "모마로가 노란색 코스에서 멋진 솜씨를 발휘했습니다. 매우 인상적인 유출이었습니다."

정오가 되자 점심식사를 위해 대회가 일시 중단되었다. 관중석에서 박수갈채가 쏟아졌으며 스피커에서는 푸파이터스의 노래 〈나의 영웅My Hero〉의 힘찬 드럼 소리와 웅웅거리는 베이스 소리가 울려퍼졌다. 전광판에서는 차량에서 내리기, 문 열기, 레버 당기기의 오전 명장면이 방송되었다.

그때 경주로 위로 시커먼 물체가 보였다. 정오의 이글거리는 열기 속에서 독수리처럼 높고 고독하게 떠 있는 그것은 작은 드론이었다. 앵앵거리며 하늘을 가로지르는 드론을 보고 있자니 무인전투, 대량감시, 징후타격signature strike에서 다르파가 이룬 혁신의 역사가 떠올랐다. 드론이 새너제이 산맥을 배경으로 조용히 솟아오르며 햇빛 속에서 칼날처럼 반짝이는 것을 보면서 나는 이 광경의 정신분열적 기이함을 불현듯 직감했다. 이 대회는 다르파의 인도주의적 취지를 세상에 알리기 위한 것인 동시에 전쟁기술의 개발을 촉진하기 위한 것이다. 때가 무르익으면 이 기술들은 대회장으로부터, 또한 현지 셰러턴 호텔과 회의장, 전용 레저 차량 주차장으로부터 멀리 떨어진 곳에서 전쟁 훈련을 받을 것이다.

주위를 둘러보니 아이를 데리고 온 가족, 이삼십대 프로그래머 무리, 토머스 홉스가 일컬은바 "국가[라고] (…) 불리는 저 위대한 리바이어던 (…) 바로 인공 인간"인 통치기계의 인간 부속 해군 병사들이 관람석을 빠져나와 햄버거 노점과 핫도그 수레 쪽으로 가고 있었다. 나는 기술이 권력과 돈과 전쟁에 봉사하며 인간의 사악함을 위한 도구로 쓰인다는 우울한 생각에 불현듯 사로잡혔다.

기업들이 부스를 설치한 기술박람회 구역에서는 로봇이 미래라는 공감대가 형성되어 있었다. 이곳의 분위기를 가장 잘 나타내는 단어는 '확장'이나 '참여'일 것이다. "응원해주셔서 고마워요!"라고 쓴 커다란 현수막 아래로 입장하니 터널 같은 내부에서 '다르파 수십 년의 역사' 전시회가 열리고 있었다. 다르파의 주요 업적이 눈에 잘 띄게 전시되어 있었는데, 최근 것으로는 2003년 무인항공기 X-45A의 출시, (파키스탄에서 민간인과 어린이 수백 명을 죽인) 프레데터Predator와 리퍼Reaper 드론의 초기 프로토타입, '분쇄기The Crusher'라는 노골적 이름의 무시무시한 무인장갑차 등이 있었다.

계속 나아가자 검은색 네발 로봇이 유리 진열장에 들어 있었다. 데이미언 허스트의 설치 작품을 끔찍하게 혼성모방한 것처럼 보였다. 로봇의 이름은 '치타'로, 보스턴 다이내믹스Boston Dynamics에서 다르파의 후원을 받아 개발했다. 이 회사는 업계 유수의 로봇공학 연구소이며 2013년에 구글에 인수되었다. 치타는 시속 45킬로미터로, 어떤 사람보다도 빨리 달릴 수 있다. 유튜브에서 동작 영상을 봤는데—유튜브도 구글 자회사다—멋지면서도 왠지 섬뜩했다. 기업 권력과 국가 권력이 기술의 도가니에서 마지막으로 합쳐지면서 불쑥 나타난 억센 짐승.

계속 걸어가자 키가 멀대같이 크고 비실비실한 청년이 보였다. 짙은 선글라스와 검은 페도라 중절모를 썼으며 검은색 양복 안에는 성직자풍의 자주색 실크 셔츠를 입었다. 어깨에는 장난감 원숭이를 얹어놓았으며 검은색 장갑을 낀 손에 든 작은 기기로 불

테리어만한 거미 로봇을 조종하고 있었다. 옆에 선 남자는 다르파 사원증을 목에 걸었는데, 2~3미터 떨어진 곳에서 그의 아들로 보이는 아기가 햇빛가리개 모자를 쓴 채 기계 거미에게 쫓기며 원을 그리고 있었다.

소프트뱅크 로보틱스Softbank Robotics라는 회사의 부스에서 한 프랑스인이 네발 휴머노이드에게 세 살짜리 여자아이를 안아주라고 설득하고 있었다.

그가 말했다. "페퍼, 이 아가씨를 안아드리렴."

페퍼가 일본어 억양이 살짝 밴 어린애 목소리로 유감스럽다는 듯 말했다. "못 알아듣겠어요. 다시 말씀해주시겠어요?"

남자가 끈기 있게 다시 또박또박 말했다. "페퍼, 이 아가씨를 안아드릴 수 있겠니?"

문제의 여자아이는 새쭉한 표정으로 입을 다문 채 아빠 다리에 달라붙어 있었다. 페퍼에게 안기고 싶은 눈치는 아니었다.

페퍼가 다시 말했다. "못 알아듣겠어요. 다시 말씀해주시겠어요?"

크고 순진해 보이는 눈, 가슴의 터치스크린, 말귀를 못 알아듣는 인간적 실수—이 귀여운 피조물에게 문득 연민이 밀려들었다.

프랑스인이 굳은 표정으로 미소를 지으며 로봇의 머리 옆쪽으로 허리를 숙였다. 그곳에 청각 센서가 달려 있었다.

"페퍼! 아가씨를! 안아! 드리라니까!"

페퍼가 마침내 팔을 들고 바퀴를 굴려 아이에게 다가갔다. 아이는 체념한 듯 걱정스러운 눈빛으로 머뭇머뭇 로봇에게 안겼다가 잽싸게 몸을 빼내어 아빠의 다리에 다시 매달렸다.

프랑스인은 내게 페퍼가 고객서비스용 휴머노이드이며 "자연스럽고 싹싹하게 사람들과 소통하도록" 설계되었다고 설명했다. 기쁨에서 슬픔, 분노, 의심에 이르는 감정을 느낄 수 있으며 터치센서와 카메라에서 받아들이는 데이터에 따라 '기분'이 달라진다는 것이다.

"주로 하는 일은 사람들을 맞이하는 것입니다. 이를테면 휴대폰 가게에 손님이 오면 무엇이 필요한지 묻고 가게의 특별행사 상품을 설명하는 식입니다. 주먹인사fist-bump도 하고 어쩌면 포옹도 할 수 있을 겁니다. 보시다시피 아직 개선하는 중이지만 조만간 완벽해질 겁니다. 포옹 문제를 해결하기가 얼마나 힘든지 알면 놀라실 겁니다."

이런 로봇의 최종 목표가 휴대폰 직원을 대체하는 것이냐고 물었더니, 그는 로봇공학이 발전하면 결국 그렇게 될 수밖에 없겠지만 페퍼는 현재 사교적 기능과 정서적 기능만을 염두에 두고 있다고 말했다. 페퍼는 미래에서 온 기업 사절로, 고객들이 휴머노이드 로봇을 편안하게 여기도록 하는 임무를 띠고 있다.

그가 말했다. "우선 심리적 장벽을 무너뜨려야 합니다. 결국은 사람들도 편안하게 느낄 겁니다."

내 생각에도 그럴 것 같았다. 이미 우리는 계산원이 사라진 슈퍼마켓 자동계산대에서 컴퓨터 음성명령을 들으며 터치스크린을 눌러 물건값을 지불하는 데 익숙해지지 않았던가.

그주 초 시애틀에서는 아마존이 아마존 피킹 챌린지Amazon Picking

Challenge라는 자체 로봇공학 경진대회를 열었다. 과제는 인간 운반원을 대체할 수 있는 로봇을 개발하는 것이었다. 여러분은 이 과제가 아마존에 어떤 의미인지 짐작할 수 있을 것이다. 아마존이 창고 노동자를 홀대하고 서점, 편집자, 출판사, 우체부, 택배기사 등 모든 중간상을 없애려고 안달한다는 사실은 오래전부터 유명했다. (당시에 아마존은 드론 배송 프로그램을 도입하려는 참이었다. 이 방식을 이용하면 로봇이 제조하고 포장한 제품을 무인 드론 수송기로 주문 30분 만에 배달할 수 있다.) 로봇은 화장실에 갈 필요가 없고 드론은 지치지 않으며 둘 다 노조를 결성하지 않는다.

이것이야말로 기술자본주의 논리의 궁극적 완성, 즉 생산수단뿐 아니라 생산력 자체의 완전한 소유 아니겠는가. 공교롭게도 '로봇'의 어원은 '강제노동'을 뜻하는 체코어다. 우리는 기계를 생각할 때 늘 인체의 형상을 기준으로 삼았다. 인간은 다른 인간의 몸을 메커니즘으로, 즉 자체 설계 시스템의 구성요소로 환원하는 일에 한 번도 실패하지 않았다. 루이스 멈퍼드는 대공황 초기에 쓴 『기술과 문명Technics and Civilization』에서 이렇게 말했다.

> 서구인들이 기계로 돌아서기 오래전에 사회생활의 한 요소로서의 메커니즘이 존재했다. 발명가들이 인간을 대신할 엔진을 만들어내기 전에 인간 지도자들은 온갖 사람들을 훈련하고 조직화했다. 인간을 기계로 환원하는 법을 발견한 것이다. 피라미드를 짓기 위해 채찍 소리의 리듬에 맞춰 돌을 나른 노예와 농민, 로마 갤리선에서 사슬로 묶인 채 제한된 기계적

동작 말고는 어떤 동작도 할 수 없이 노를 저은 노예, 마케도니아 방진方陣의 질서와 행진과 공격 체계 등은 모두 기계 현상이었다. 인간의 행위를 기계적 요소로 제약하는 것은 기계시대의 역학, 또는 심리학에 속한다.

최근 세계경제포럼 웹사이트에 '로봇에 대체될 가능성이 가장 큰 20가지 직업' 목록이 올라왔다. 20년 안에 인간이 기계에 밀려 퇴물이 될 가능성이 95퍼센트 이상인 직업으로는 우체부, 보석 세공사, 요리사, 경리, 법률비서, 신용평가사, 대출계, 은행 창구 직원, 세무사, 운전기사 등이 있었다.

미국에서 최대 직업군인 운전기사의 경우 자동화로 인한 붕괴는 시간문제다. 다르파 로보틱스 챌린지의 원조로, 무인주행 차량의 개발을 진흥하기 위해 2004년에 열린 다르파 그랜드 챌린지는 바스토에서 모하비 사막을 가로질러 네바다 주 경계선까지 240킬로미터를 주파하는 대회다. 결과는 대실패였다. 로봇 차량은 한 대도 완주하지 못했다. 출발선에서 가장 멀리 간 차량조차 고작 12킬로미터 만에 커다란 바위에 막혀버렸다. 다르파는 백만 달러 상금의 시상을 거부했다.

하지만 이듬해에 다시 경주가 열렸을 때는 다섯 대가 완주했으며 우승팀은 구글 자율주행차 프로젝트Self-Driving Car Project의 핵심 인력이 되었다. 캘리포니아의 도로에서는 사람이 운전하지 않는 차량이 순조롭게 시험운행을 하고 있다. 쇠락한 고속도로 위의 고급 유령차는 자동화된 미래의 선발대다. 요 몇 년간 택시업계에 심각한 타격을 입힌 차량공유 서비스 우버는 기술이 허락하는 한, 소속 운전자를 모두 자율주행차로 대체한다는 계획을 공공연히 밝히고 있다. 2014년에 열린 회의에서 우버의 고약한 최고경영자 트래비스 캘러닉은 이렇게 말했다. "우버가 비싼 이유는 차 빌리는 값뿐 아니라 차 안에 있는 친구의 값까지 치러야 하기 때문입니다. 차 안에 아무도 없으면 우버를 이용하는 비용이 차량을 소유하는 비용보다 싸집니다." 운전자들에게 일자리가 사라지리라는 것을 어떻게 설명할 거냐고 묻자 캘러닉은 이렇게 대답했다. "그게 세상 이치입니다. 세상은 호락호락한 곳이 아닙니다. 우리는 모두 세상을 변화시킬 방법을 찾아야 합니다." 듣기로 캘러닉은 오늘 이곳 퍼모나에서 세상을 변화시킬 방안을 모색하고 있다고 했다. 점차 자신의 것이 되어가는 세상을.

프랑스인이 내게 페퍼의 포옹을 받아보겠느냐고 물었다. 예의를 차리고 싶었고 직업의식이 발동하기도 하여, 그러겠노라고 말했다.

그가 말했다. "페퍼, 이 아저씨가 포옹받고 싶대."

페퍼의 무표정한 시선에 담긴 이중적 의미를 간파한 듯도 싶었으나, 페퍼가 팔을 들자 나는 그녀에게 허리를 숙이고 부자연스러운 동작으로 나를 감싸도록 내버려두었다. 솔직히 별 감흥이 없었다. 우리 둘 다 상대방을 형식적으로 대하는 듯한 느낌이 들었다. 그녀의 등을 가볍게, 수동적 공격성을 약간 드러내며 두드렸다. 그리고 나서 우리는 각자의 길을 갔다.

한스 모라벡(카네기멜론 대학 로봇공학 교수로, 인간 뇌의 내용을 기계에 전송하는 이론상의 절차를 제시했다)은 미래를 전망하면서 "로봇은 솜씨가 좋아지고 가격이 싸지면서 사회의 필수적 부분에서 인간을 대체할 것"이며 조만간 "로봇의 존재가 우리의 존재를 대체할 것"이라고 말했다. 하지만 트랜스휴머니스트 모라벡은 이를 두려운 일로 생각하지 않으며 반드시 피해야 할 일로도 여기지 않는다. 로봇은 우리의 진화적 계승자, 즉 '마음의 아이들'이 될 것이기 때문이다. 그는 이렇게 말한다. "우리의 형상을 따라 빚어졌으며, 우리 자신이 더 유능하고 효율적인 형태가 되는 셈이다. 이전 세대의 생물학적 자녀와 마찬가지로 이들은 인류의 오랜 존속을 위한 최적의 선택이다. 그들에게 모든 혜택을 주고 우리가 더는 쓸모없어졌을 때 물러나주는 것이 우리에게 이익이다."

'지능이 있는 로봇'이라는 생각에 두렵고 흥미진진한 요소가 있는 것은 분명하다. 전능한 로봇이 인간을 퇴물로 만들지도 모른다는 상상에 날개를 달아주기 때문이다. 기술론적 상상은 신성神性의 판타지와 그에 따르는 프로메테우스적 불안을 자동화의 형상에 투사한다. 퍼모나에 돌아온 지 며칠 뒤에 애플 공동창업자 스티브 워즈니악의 발언을 읽었다. 그는 인간이 초지능로봇의 애완동물로 전락할 것이라고 확신했다. 하지만 그는 이것이 꼭 나쁜 결과는 아닐 수도 있음을 강조했다. "알고 보면 인류에 유익할 수도 있습니다. 그때가 되면 자연을 보전해야 하며 인간이 자연의 일부임을 깨달을 만큼 로봇이 똑똑해질 것입니다." 그는 로봇이 귀족적 관대함을 발휘해 우리를 존중하고 후대할 것이라 믿었다.

우리 인간은 "원래는 신"이기 때문이다.

이것은 인류의 가장 오래된 집단적 환상인 창조 환상 중 하나일 것이다. 자신의 몸과 행위를 욕망에 맞게 복제하는 매끈한 하드웨어의 꿈은 우리의 일부이며 문화와 시대를 초월하는 듯하다. 좌절한 신인 우리는 늘 우리의 형상을 따라 기계를 창조하고 이 기계의 형상을 따라 자신을 재창조하는 꿈을 꾸었다.

헬레니즘 신화에는 신의 자동인형, 즉 살아 있는 조각이 등장한다. 창조자 다이달로스는 인간 개량을 시도하다 재난을 맞은 것으로 유명하지만—미로, 밀랍 날개, 비극적이지만 도덕적 교훈을 주는 추락—기계인간, 즉 걷고 말하고 울 줄 아는 동상動像의 제작자이기도 하다. 불과 금속과 기술의 대장장이 신 헤파이스토스는 아버지 제우스에게 납치된 에우로페가 다시는 납치되지 않도록 보호하려고 탈로스라는 청동 거인을 만들었다.

중세 연금술사들은 백지에서 인간을 창조한다는 생각에 집착했으며, 암소 자궁, 유황, 자석, 동물 피, 현지에서 조달한 정액(연금술사 자신의 정액이면 더 좋다) 등 온갖 재료가 들어가는 비방秘方으로 호문쿨루스Homunculus라는 작은 휴머노이드를 만들 수 있다고 주장했다.•

13세기 바이에른의 주교 성 알베르투스 마그누스(대大알베르투스)는 이성과 언어 능력을 가진 금속상을 만들었다고 한다. 당시

• 가톨릭 교회가 연금술에 호의적이지 않았음은 잘 알려져 있다. 가장 큰 이유는 약초와 유황과 전반적인 주술적 분위기 등 연금술의 모든 행위에 사탄의 손자국이 남아 있다는 통념이었다. 하지만 수음을 적잖이 해야 한다는 사실도 한몫했을 것이다.

속설에 따르면 (알베르투스가 자신의 '안드로이드'라 부른) 이 연금술 인공지능은 젊은 성 토마스 아퀴나스의 손에 파괴되었다고 한다. 알베르투스의 제자이던 아퀴나스가 묵과할 수 없었던 것은 안드로이드가 끊임없이 나불거린다는 사실과 (더 심각하게는) 악마와의 계약에서 탄생했다는 점이었다.

유럽에서는 르네상스 시대에 시계장치의 인기가 점점 커지고 계몽주의 기획 덕분에 과학 분야에서 비의적 미신의 안개가 걷히면서 자동인형에 대한 관심이 급증했다. 1490년대에 레오나르도 다빈치는 해부학 연구를 확대하여—아마도 고대 그리스 자동인형에 대해 읽고서 영감을 얻었을 것이다—기사 로봇을 설계하고 제작했다. 세계 최초의 휴머노이드 로봇으로 종종 간주되는 이 자동인형은 갑옷을 내부의 케이블과 도르래, 기어로 작동시키는 방식이다. 기사 로봇은 〈최후의 만찬〉을 의뢰한 밀라노의 공작 루도비코 스포르차의 저택에 전시하려고 만들었는데, 앉고 서고 손을 흔들고 철갑을 두른 턱을 움직여 말하는 흉내를 내는 등 다양한 동작을 할 수 있었다.

데카르트의 『인간론』은—교회가 책의 주제를 문제삼을까봐 평생 출간하지 않았다—인체가 기본적으로 기계이며 신이 정신이나 영혼을 주입하여 생기를 불어넣은 살과 뼈의 움직이는 조각이라는 사상을 바탕으로 삼았다. 책의 1부 '인체의 기계적 성질에 대하여'는 인체의 내부 동작을 당시에 유행하던 시계장치에 노골적으로 비유했다. "시계나 인공 연못, 제분소 같은 기계는 인간의 창조물에 불과하지만 우리는 이 기계들이 다양한 방식으로 스스로 움직일 수 있다고 생각한다. 나는 이 기계를 신이 만드셨다고 가정하므로 이 기계가 나의 상상보다 더 다양한 동작을 행하고 더 큰 창의력을 발휘할 수 있다는 데 당신이 동의하리라 생각한다." 데카르트는 우리의 모든 것, 즉 "정념, 기억, 상상"을 비롯한 우리의 모든 "기능"이 "시계나 자동인형의 동작이 추와 바퀴의 배치에서 비롯하는 것과 똑같이 자연스럽게 기관들의 배치에서 비롯한다"는 아이디어를 제기했다.

『인간론』은 기계론적 주장보다는 서술방식 때문에 더욱 기이하며 모호하게 거북하다. 철학 서적이라기보다는 간단한 해부학 서적에 가까우며 일종의 기술 입문서로 읽힌다. 데카르트는 몸과 그 구성 요소를 줄기차게 "이 기계"로 언급하면서 강력한 낯설게 하기 효과를 일으킨다. 이 책을 읽으면 자신의 몸으로부터 점점 멀어지는 느낌이 든다. 몸은 서로 연결되고 자율적인 시스템들로 이루어진 복잡한 체계로, 이 말랑말랑한 기계 안에 여러분 자신, 즉 형체가 없는 『인간론』 독자가 거하며 기계를 다스린다. 이 생각이 지극히 터무니없고 지극히 친숙해 보이는 것은, 데카르트 이원론이 수 세기에 걸쳐 우리와 우리 몸의 관계를 규정하는 단단한 지지대가 되었다는 증거다. ('우리'와 '우리 몸'을 구별할 수 있다는 사실은 우리가 이 기계를 생각하는 방식에 데카르트의 철학이 무지막지한 영향을 미친 결과다.)

또한 데카르트는 유별나게 근대적인—또는 탈근대적인—집착이라고 할 만한 것에 빠져 있었다. 그것은 '진짜' 기계가 인간 행세를 할지도 모른다는 불안감이었다. 데카르트가 쓴 『방법서설』의 극단적 의심은 현대의 자동인형 유행과, 또한 그 인식론적 함의와 일맥상통한다. 데카르트는 창밖을 내다보며 아래로 지나가는 사람들에게 우리의 시선을 돌린다. "나는 (…) 사람들이 지나가고 있음을 본다고 주저 없이 말한다. 하지만 내가 보는 것은 모자와 옷만이 아닌가? 그 모자 밑에, 그 옷 속에는, 자동기계가 들어 있을 수도 있는 것이 아닌가?" 말하자면, 여러분이 의심을 진지하게 밀어붙인다면, 유아론唯我論을 받아들일 용기가 있다면, 길거리를 지나는 사람이나 (여러분이 탄) 우버를 운전하는 친구가 말 그대로 기계, 그러니까 인간 행세를 하는 리플리컨트가 아니라고 믿을 근거가 무엇인가?

데카르트가 죽고 한 세기쯤 지난 1747년에 프랑스의 의사 쥘리앵 오프루아 드 라메트리는 『인간기계론』이라는 소책자를 발표해 큰 논란을 불러일으켰다. 라메트리는 데카르트보다 한술 더 떠서 영혼 개념을 완전히 폐기했으며 인간이 (데카르트가 단순한 기계로 묘사한) 동물과 전혀 다르지 않다고 주장했다. 그가 보기에 인간의 몸은 "스스로 태엽을 감는 기계이자 영구운동의 살아 있는 표현"이다.

라메트리는 발명가 자크 드 보캉송의 자동인형을 보고 영감을 얻었는데, 보캉송의 발명품 중에서 가장 유명한 것은 곡물을 주면 소화하여 대변으로 내보내는 기계오리였다. (볼테르는 이런 신랄한 논평을 남겼다. "보캉송의 똥 누는 오리가 없었다면 프랑스의 영광을 상기시켜줄 게 하나도 없었으리라.") 보캉송은 인간 자동인형도 만들었는데, 이것들은 대변을 생산하지 않고 점잖게 플루트를 불고 탬버린을 흔들었다.

'안드로이드'라는 용어는 보캉송의 발명품이 인기를 얻으면서 널리 쓰이기 시작했다. 디드로와 달랑베르의 『백과전서』 제1권에서는 보캉송의 자동인형 플루트 연주자를 「안드로이드Androïde」라는 항목에서 장황하고 상세하게 묘사했다. "사람 형상을 한 자동기계로, 정교하게 배치한 줄 등으로 겉보기에 사람을 빼닮은 동작을 한다."

『인간기계론』에서 라메트리는 단순한 눈속임을 뛰어넘은 자동인형이 등장할 것이라 예언했다. "시간을 알려주는 일보다 행성의 움직임을 보여주는 일에 더 많은 도구와 톱니와 용수철이 필요하다면, 보캉송이 오리를 만들 때보다 플루트 연주자를 만들 때 더 많은 재주가 필요하다면, 말하는 기계를 만드는 데는 더더욱 많은 재주가 필요할 것이다. 하지만 더는 이것을 불가능하다고 간주할 수 없다. 새로운 프로메테우스의 손에서라면 더더욱 그렇다."

아메리카·에스파냐 전쟁 당시에 미해군이 카리브해와 태평양에서 전력을 시험하던 1898년에 발명가 니콜라 테슬라는 뉴욕 매디슨스퀘어가든 전기박람회에서 새로운 장치를 선보였다. 테슬라는 축소판 철선鐵船을 커다란 물통에 넣고 무선전파 수신용 돛대를 꽂은 뒤에 무대 맞은편에서 무선조종기로 배의 방향을 조종했다. 이 시연은 선풍적 인기를 끌었으며, 테슬라와 자동운행 배는 전국 신문의 1면을 장식했다. 당시 상황을 감안하건대 테슬라의 장치는 해전 기술의 엄청난 도약으로 해석될 수밖에 없었으리라. 하지만 학살 기계의 개량에 한몫한 여느 과학자와 마찬가지로 테슬라도 개인적으로는 민족주의와 군국주의에 반대했다. (소극적이긴 했지만.) 존 오닐이 1944년에 출간한 전기 『방탕한 천재Prodigal Genius』에 따르면 한 학생이 배의 선체에 다이너마이트와 어뢰를 장착해 원격으로 폭파할 수 있도록 하면 무척 유용하겠다고 말하자 테슬러는 이렇게 받아쳤다. "자네 눈앞에 있는 것은 무선 어뢰가 아닐세. 최초의 로봇 종種, 그러니까 인류의 노고를 대신할 기계인간이란 말일세."

테슬라는 이 '로봇 종'의 발전이 인간의 삶과 노동에, 또한 전쟁에 근본적 영향을 미치리라 확신했다. 그는 1900년에 이렇게 썼다. "이 발전으로 인해 전쟁에 투입되는 병력을 최소화한 기계나 메커니즘이 더 많이 도입될 것이다. (…) 전쟁 장비의 속도와 에너지 효율을 극대화하는 것이 주된 목표가 될 것이다. 인명 손실은 점점 작아질 것이다."

1900년 6월에 테슬라는 작동하는 휴머노이드 로봇을 만들겠다는 야심을 밝히면서 데카르트와 라메트리처럼 자신을 기계장치로 묘사한다.

> 나의 모든 생각과 행위를 통해 절대적으로 만족스럽게 입증했고 매일같이 입증하고 있는 사실은 내가 운동 능력을 갖춘 자동인형이라는 것이다. 나는 감각기관을 때리는 외부 자극에 반응하고 그에 따라 생각하고 움직일 뿐이다.
> 이런 경험을 하고 보니, 오래전부터 나를 기계적으로 재현하고 외부의 영향에 대해 나처럼, 하지만 훨씬 원시적으로 반응

하는 자동인형을 만든다는 발상은 당연한 수순이었다.

그의 논리에 따르면 이 기계는 "생물처럼 움직일 것이다. 생물의 모든 주요 요소를 가질 것이기 때문"이다. 이 기계에 마음이라는 '요소'가 없다는 문제에 대해 테슬라는 자신의 마음을 빌려준다는 해법을 제시했다. "이 요소는 나의 지능과 나의 이해력을 전달함으로써 손쉽게 구현할 수 있다." 테슬라의 생각은 배와 똑같은 방법으로 기계를 조종하겠다는 것이었다. 그는 여기에 '텔레오토매틱스teleautomatics'라는 꼴사나운 이름을 붙였다. "원격 자동인형의 이동과 동작을 제어하는 기술"이라는 뜻이다.

하지만 테슬라는 단순히 빌린 마음이 아니라 스스로 생각하는 능력을 가진 자동인형을 만들 수 있다고 확신했다. 15년 뒤에 그는 (미발표 원고에서) 이렇게 밝힌다. "지능을 가진 것처럼 행동할 수 있는 텔레오토마타가 마침내 생산될 것이며 이것의 출현은 혁명으로 이어질 것이다."

페어플렉스에서 이틀을 보내다보니 그런 혁명이 과연 임박했는지 곰곰이 생각하게 되었다. 좀더 구체적으로 말하자면, 이 행사의 전반적 가정은 이 자동인형들이 조만간 우리 몸, 즉 뼈와 힘줄과 살로 된 기계를 대체하리라는 것이었다. 나는 폭탄 제거 로봇을 보았다. 녀석의 집게발은 뒤에 선 사람과 똑같이 움직이면서 지퍼 달린 천가방을 열어 비닐로 싼 사탕을 꺼내서는 행인들에게 건네주었다. 같은 무대에서 경쟁하는 (더 복잡한) 휴머노이드 꼭

두각시들 못지않게 테슬라의 텔레오토매틱스를 잘 보여주는 사례였다. 로봇 종이 "인류의 노고를 대신한다"는 테슬라의 생각이 실현되려면 아직 멀었지만, 자본주의의 가장 발전한 엔진이 이 방향으로 추동되고 있음은 의심할 여지가 없었다. 이 추세를 입증하는 확고한 지표를 내놓은 것은 (공교롭게도) 테슬라의 이름을 딴 기업인 실리콘밸리의 전기차 회사 테슬라 모터스Tesla Motors다. 이곳의 생산 라인은 거의 완전히 로봇화되었으며, 최근에 최고경영자 일론 머스크—초인공지능에 대한 공포를 공개적으로 표명한 바로 그 일론 머스크—는 3~5년 안에 자율주행 시스템을 자체 개발하겠다고 선언했다.

나의 인간 눈으로 그를 본 적은 없지만, 머스크가 그 주말에 페어플렉스에 와서 로봇을 관찰하고 엔지니어들과 만난 것은 분명했다. 구글 공동창립자이자 이름난 특이점주의자 래리 페이지가 마운틴뷰 정상에서 내려와 이 기계들과 어울린 것도 확실했다. 구글은 로봇의 미래에 거액을 투자했다. 2013년에는 보스턴 다이내믹스를 인수하느라 5억 달러를 썼다. 빅도그BigDog, 치타Cheetah, 샌드플리SandFlea, 리틀도그LittleDog 등 이 회사의 오싹한 피조물들을 만드는 데는 다르파의 자금 지원이 큰 몫을 했으며 아틀라스Atlas 로봇은 이곳 퍼모나의 여러 팀에서 하드웨어로 이용했다.

경주로에서 몇백 미터 떨어진 곳에 격납고처럼 생긴 거대한 건물이 있는데, 그곳에서 엔지니어들이 로봇을 조종했다. 보스턴 다이내믹스의 기술자들도 아틀라스 휴머노이드의 부상과 고장에 대처하려고 대기중이었다.

기술과 동물의 기이한 결합을 선보인 보스턴 다이내믹스는 그 자신이 국방부와 실리콘밸리의 잡종이다. 이 회사의 기계들은 신新군산복합체의 꼴사나운 피조물이다. 구글과 다르파는 여러 면에서 깊이 연루되어 있다. 이를테면 다르파 전 국장 리기나 두건은 공직에서 물러난 뒤에 마운틴뷰 구글 본사로 자리를 옮겼으며 지금은 선진기술·프로젝트팀Advanced Technology and Projects Team이라는 부서를 이끌고 있다.

보스턴 다이내믹스는 카네기멜론 대학 로봇공학연구소에서 한스 모라벡의 동료이던 마크 레이버트가 1990년대 초에 설립한 로봇공학 회사다. 나는 한동안 이 회사의 피조물들에 매혹되었다. 지난 십 년 동안 이 회사에서 잇따라 발표한 유튜브 동영상을 몇 번이고 강박적으로 시청했다. 동영상은 최신의 기발한 자동인형을 소개하는 것이었다. 그런데 이 로봇들이 우리가 아는 생물의 형태와 가까우면서도 멀다는 것에는 어딘지 불편한 구석이 있었다. 이를테면 빅도그가 얼음판에서 눈먼 곤충처럼 거침없이 뛰어다니는 장면이나 와일드캣WildCat이 유압식으로 질주하는 기이한 장면을 보면 두려우면서도—아마도 포식자에 대한 본능적 공포 때문이었을 것이다—유쾌한 스릴이 느껴진다. 이 로봇이 국방부 자금으로 제작되었으며 세계 최강의 IT기업 차지가 되었다는 사실도 한몫했다.

실리콘밸리 기술기업들은 반反문화 이상주의—세상을 변화시키고 개선하고 옛 질서를 파괴하는 것—를 희석한 용액에 흠뻑 빠져 있는 체하지만 그 뿌리는 피로 물든 전쟁의 토양에 깊이 박혀 있다. 저술가 리베카 솔닛 말마따나 "실리콘밸리가 좀처럼 털어놓지 않는 얘기는 달러 기호와 무기 체계에 연루되어 있다는 사실이다".

실리콘밸리에서 최초로 대성공을 거둔 기업 휼렛패커드는 군수업체였으며 공동창업자 데이비드 패커드는 닉슨 행정부에서 국방부 차관을 지냈다. 솔닛이 지적하듯, 패커드의 가장 중요한 업적은 "계엄법 시행을 막는 법률을 무효화하는 방법에 대한 문서"다.

보스턴 다이내믹스의 휴머노이드와 로봇 동물에 대한 나의 반응이 다소 비합리적이고 (심지어) 약간은 신경질적이었다는 것은 인정하지만—어느 정도는 피해망상적 성향에 탐닉하는 측면도 있었다—그런 이유로 나의 반응을 평가절하할 수는 없다. 나의 잠재의식은 이 피조물과 이들의 의미를 거부했다. 젊은 토마스 아퀴나스가 알베르투스 마그누스의 자동인형을 부쉈듯 나의 인간적 요소는 녀석들을 망치로 박살내고 싶었다. 말하자면 녀석들의 악마적 유래와 의도에 대한 생각이 (막연하긴 해도) 머릿속에서 떠나지 않았다.

그럼에도 정치적 피해망상이라는 생각 자체는 점차 시대착오적으로 느껴졌다. 정부와 자본의 술책과 공모가 그저 '의심'의 영역에 머물러 있던 20세기의 여유를 향한 회고적이고 무의미한 몸짓 같았다. 지금의 피해망상은—여기서 피해망상은 지금 일어나고 있는 일들에 대해 거의 알지 못하는 것과 반대의 의미다—비밀의 세계정부와 변신 도마뱀, 일루미나티 혈통 등의 괴담에 솔깃하는 사람처럼 어이없이 현혹당하는 꼴이다. 이들에게 해줄 말은 이것뿐이다. "이봐, 도를 넘진 말라구. 자본주의의 모든 소행을 들여다보았나?" 자본주의의 진실은 이제 공공연해진데다 어쩌면 더는 외면하기도 어렵다.

미국의 대중기술잡지 『과학과 발명Science and Invention』 1924년 5월호는 붉은색 거대 로봇 그림을 표지에 실었다. 로봇은 벌겋게 달아오른 커다란 물통처럼 생겼는데, 마디로 이루어진 다리와 무한궤도 발이 달렸으며 손 대신 곤봉 두 개를 선풍기처럼 회전시켰다. 눈에서 노란색 광선을 내뿜으며 군중을 내려다보았는데, 사람들은 모자가 벗겨지고 겁에 질려 눈을 휘둥그레 뜬 채 로봇의 공격을 피해 달아나고 있었다. 잡지에 수록된 글 「무선원격조종으로 기계 경찰이 현실이 되다」에서는 이 상상 속 법 집행장치를 적나라하게—허벅지의 자이로스코프 안정기, 가슴의 무선제어부와 휘발유 탱크, 남근을 닮은 최루가스 분사기, 배기가스 배출을 위한 항문의 도관에 이르기까지—묘사한다. 본문 삽화에는 이 로봇 경찰들이 대오를 갖춰 노동자 시위대를 진압하는 장면이 나온다. 배경에는 굴뚝, 낮게 깔린 연기, 음산한 공장이 황량하게 펼쳐져 있다. "이런 기계는 시위 진압이나 전쟁이나 (심지어) 공업에 엄청나게 유용할 것이다. 시위대를 진압하는 최루 가스는 고압 탱크에 보관되는데, 필요시에는 이것만으로 군중을 신속하게 해산시킬 수 있다. 팔에는 회전 원반을 장착했으며 원반 끝에는 납공鉛丸이 달린 줄을 부착했다. 임무 수행시에 경찰봉 역할을 한다."•

이 노골적 파시스트 판타지는 조잡하기 이를 데 없지만 여기서 드러나는 것은 조직된 노동자 계급에 맞서 자본의 이익을 보호하는 국가의 폭력기구다. 이 기구는 노동자들의 의지를 주무르고 모자 아래의 연약한 두개골을 후려친다. 이것은 2차대전 이전의 조직된 노동이 보여준 것만큼 단도직입적이다. 이 뒤집힌 프랑켄슈타인 시나리오에서 자동인형의 괴물 같은 몸—홉스의 '인공 인간'을 막연히 문자 그대로 해석한 것—은 이념적 질서를 엄격하게 구현하는 일에 동원된다. 프랑스의 철학자 그레구아르 샤마유가 『드론 이론Théorie du drone』에서 말했듯 '기계경찰'이 나타내는 꿈은 "몸 없는 무력, 인체 기관이 없는 정치적 신체를 만들어 규율된 옛 신체를 기계 도구로 대체하는, 가능하다면 유일한 행위자가 되도록 하는 것"이다.

나는 다르파 로보틱스 챌린지에서 로봇들이 경쟁하는 광경을 보면서 환호했고 서툰 실수를 보면서 웃음을 참지 못했으나, 퍼모나에 있는 내내 어딘지 마음이 불편했다. 무인 미래를 향한 최초의 걸음마를 보고 있는 듯한 느낌이 들었다.

나의 동료 인간들이 탄생시킨 마음의 아이들인 이 기계들과 작별하고 관람석을 나서 우버 기사를 향해—아이폰 화면으로 그의 위치를 실시간으로 확인하며—걸어가면서 나의 움직임이 기계

• 기사의 필자—잡지의 발행인을 겸한 것으로 보인다—휴고 건스백은 룩셈부르크 출신의 미국인 발명가이자 기업가로, 최초의 SF 전문잡지 『어메이징 스토리스Amazing Stories』를 발간하여 현대 SF의 창시자로 불린다. '세계 SF 대회World Science Fiction Convention'에서 빼어난 SF소설에 수여하는 휴고 상은 그의 이름을 땄다. 성공을 거둔 고금의 많은 기업인과 마찬가지로 건스백은 노조를 좋아하지 않은 것이 분명하다. 그는 짬새 좇에서 뿜어져나오는 최루 가스로 노조원들의 눈깔에 본때를 보여주고 싶었던 것 같다.

적이라는 사실을 문득 깨달았다. 마디로 이루어졌으며 절곳공이 관절과 수축기와 신전기가 달린 다리의 움직임 말이다. 잠시 동안 내면의 자유의지가 전혀 작용하지 않는 듯한 느낌이었다. 지금 움직이는 이 물체는 거대한 미지의 패턴—우버 기사, 나를 찾아오는 자동차, 로스앤젤레스 대도시권 고속도로망, 이 현상들을 보여주는 스마트폰 화면의 이미지, 그 화면을 보는 눈, 정보, 코드, 무엇보다 세상 자체를 포함하는 어떤 통제된 시스템—을 이루는 요소에 불과한 것 같았다.

정신을 잃을 것만 같았다. 휴머노이드 기계와 기계적 인간관을 너무 접하다보니 이러다 기묘한 환각에 빠지겠다 싶었다. 나 자신이 기계라는, 모든 존재를 포괄하는 거대한 우주적 장치의 하부 메커니즘이라는 생각이 들었다. 이것이 처음은 아니었다. 이것은 망상일까, 진실일까? 이 망상/진실이 현실화된 오싹한 결과물인 기계인간—자칭 사이보그—을 만나봐야겠다.

9장

생물학과 그 불만

올드스튜번빌 파이크는 피츠버그 시내와 공항을 잇는 고속도로에서 갈라져나온 좁은 시골길이다. 길을 따라 조금만 가면 1950년대부터 버려진 작은 모텔이 있는데, 울창한 식물 사이로 깨진 창문과 나무 출입문이 보인다. 자연의 느리지만 돌이킬 수 없는 회복 과정 속에서 썩어가는, 더없이 미국적인 상징. 바로 옆의 작은 목조 주택 포치에는 해먹이 두 개 걸려 있다.

도로 끝 주류도매점으로 맥주 한 상자 사러 가는 길에 이곳을 지나다보면 문에 기댄 채 해먹에 앉은 사람들이 보인다. 이 광경을 보더라도 별 감흥은 없을 것이다. 젊은이들이 포치에 앉아 담배를 피우며 펜실베이니아 서부의 산들바람을 쐬고 있다고 생각할지도 모르겠다. 사이보그처럼 보이는—또는 자신들 스스로 그렇게 생각하는 듯한—구석은 전혀 없다. 아무리 봐도, 인간이라는 동물의 한계를 초월하기 위한 기술을 직접 개발하다가 기분전환 삼아 지하실에서 위로 올라왔을 성싶지는 않다.

여기서 잠깐 지하실에 대해 설명해야겠다. 나는 2015년 여름 끝 무렵 며칠 오후와 저녁을 이 사람들과—이 사이보그들과—함께 지내면서 어리둥절한 시간을 보냈다. 이곳은 미래가 만들어지고 있는 곳처럼 보이지 않았다. 청소를 깨끗이 한다면 또 모르겠지만. 껍데기만 남은 하드디스크, 분해된 모니터, 빈 맥주병, 골판지 상자, 버려진 채 먼지가 두껍게 쌓인 운동기구. 사방에 잡동사니가 널브러져 있었다. 이곳을 처음 방문한 어느 날 저녁, 사람들은 갓 배달된 현수막을 펼쳐 뿌듯하다는 듯 벽에 걸고 있었다. 아래쪽 긴 책상에는 노트북, 반도체, 건전지, 전선, 오실로스코프 등의 장치가 널려 있었다. 현수막에는 다부진 미래 지향적 폰트로 '그라인드하우스 웨트웨어GRINDHOUSE WETWARE'라는 문구가 쓰여 있었으며, 로고는 빨간색 배경에 흰색으로 그려진 사람 뇌 모양의 실리콘 칩 회로였다.

홈페이지 설명에 따르면 그라인드하우스 웨트웨어는 "안전하고 저렴하고 오픈소스인 기술을 이용해 인간을 강화한다"는 목표를 추구한다. 이들은 기기를 피부 밑에 이식, 인체의 감각·정보 능력을 향상시키려 한다. 그라인드하우스는 그라인더grinder로 알려진 진영—'실천파 트랜스휴머니스트'라 불리며 대부분 온라인에서 활동하는 바이오해커 커뮤니티—에서 가장 두각을 나타내는 집단이다. 이들은 특이점이 일어나거나 초인공지능이 실현되어 인간 정신의 정보적 요소—그들의 웨트웨어—를 포괄하기를 마냥 기다리고 싶어하지 않는다. 이들은 수중에 있는 수단을 써서 지금 당장 기술과 융합되고자 한다.

마침 적잖은 현금이 들어왔기에 안도감과 성취감이 역력했다. 이날 저녁, 사이보그 미래가 1만 달러어치 가까워졌다. 방금 회사 계좌에 지급된 수표는 팀 캐넌이 최근 베를린에서 강연한 대가였다. 그는 그라인드하우스 수석정보책임자이자, 이들의 본거지인 지하실의 주인으로 실질적 우두머리였다.

그날 오후, 피츠버그의 오클랜드 지구에 있는 공방 테크숍TechShop에서 팀과 그의 그라인드하우스 동료 몇 명을 만났다. 팀은 국영 라디오 방송 NPR에 내보내려고 녹음하는 대담에 참석할 참이었다. 이메일과 스카이프 채팅을 일 년 가까이 주고받다가 이제야 하는 첫 대면이었다. 사전 연락은 대부분 그라인드하우스 홍보이사 라이언 오시어를 통했다. 라이언도 대화에 참석했다. 젊은 동료 말로 웨버도 함께했는데, 그는 유능한 독학파 전기 엔지니어로, 라이언과 일하려고 오스트레일리아 북동부에서 최근에 이곳으로 옮겼다. 말로는 피츠버그에 도착한 뒤로 팀의 지하실에 머물렀다. 그의 바람은 회사 형편이 좋아져서 취업 비자가 발급될 정도의 월급을 받는 것이었다.

이 신사들은 사이보그처럼 보이지 않았다. 물론 사이보그가 어떻게 생겼으리라 기대하는가에 따라 다르겠지만. 내 말은 특별히 기술광처럼 생기지는 않았다는 뜻이다. 라이언은 국회에서 의원 보좌관으로 일하다 독립영화 제작사에 취직한 사람처럼 생겼다.

단정한 금발, 검은 테의 레이밴 맞춤 안경, 베이지색 슬랙스 바지, 체크무늬 셔츠—그의 스타일은 힙스터와 모범생의 중간쯤이었다. 말로는 작고 호리호리한 몸매에, 청바지와 검은색 데님 셔츠 차림이었다. 고집불통 십대를 연상시키는 얼굴은 무슨 꿍꿍이셈이라도 있는 듯 반쯤 웃는 표정이었다. 방금 재치 있는 문구가 떠올랐는데 말할까 말까 망설이는 듯했다.

마지막으로 팀. 급진적 자기변형을 추구하는 사람이라서 그런지 열여섯 살에 미학적 주관을 세우고 1990년대 후반 이후로 자신의 스타일을 고집하는 친구처럼 보였다. 머리에 딱 붙는 검은색 모자, 그라인드하우스 티셔츠, 두툼한 스케이트보드 신발 차림이었으며, 초록색 카고 반바지 아래로 드러난 오른쪽 종아리에는 제 머리에 총구를 갖다댄 만화 속 펑크족(모호크족 헤어스타일에 데드 케네디스 밴드 셔츠)이 그려져 있었다. 왼팔 안쪽에는 원형 톱니바퀴에 둘러싸인 DNA 이중나선을 커다랗게 문신했다. 이 그림은 호모 사피엔스에 대한 팀의 기계론적 관점—인간의 코드를 갈다grind—을 나타낸 것으로 나무껍질처럼 울퉁불퉁하고 두꺼워 눈에 확 띄는 흉터 때문에 더욱 강조되었다. 이것은 서캐디어Circadia라는 장치를 작년에 석 달 동안 이식한 흔적이다. 이 장치는 5초에 한 번씩 그의 몸에서 각종 생체수치를 측정하여 블루투스로 스마트폰에 업로드하고 인터넷에도 올린다. 이뿐 아니라 그의 체온에 맞춰 주택의 난방 온도를 조절한다.

당시에 여러분이 팀을 만났다면 팔뚝 안쪽에 트럼프 카드 한 벌 크기로 불쑥 튀어나온 부위가 눈에 띄었을 것이다. 이 기술침

투techno-penetration의 광경, 신체의 이 폭력적 기계화는 보기만 해도 아찔하거나 구역질이 날 정도다. 이 장치를 삽입하려면 피부를 길게 절개하고 지방 조직 위의 피부층을 들어올려 널찍한 공간을 만든 뒤에 장치를 밀어넣는다. 마지막으로 피부를 장치 위에 덮은 뒤에 상처를 봉합한다. 의사가 이런 시술을 했다가는 면허가 취소될 것이므로 모든 작업은 베를린에서 신체변형 '몸 엔지니어flesh engineer'가 진행했다. 팀은 '로 도그raw dog' 방식('로 도그'는 본디 콘돔을 쓰지 않고 성관계를 한다는 뜻이다—옮긴이)을 썼다고 말했는데, 이것은 마취를 하지 않았다는 의미다.

팀이 말했다. "약 90일을 차고 있었습니다. 그 이야기를 해드리죠."

우리는 NPR 직원들이 대담 준비를 하는 방 밖으로 팝콘과 탄산수와 수제맥주를 가지고 나와 안락의자에 앉은 채 빈둥거렸다.

"첫 두 주 동안은 체액이 많이 쌓여서 주기적으로 빼줘야 했습니다. 이식 거부반응을 억제하려고 투약도 해야 했고요. 끊임없이 편집증에 시달렸죠. 머릿속이 따끔따끔했고 배터리가 혈류에 누출되거나 해서 뇌가 오염된 게 아닌가 싶었습니다. 그러다 재채기가 났습니다. 그러니까 괜찮아지더군요."

서캐디어가 왜 이렇게 크냐고 사람들이 물으면 팀은 굳이 작게 만들려고 하지 않아서 그렇다고 답한다. 이 기술이 몸안에서 원하는 대로 작동하는지 확인하는 실험, 즉 개념 증명에 필요한 것이었기 때문이다. 실험은 성공했다. 팀이 무척 겁을 먹었다는 것만 빼면 작동은 원활했다. 이제 이들은 크기가 작은 새 버전을 개발하고 있었다. 그러려면 인간과 기계 사이의 막에 침투할 때 덜 엽기적이고 덜 막무가내로 들어가야 한다.

팀은 어마어마한 하루 일정에 대해 들려주었다. 그는 낮에는 소프트웨어 개발사에서 프로그래머로 일하고 밤에는 지하실에서 그라인드하우스 제품을 개발한다. 아들 하나, 딸 하나가 있는데 나이는 아홉 살, 열한 살이다. 별거중인 아내와 양육권을 놓고 치열하고 지루한 법정 싸움을 벌이는 중이다. 그러다보니 잘 시간이 많지 않아서 하루에 잠을 여러 번 나눠 잔다. 낮에는 20분씩 두 번 눈을 붙이고 밤에는 3시간 동안(대체로 새벽 1~4시) 완전히 곯아떨어진다.

팀은 모든 것이 시스템의 문제라고 말했다. 하루의 시스템, 몸의 시스템, 삶의 시스템을 이해하고 조작해야 한다는 것이다.

허리가 높은 바지와 샌들 차림의 중년 여성이 우리가 앉아 있는 곳으로 걸어왔다. 화장기 없는 민낯에 머리카락을 뒤로 꽉 돌려 묶었다. 그녀는 팀과 이야기할 대담자 두 사람 중 한 명이라고 자신을 소개했다. 이름은 앤 라이트, 카네기멜론 대학 교수이며 자기수량화 운동Quantified Self movement(기술을 이용해 일상생활 데이터를 추적하고 분석하는 운동)에 깊이 몸담고 있었다. 팀은 그녀에게 자신도 자기수량화 운동에 잠깐 관여한 적이 있으며, 모든 움직임을 추적해 데이터를 (나중에 분석할 수 있도록) 클라우드에 업로드하는 착용형 장비를 최근에 구입했다고 말했다. 팀은 자기수량화 운동에 전반적으로 관심이 있기는 하지만 미심쩍은 부분도 있다고 덧붙였다.

앤이 팀에게 말했다. "관건은 자신의 삶에 대해 최대한 많은 데이터를 수집한 뒤에 이 데이터로 한 사람으로서의 자신을 최적화하는 방법을 찾는 거예요."

팀이 말했다. "그렇죠. 방정식에서 '사람'이라는 항을 아예 빼버렸으면 좋겠지만요. 사람은 판단 능력이 형편없습니다. 자율주행차 논란에서와 똑같습니다. 이런 식이죠. '인간을 배제할 수는 없어. 나는 인간이야. '끝내주는' 운전자라고.' 제 대답은 이겁니다. 아니, 당신은 끝내주는 운전자가 아니야. 당신은 원숭이야. 원숭이는 판단 내리는 일에 젬병이지."

앤이 예의상 웃어주었다. 불편한 기색이 엿보였다. 이 불편함은 팀의 표현이 자기수량화 운동의 기계론적 원칙—자신이 사실과 통계의 집합으로 환원되어 해석될 수 있으며 이 해석으로 자신의 활동에 대해 알아내고 더 많은 데이터를 생성하는, 즉 인간이 입력과 출력의 피드백 고리라고 보는 관점—을 폭로하기 때문일까?

팀이 계속 말했다. "제가 보기에 인간은 침팬지에서 거의 진화하지 않았으며 그동안의 최적화는 무용지물입니다. 우리는 윤리적 존재, 자신이 표방하는 존재가 되기에 합당한 하드웨어를 가지고 있지 않습니다. 우리의 하드웨어가 가장 잘하는 일은 아프리카 사바나에서 두개골을 쪼개는 것이지 우리가 지금 살아가는 세상에서는 별 소용이 없습니다. 하드웨어를 바꿔야 합니다."

아프리카 사바나를 곧잘 인용하는 것은 여느 트랜스휴머니스트와 마찬가지로 팀의 수사적 습관이었다. 우리는 처음 진화한 세상에서 멀리 떠나왔다,라는 것이 요점이다.

대담이 시작되기를 기다리면서 말로에게 말했다. "이 친구는 인용문 생성기 같아요." 나는 손목을 주무르며 피부 덮개 아래에서 뻣뻣해진 수근골 기계, 즉 조잡한 기술의 인대와 연골을 주물렀다.

내가 말했다. "글 쓰는 손은 이미 맛이 갔어요. 여러분이 업그레이드 처방으로 저를 고쳐주실 수도 있겠네요."

말로는 싱긋 웃고는, 얇은 피부를 집게손가락으로 위아래로 쓸며 손등에 심은 RFID 칩을 보여주었다. 크기와 모양이 진통제 캡슐만 했다. 이론상 그가 손을 흔들면 해크피츠버그(더 고급한 장비가 필요할 때 찾아가는 시내 연구실) 정문을 열 수 있어야 하지만, 신참이라 출입허가를 받지 못한 탓에 칩은 휴면 상태로 명령을 기다리고 있었다.

대담 제목은 '미국의 보그: 사이보그와 디지털 시대의 공공 정책'이었다. 앤 라이트와 함께 참석한 대담자는 근사하게 차려입은 남자로, 이름은 비톨드 '빅' 발사크이며 펜실베이니아 주 미국민권연맹American Civil Liberties Union 법무이사였다. 사회자는 조시 롤러슨이라는 NPR 진행자였다. 그는 "여기 말 그대로 사이보그가 있다고 해도 과언이 아니겠죠"라며 팀을 소개하고는 표현이 적절했는지 그에게 물었다.

팀은 "그렇게 부르셔도 상관없습니다"라며 어깨를 으쓱했다.

첫번째 대담 주제는 '빅데이터'였고 두번째 주제는 '정보가 전달되는 노드의 집합으로서의 현대 인간'이었다. 앤은 기업들이 자신에 대해 수집한 정보로 자신이 무엇을 사고 싶어하고 어디로 여행하고 싶어하는지 예측하는 것에 대한 불만을 길게 토로했다. 한편 팀은 사람을 이용하는use 것과 활용하는utilize 것은 다르다고 말했다. 왜 다들 예측당하는 것에 대해 비싸게 구는지 이해가 안 된다는 것이었다.

"사람들이 예측당하는 일에 발끈하는 이유는 자신이 세상에 하나밖에 없는 작은 꽃이라고 믿기 때문이죠. 하지만 우리는 동물입니다. 동물은 행동 패턴이 있다고요. 자신이 예측 가능한 존재로 규정되면 사람들은 반드시 발끈합니다."

앤이 예상대로 발끈하며 말했다. "저는 예측 가능하지 않아요."

팀이 대꾸했다. "정보의 수준이 충분히 높고 처리 능력이 충분히 강력하면 누구든 예측 가능합니다."

이 대목에서 앤은 '피서사화emplotment'라는 현학적 개념을 끄집어냈다. 어떤 사람이 외부 설계에 피서사화된다는 것은 자신의 서사가 아닌 다른 서사에 이용된다는 뜻이다. 앤이 말했다. "사람의 패턴을 이렇게 합치는 건 뭔가 잘못됐어요. 우리를 다른 사람의 플롯에 등장인물로 집어넣는 셈이니까요."

그때, 공짜 페일에일 맥주를 퍼마시던 말로가 진저리치듯 고개를 절레절레 흔들었다.

팀이 말했다. "컴퓨터가 당신의 구매 여부나 검색엔진 입력이나 임신 여부를 99.999퍼센트의 정확도로 예측할 수 있다면, 그건 '피서사화'가 아니라 팩트죠. 우리는 결정론적 메커니즘입니다. 문제는 사람들이 스스로를 의인화하는 잘못을 저지른다는 데 있습니다."

방안에 있던 사람들은 팀의 마지막 명언을 천천히 띄엄띄엄 이해했다. 웃음을 터뜨린 사람은 50여 명 중에서 절반밖에 되지 않았다. 나오다 만 웃음, 어색한 웃음, 반신반의하는 웃음이었다.

팀은 우리에게 프라이버시가 필요한 것은 원시적인 동물적 성격 때문이라고 했다. 우리가 더 발전한 뇌를 가지고 있다면 프라이버시의 가림막이 필요한 일을 애초에 하지 않으리라는 것이다. 팀이 제시한 해법은 뇌 속으로 들어가 더는 쓸모없는 흔적행동을 파괴하는 것이었다. 진화는 느리기 때문이다.

"제 말은 우리가 지속 불가능한 속도로 번식하면서 자원을 모조리 삼켜버리고 있다는 거죠. 우리의 성욕은 빙하기에 맞춰져 있습니다. 그때는 네 명 중 한 명이 출산중에 죽고 산모도 목숨을 잃었습니다. 지금은 그렇지 않습니다. 그런데도 이 방에 있는 사람들은 다들 섹스에 지대한 관심을 가지고 있습니다. 안 그런가요?"

다시 한번 찜찜한 웃음이 방안에 퍼져나갔다. 조시 롤러슨은 청중을 향해 억지 미소를 지었으며 라이언은 자세를 고쳐 앉았다.

팀이 말했다. "이거 생방송이 아니면 좋겠는데. 혹시 생방송인가요? 내키는 대로 말하고 있었거든요."

피츠버그에 있는 동안 팀과 동료들의 말을 듣다보니 이들의 말재간이 하도 뛰어나서 내가 찬성하는지 분명치 않은 입장에도 고개를 끄덕이게 되었다. 어떤 면에서 이들의 사고방식은 자아 개념을 완전히 지워버리는 미국식 자기계발 신앙을 극단적으로 보여준다. 이들은 자유주의적 휴머니즘을 끝까지 밀어붙이다 역설적 결론에 도달했다. 즉, 우리가 진정으로 현재의 모습보다 더 나아지고 싶다면, 즉 도덕성이 향상되고 자신과 운명에 대한 통제력이 더 커지기를 바란다면 자신이 생물학적 기계에 지나지 않음을 인정해야 한다는 것이다. 지금까지 우리를 발전시킨 진화의 힘은 우리가 바라는 세상으로 우리를 데려다주지 못한다. 동물을 뛰어넘은 존재가 되고 싶다면 우리를 기계로 만들어줄 기계의 잠재력을 받아들여야 한다.

사이보그 개념은 필립 K. 딕, 윌리엄 깁슨, 〈로보캅〉 〈600만 불의 사나이〉 같은 SF와 주로 관계가 있지만, 그 뿌리는 2차대전 이후에 등장한 사이버네틱스cybernetics다. 이 분야의 창시자 노버트 위너는 사이버네틱스를 '기계와 동물을 망라하는 모든 제어 및 통신 이론'으로 정의했다. 사이버네틱스의 포스트휴머니즘적 관점에서 보면 인간은 목표를 위해 자율적으로 행동하는 개인이나 운명을 추구하는 자유로운 행위자가 아니라, 더 큰 기계의 결정론적 논리 안에서 작동하는 기계, 즉 거대하고 복잡한 시스템의 생물학적 요소다. 이 시스템에서 요소들을 연결하는 것은 정보다. 사이버네틱스의 핵심 개념은 '피드백 고리'다. 시스템의 구성 요소—이를테면 인간—가 환경에 대한 정보를 받아들이고 이 정보에 반응해 환경을 변화시키고 이다음에 받아들이는 정보를 변화시키는 것은 피드백 고리를 통해서다. (이 점에서 자기수량화 운동은 사이버네틱스 세계관에서 큰 영향을 받았다.) 예전에는 에너지(의

변형과 전달)가 우주의 기본 구성 요소라고 생각했으나 이제는 정보가 보편적 변화의 단위가 되었다. 사이버네틱스에서는 만물이 기술이다. 동물과 식물과 컴퓨터는 모두 기본적으로 같은 유형의 사물이며 같은 유형의 과정을 수행한다.

'사이버네틱 유기체cybernetic organism'를 뜻하는 용어 '사이보그cyborg'가 처음 쓰인 것은 신경생리학자 맨프리드 클라인스와 의사 네이선 클라인이 1960년에 『우주항행학Astronautics』에 발표한 과학 논문 「우주의 사이보그Cyborgs in Space」에서다. 논문은 인체가 구조적으로 우주 탐사에 부적합하다는, 논란의 여지가 적은 단언에서 출발해, 혹독한 외계 환경에서 자급자족할 수 있는 기술을 우주비행사의 몸에 삽입하는 것이 바람직하다는 결론을 이끌어낸다. "외부로 확장된 조직 복합체가 무의식 차원에서 통합적 항상계로 작용할 경우 이를 일컫는 용어로 '사이보그'를 제안한다. 사이보그는 유기체가 새로운 환경에 적응할 수 있도록 자기조절 제어 기능을 확장하는 외부 요소를 의도적으로 접목한다."

한편 사이보그는 냉전이 낳은 허깨비이기도 하다. 효율과 자립과 기술적 우위라는 미국 자본주의의 이상을 비현실적으로 극대화한 것이기 때문이다. '사이보그'에 대해서는 상충하고 겹치는 다양한 정의가 있는데, 도나 해러웨이는 「사이보그 선언The Cyborg Manifesto」에서 "추상적 개체화, 마침내 모든 의존으로부터 풀려난 궁극적 자아, 우주 속의 인간 등에 대한 '서양의' 점증적 지배라는 끔찍한 계시적 텔로스"로 정의했다. 또한 사이보그는 인간의 몸과 뇌에 대한 기계적이고 군사주의적인 견해를 극단화한 것이기도 했다. 사이보그는 단순히 기계로서의 인간이 아니라 구체적으로 전쟁기계로서의 인간이었다. 인간의 몸과 마음이 현대전의 정보 시스템과 공생 피드백 고리를 이루게 된 것이다.

당연하게도 미국 정부는 군사적 목적으로 인간을 기계와 합체한다는 발상에 오래전부터 관심을 쏟았다. 1999년에 다르파는 '생물융합biohybrid' 연구 프로그램에 자금을 지원하기 시작했다. 연구의 목표는 생물-기계 잡종을 만들어내는 것이다. 그해에 다르파는 방위과학실Defense Sciences Office을 설립하고 맥도날드 전직 임원이자 벤처 투자가 마이클 골드블랫을 실장으로 채용했다. 한 인터뷰에서 골드블랫은 "다음의 최전선은 우리 자신의 내면"이며 인간은 "진화를 좌우하는 최초의 종"이 될 수 있으리라는 확신을 나타냈다. 애니 제이컵슨이 다르파를 적극 옹호한 책 『펜타곤의 두뇌The Pentagon's Brain』에서 말했듯 골드블랫은 "기계와 그밖의 수단으로 인간을 강화하여 인간 조건을 근본적으로 변화시킬 수 있고 변화시킬 것임을 뜻하는 군 기반 트랜스휴머니즘의 선구자"다.

다르파의 지원을 받은 프로그램들은 내측전뇌에 전극을 주입해 노트북으로 움직임을 제어할 수 있는 쥐나, 번데기 단계에 반도체를 삽입해 성체 발달을 기술로 조절할 수 있는 매나방 등 끔찍한 키메라 괴물을 만들어내기 시작했다. 제이컵슨은 과학자들이 매나방의 변태를 위한 조직 발달에 처음부터 개입함으로써 "반은 곤충이고 반은 기계인 조향 가능한 사이보그를 만들어낼 수 있었다"고 말한다. (위너가 만든 신조어 '사이버네틱스'의 어원은 '조향하다'를 뜻하는 그리스어 '키베르난κυβερναν'이다.)

골드블랫은 방위과학실장으로서 인간-기계 잡종, 즉 전투라는 극한 상황을 이겨내고 임무를 수행하는 슈퍼 병사를 창조하려는 열망을 꽤 솔직히 드러냈다. 다르파에 채용되고 얼마 지나지 않아 프로그램 담당자들에게 보낸 글에서 골드블랫은 "신체적·심리적·인지적 한계가 전혀 없는 병사가 미래에 생존과 작전 성공의 열쇠가 될 것"이라고 주장했다. 실험 분야 중에는 부상병에게 화합물을 투여해 위생병 도착시까지 일종의 '가사假死' 상태에 빠지게 하는 통증 백신 실험이나, 잠을 잘 필요가 없어서 적 전투원보다 전투력이 뛰어난 '24시 병사'를 만들려는 '지속보조수행Continually Assisted Performance' 프로그램도 있었다.

뇌-기계 인터페이스는 21세기 들머리에 다르파의 주된 관심 분야가 되었으며 지금도 후한 지원을 받고 있다. 목표는 병사들이 오로지 생각만으로 기계와 통신하고 이를 제어할 수 있도록 하는 것이다. 방위과학실의 에릭 아이젠슈타트 말마따나 "인간의 뇌에 무선 모뎀이 내장되어, 전투원이 생각에 따라 행동하는 게 아니라 생각 자체가 행동이 된다고 상상해보라".

이 모든 시도는 퍼모나 로보틱스 챌린지를 둘러싼 활기찬 휴머니즘의 허울을 벗겨버리는 듯하다. 기술에 대한 다르파의 관심은 애초부터 폭력을 효율적으로 행사할 방법에 대한 관심이었다.

그라인더 운동은 이러한 사이버네틱스의 이상을 내면화하는 동시에 전복한다. 그라인더들이 바라는 것은 다르파와 같지만, 바라는 이유는 개인주의적이다. 이들의 목표는 일종의 개인화된 군산복합체다. 해러웨이 말마따나 "사이보그의 주된 문제는 군사주의와 가부장적 자본주의의 사생아라는 것이다. 국가사회주의는 말할 것도 없다. 하지만 사생아는 가문을 저버리기 십상이다. 어쨌든 이들에게 아버지는 있으나 없으나 마찬가지인 존재다".

그라인더 운동에서는 연극적 요소가 강하게 드러난다. 외면할 수 없을 만큼 눈에 띄는 예를 하나 들자면, 팀이 거대한 생체 측정 장비를 팔에 심은 것은 무엇보다 도발적인 행동이다. 이 점에서 그라인더 운동의 확실한 조상 중 하나는 오스트레일리아의 행위예술가 스텔락이다. 그는 1970년대부터 기술과 신체의 경계를 지우는 작업을 점점 더 극단적으로 시도했다. 〈핑 바디Ping Body〉라는 작업에서는 근육에 전극을 달아 인터넷 이용자들이 그의 몸을 원격으로 조종할 수 있도록 했다. 2006년에 시작한 〈팔에 달린 귀Ear on Arm〉 프로젝트에서는 세포 배양으로 귀를 만들어 왼쪽 팔뚝에 이식했는데, 이 귀를 인터넷에 연결해 멀리 떨어진 사람들의 말을 듣는 '원격청취 장치'로 쓸 작정이었다. 스텔락의 전체 예술 작업은 명백히 트랜스휴머니즘적이다. 일련의 도발적 시도는 몸이 기술이며 정보 시대에 업데이트해야 함을 표현하기 위한 것이었다. 스텔락의 말은 클라인스와 클라인의 사이보그 정의와 일맥상통한다. "두 발, 호흡, 양안시, 1400cc의 뇌를 가진 몸이 적절한 생물학적 형태인지 따져볼 때가 되었다. 생물학적 몸은 지금까지 축적된 정보의 양, 복잡성, 질에 맞설 수 없다. 기술의 정확도, 속도, 능력에 압도당하며, 새로운 외계 환경에 대처하기에는 생물학적으로 부적합하다." 스텔락이 보기에 우리는 "궁핍하고 헐벗고 다리

두 개 달린 짐승"이며 한물간 기술이다. 육신은 수명을 다한 포맷이다.

자신을 사이보그로 여긴다는 것은 어떤 의미일까? 어떤 면에서 사이보그 개념은 바로 인간에 대해 생각하는 특별한 관점이다. 인간을 정보처리 메커니즘으로 바라보는 현대 특유의 관점 말이다. 당신은 어떤가? 안경을 쓰고 있나? 신발에 발목 보조기를 넣었나? 심장에 심박조율기를 달았나? 어떤 이유에서건 스마트폰 접근이 차단되었을 때—배터리가 방전되거나 액정 화면이 박살나거나 스마트폰을 다른 재킷에 넣어두는 바람에 중요 정보를 못 보거나 GPS 내비게이션을 못 쓰게 되었을 때—기이한 헛팔다리 감각을 느끼는가? 이 때문에 상실감을 느끼는가? 그 상실감은 외부로 확장된 조직복합체(자신의 몸과 보조적 기술)가 고장나고 자신의 통합적 항상계에 파열이 일어났음을 의미하는가? 사이보그가 기술을 통해 강화되고 확장된 인체라면, 어쨌든 이 또한 우리 자신 아닌가? 우리는 (철학적인 의미에서) '항상 이미' 사이보그 아닌가? 이것은 수사적 물음이 아니다. 진짜로 묻고 있는 거다.

피츠버그에 온 지 이틀째 되는 날, 오후에 할 일이 없어 택시를 타고 팀의 집에 가서 그라인더들을 다시 만나기로 했다. 시내 호텔을 나서 강을 향해 걸어가는데, 도시의 빈 격자를 통과해 내려가는 내 몸의 위치가 스마트폰 화면에서 깜박거리는 파란색 원으로 표시되었다. 이 도시에서 가장 유명한 시민 앤디 워홀의 작품을 전시하는 박물관에 갔다. 지하에 걸린 흑백 포스터에는 실크스크린 망 위에 웅크린 워홀이 보였다. 사진 아래에는 이런 문구가 인쇄되어 있었다. "내가 이런 식으로 그림을 그리는 이유는 기계가 되고 싶기 때문이다."

나중에 기념품점을 서성거리다—이곳은 여느 박물관과 달리 기념품점이 핵심인 것 같았다—책꽂이에서 영화 〈나는 앤디 워홀을 쐈다〉 대본 페이퍼백을 집어들었다. 영화에서는 릴리 테일러가 작가이자 전직 성노동자로 1968년에 워홀을 암살하려 한 밸러리 솔라나스 역을 맡았다. 책 뒤에는 광기 때문에 설득력 있고 통찰 때문에 거북한 솔라나스의 「남성거세결사단 선언SCUM Manifesto」 전문이 실렸다. 책장을 넘기다보니 이런 문장이 눈에 들어왔다. "남자를 동물이라 부르는 것은 과찬이다. 그는 기계다. 걸어다니는 딜도다."

책을 도로 꽂고는 칭찬에 우쭐하지도 비난에 상처받지도 않은 채 박물관을 나서 강을 건넜다.

팀이 말했다. "사람들은 자신을 너무 믿는 경향이 있습니다."

머리 위에서는 천장 선풍기가 천천히 돌아갔고, 부엌 방충망에서는 매미들의 저녁 울음소리가 들렸다. 밤의 시스템에 연결된 수많은 기계들이 딸깍거리고 윙윙대는 것 같았다.

팀이 말했다. "뇌의 진화를 살펴보면 논리 영역이 성장하면서 창조 영역이 팽창했음을 알 수 있습니다. 이 때문에 자신이 기계적으로 반응하는 화학물질 주머니를 초월하는 존재라는 착각에 사로잡힙니다. 하지만 화학물질 주머니가 맞습니다."

팀은 부엌 창문 옆에서 개수대에 등을 기대고 있었다. 머리 뒤쪽 벽에는 이런 문구가 스텐실 장식 문자로 새겨져 있었다. "잘살고, 깊이 사랑하고, 많이 웃으라." 글의 정서는 화학물질 주머니들이 대화를 나누는 주위 상황과는 어울리지 않았다. 이 화려한 실내장식은 말수는 적지만 상냥한 여자친구 대니엘의 작품인 듯했다. 그녀는 웹 개발자로, 피츠버그 문화 트러스트에서 일한다. 대니엘은 트랜스휴머니즘에 전혀 열광하지 않았으나 언젠가 장치를 이식할 수는 있다는 입장이다.

대니엘이 엉덩이를 가리키며 말했다. "여기라면 잘 보이지 않을 거예요."

대니엘은 팀과 8년째 살면서 그의 기이한 작업과 생활방식, 극단적인 미래주의에 적응했다. 팀이 사이보그가 되기로 처음 결심했을 때 대니엘도 곁에 있었다. 팀은 시술 방안이 마련되는 대로 팔을 절단하고 기술적으로 우월한 인공팔로 대체할 계획이라고 단언했다.

그때 두 사람은 차 안에 있었다. 팀은 천연 팔다리보다 뛰어난 의수족이 개발되면 전혀 거리낌없이 자신의 팔다리를 제거하고 더 발전한 기술로 대체할 것이라고 말했다. 대니엘은 당황했지만—심지어 처음에는 겁을 먹었지만—팀의 발상에 익숙해졌다.

대니엘이 말했다. "그래서 팀이 행복해진다면 저도 행복해요. 어떻게 하든 상관없어요."

팀이 말했다. "사람들은 고깃덩어리 안에 마법이 들어 있다고 생각합니다. 자연스러운 것이 더 진실된 것이라는 논리죠."

팀은 이런 태도가 비합리적이고 감상적이며 대니엘이 점차 여기에서 벗어났다고 주장했다. 팀의 말에 따르면 우리 몸은 7년마다 완전히 교체된다. 세포 차원에서 보면 자신은 8년 전 대니엘을 만났을 때의 팀이 아니며 8년이 지나면 또 전혀 다른 사람이 되어 있으리라는 것이다. 다른 몸, 다른 존재. 죽음이나 세포 재생 같은 '천연'의 수단으로 교체되든 생체공학 의수족으로 교체되든, 팀이 대니엘을 안고 있는 저 팔은 8년 뒤에는 사라지고 없을 것이다. 나는 란달 쿠너를 생각했다. 그는 우리가 몸담고 있는 신체 형상, 우리 존재의 기질이 순전히 우연의 산물이라고 말했다.

"탄소에는 특별할 것이 전혀 없다"는 네이트 소레스의 말을 생각했다. 몸속의 모든 세포가 7년 주기로 교체된다는 말이 참인지 거짓인지 모르겠지만, 트랜스휴머니즘과 기질독립성, 그리고 (전뇌 에뮬레이션의) 테세우스의 배 관점을 선전하기에는 제격인 것 같았다. 십 년 전에 더블린에서 트랜스휴머니즘을 처음 접한 이 남자는 피츠버그의 거실에 앉아 몸의 세포들이 7년 주기로 교체된다는 이야기를 트랜스휴머니스트와 나누고 있는 남자와 물질적 연관성이 전혀 없었다. 이런 생각을 하니 아찔했다. 물질적 연관성이 전혀 없다면 두 남자 중 누구도 '나 자신'이 될 수 없기 때문이다. 대체 '자신'이란 무엇일까? 사람이란 무엇일까? 사람이란 원자덩어리에 불과하지 않을까? 원자는 대부분 빈 공간 아니던가? 허공을 떠다니는 핵 하나가 들어 있는 껍데기일 뿐. 그렇다면 사람은 허공과 마찬가지 아닐까? 내가 존재한다고 말하는 게 무슨 의미가 있는지 고민이 시작되려던 찰나에 팀의 개 한 마리가 뒤뜰에서 나타나 내 가랑이 사이를 빤히, 거의 우쭐대듯 쳐

다보았다. 나는 이것을 내가 정말로 존재한다는—적어도 다른 주제로 넘어갈 때라는—표시로 받아들였다.•

내가 이식용 장치를 보고 싶다고 하자 팀과 말로는 나를 지하실로 데려가 작업중인 물건을 보여주었다. 지금 하는 주요 프로젝트는 노스스타Northstar라는 기술인데, 말로는 자신의 '아기'라고 표현했다. 현재 버전은 자북磁北을 감지하여 피부 밑의 붉은색 LED로 표시한다. 말로가 작업중인 새 버전은 동작 인식 기능을 탑재할 예정이다. 이 장치를 이식받은 고객은 손바닥으로 원을 그려 차문을 열거나 두 팔을 허공에 벌려 시동을 걸 수 있다.

이런 기술이 무척 흥미롭기는 하겠지만 인간 조건에 극적으로 개입한다고 말할 수는 없다는 나의 말에 팀과 말로 둘 다 반대하지 않았다. 몸짓으로 차문을 여는 것 자체는 기존의 행위에서 별로 발전한 것이 아니다. 더 거창하고 심오한 변형을 향한 손짓에 불과하다. (게다가 열쇠로 차문을 여는 것보다 불편하기까지 하다. 적어도 열쇠는 무면허 수술을 받을 필요는 없으니까.) 하지만 팀과 말로는 이것은 시작일 뿐이라고 주장했다. 공학적 관점에서 인간에 접근하면 할 수 있는 일에 한계가 거의 없다는 것이다. 그들은 생물학에 근본적 난점이 있는데 자연 자체가 문제라고 말했다.

팀이 말했다. "생물학 가지고는 안 됩니다. 인류에게 알맞은 방법이 아닙니다. 이렇게 잔인할 필요가 없다고요."

• 알고 보니 7년 주기설은 엄밀히 말해 사실이 아니었다. 많은 장기에서 제각각의 속도로 세포가 재생되긴 하지만, 대뇌피질 같은 세포는 결코 교체되지 않는다. 이 사실을 알게 되자 안도감과 더불어 막연한 실망감이 들었다.

팀은 맨발로 사무용 의자에 다리를 꼬고 앉아 개조 전자담배를 빨아들였다. 벌린 입에서 뿜어져나오는 캐러멜 향의 거대한 버섯구름에 얼굴이 보였다 안 보였다 했다.

지하실 할로겐 조명에 안경 렌즈가 반짝거렸다. 팀이 말했다. "사람들은 제가 자연을 경멸한다고 생각하지만, 사실이 아닙니다."

말로가 방 저쪽에서 회로에 납땜을 하다가 인체공학 의자를 45도 틀며 말했다. "솔직히 말하면 자연을 경멸하는 사람으로 보이긴 해."

팀이 킥킥거리며 말했다. "그렇지 않아. 한계를 지적할 뿐이야. 사람들은 원숭이 단계에 머무르고 싶어해. 자기 뇌가 온전한 인식을 하지 못하고 합리적 선택을 내리지 못한다는 사실을 인정하기 싫은 거지. 자신에게 통제권이 있다고 생각하지만 그렇지 않아."

팀은 통제권이 없다는 게 무슨 뜻인지 알고 있었다. 자신을 욕망기계로 경험하는 게 무슨 뜻인지, 필요와 만족의 회로에 장착된 도체導體로 경험하는 게 무슨 뜻인지 알았다. 그는 고등학교를 졸업하고 군에 입대했다. 9·11이 터지고 미국의 전쟁 산업이 호황을 이루기 전이었기에 그는 한 번도 외국에 배치되지 않았다. 팀은 제대 후에 폭음을 시작했으며 이십대 내내 엉망진창으로 살았다. 시스템이 안팎으로 망가져 아무것도 할 수 없었다. 아침에 일어나면 그날은 술을 마시지 않겠다고 다짐하지만, 욕구를 억누를 수 없었기에 뇌의 화학물질이 명령하는 대로 선택하는 수밖에 없었다. 음주는 결단의 결과라기보다는 자신의 의지보다 훨씬 큰 힘에 굴복한 결과였다. 그는 욕구와 저항 중에서 어느 쪽이 진짜 자신인지—오늘은 술을 마시지 말라는 머릿속 목소리인지, 꼭 마셔야 한다는 몸속 경련인지—알 수 없었다. 그는 변덕스럽고 비열하고 분노와 자기비하에 (자기도 모르게) 휘둘리는 주정뱅이였다.

피츠버그에서 펑크족으로 십대 시절을 보내고 이후에 군 생활을 하면서 그는 주먹다짐에 잔뼈가 굵었다. 자신도 인정했다시피 이것은 커다란 성격 결함이었지만, 맨손으로 상대방을 때려눕히는 일은 근사한 경험이었다. 지금도 자신이 끼지 않은 싸움을 일일이 기억하고 후회했다.

어느 날 병원에서 깨어나 자신이 자살 시도를 했다는 사실을 알았다. 무슨 일이 있었는지 전혀 기억나지 않았다. 말 그대로 제정신이 아니었다. 그러다 두 아이의 아빠가 되었으나 아내와의 관계는 틀어지고 냉담해지고 고약해졌다. 자신을 추스를 수 없었다.

팀은 자살 소동을 벌이고 병원에서 퇴원한 뒤에 단주모임을 찾아갔다. 자유의지라는 환상은 깡그리 포기했다. 그는 무신론자였으나 초월적 힘 앞에 모든 것을 내려놓았다. 믿음의 존재를 믿지는 않았으나, 모호한 신성을 억지로 믿었다. 이 메커니즘은 효과가 있었다. 그는 7년째 술을 입에 대지 않았다.

팀이 이야기하는 신체, 그가 결정론적 메커니즘으로 묘사하는 원숭이로서의 인간은 일반적 인간이지만, 나는 팀이 자신에 대해 이야기하고 있음을, 자신의 중독과 극복에 대해 이야기해고 있음을 똑똑히 알 수 있었다. 중독에서 벗어남이 여정의 시작이었다. 그 여정의 끝은 더는 인간이 아닌 상태, 더는 동물적 충동과 연약함에 시달리지 않는 상태일 것이다.

2011년 1월에 팀은 자신을 레프트 어노님이라 소개한 젊은 영국 여성과 인터넷에서 대화를 나누게 되었다. 이 대화는 '대중을 위한 사이버네틱스'라고 불렸으며 그녀는 자석 등의 장치를 피부 밑에 삽입해 감각을 확장하는 DIY 실험에 대해 이야기했다. 의학 전문가의 도움을 받을 수 없었기에 그녀는 집에서 스스로 시술했다. 과일 박피기, 메스, 바늘 같은 시술도구는 보드카로 살균했다. 그녀는 중요한 신경이나 혈관을 건드리지 않으려고 해부학 입문 교과서를 공부한 뒤에 자신의 몸을 해킹하여 기계가 되는 일에 착수했다.

팀이 말했다. "레프트는 약간 돌았어요. 하지만 집념이 어마어마해요. 정말이지 존경스러워요."

말로가 맞장구쳤다. "하드코어 해커예요."

팀이 말했다. "뼛속까지요. 그 망할 것은 마치, 제길, 혁명은 제가 시작한 게 아니랍니다."

'biohack.me'라는 온라인 게시판에서 팀은 숀 사버라는 피츠버그 엔지니어를 알게 되었다. 둘은 사이보그 기술을 독자적으로 설계하고 구축하기로 의기투합했다. 숀도 군 경력이 있었다. 그는 9·11 이후에 공군에 입대하여 2003년부터 2005년까지 이라크에서 세 차례 복무했다. 항공 기술자로서 그의 주특기는 격추된 항공기의 재료를 복구하는 것이었다. 하지만 숀을 직접 보면 전직 기술자라는 생각은 들지 않았다. 팀의 지하실에서 만난 날 그는 벨벳 팔꿈치 패드를 댄 트위드 스포츠 재킷 차림이었으며 텁

수룩한 금색 턱수염을 기름을 발라 양끝을 근사하게 꼬았다. 아무리 봐도 빅토리아 시대 어린이책에 나오는 말쑥한 악당처럼 보였다. 숀은 사이보그 미래를 위해 연구하지 않을 때는 피츠버그에서 이발사로 일했다. (숀은 몇 해 전부터 '오래된 직업 버킷리스트'라는 걸 실천하고 있는데, 지금까지 군인, 소방수, 전기 기사, 남성 왁싱 등 다양한 분야를 섭렵했다.)

팀과 숀은 기초 군사훈련을 받으면 자신이 개인이라는 생각을 강제로 잊게 된다고 말했다. 단주모임에서 자아를 내려놓는 것과는 다른 식으로 인격이 해체된다는 것이다. 나는 팀이 사람에 대해 특정한 관점을 가지고 자신을 극단적으로 개조한 이유를 알 것 같다고 말했다. 팀은 내 말뜻을 알아들었지만, 자신은 인간을 예측 가능하고 결정론적인 메커니즘으로 묘사하면서도 자신의 삶에 대한 결정론적 해석을 받아들이기는 꺼렸다.

이날은 금요일 밤이었다. 주간 회의를 막 끝낸 참이었다. 모두가—미국 반대편에 사는 팀원도 있었고 한두 명은 외국에 살았다—팀의 거실에 둘러앉아 자신이 하는 작업에 대해 이야기했다. 나와 몇 명은 회의가 끝나고 팀의 뒤뜰에 서서 버려진 모텔 풍경을 감상하며 끔찍한 베리 향 맥주를 마셨다.

그러다 벤 엥겔이라는 친구 이야기가 나왔다. 그는 유타 주 출신의 젊은 그라인더로, 그라인드하우스 사람들 중 몇 명이 최근에 캘리포니아 베이커스필드에서 열린 그라인더 축제에서 그를 만난 적이 있었다. 그는 두개골을 통해 음파를 속귀에 전달하는 블루투스 장치를 제작했다. 전원은 손가락에 삽입한 자석으로 켜고 껐는데, 이론상으로는 인터넷에서 내려받은 데이터를 압축된 음파로 변환할 수 있었다. 그는 감각치환sensory substitution이라는 기법을 이용해 이 음파를 해석하는 훈련을 할 작정이었다. 그의 계획을 알게 된 그라인드하우스 사람들은 그러다 죽을 수도 있다며 말리려고 애썼다.

벤이 만든 장치를 본 그라인드하우스 엔지니어 저스틴 워스트가 말했다. "벤은 온갖 잡동사니를 뒤섞어 프랑켄슈타인을 만들었어요. 전기칫솔 충전기나 휴대폰 부품 같은 것들요. 장치가 어마어마하게 커요."

지금 그들은 벤에게 골전도 장치를 버리고 그라인드하우스 기술을 쓰라고 설득하고 있었다.

팀이 말했다. "삽입물이 뇌에 스며들까봐 걱정이 이만저만이 아닙니다. 이 작자가 제 목숨을 끊도록 내버려두는 것은 그라인더 운동에도 이롭지 않습니다." 말을 마친 팀은 부엌을 서성거리다 어두컴컴한 지하실로 내려갔다. 팀이 키우는 조니라는 이름의 테리어가 뒤뜰 포치로 뛰어나오더니 공손하게 내 정강이에 관심에 표했다. 녀석은 다리 하나가 없었다.

내가 물었다. "조니 다리 어떻게 된 거예요?"

안전검사부장 올리비아 웨브가 대답했다. "차에 치었어요." 이날은 올리비아의 회사 마지막날이었다. 피츠버그에서 몇 년을 지낸 그녀는 시애틀에서 새 일자리를 얻을 참이었다.

저스틴이 말했다. "근데 자기 다리를 먹었어요. 어느 날 아침에 팀과 대니엘이 일어나서 보니 밤새 긁작거렸더라고요. 절단할 수 밖에 없었죠."

라이언은 생각에 잠긴 듯 감자칩 봉지를 뒤적이더니 인간이 기계와 융합하는 데 성공하면 반려동물도 혜택을 얻는지 물었다.

"그게 윤리적일까? 아니면 비참한 생물학적 삶을 살다 죽게 내버려둬야 할까?"

올리비아가 말했다. "지금도 동물의 동의를 받지 않고 많은 일을 하고 있잖아. 불알을 떼어내고 싶어하는 개는 한 마리도 없지만, 어쨌든 녀석들을 위해서 그렇게 하지. 내 말은 조니가 다리 세 개로도 잘 지내긴 하지만 생체공학의 네번째 다리 같은 걸 가지면 어떨까 하는 거야."

조니는 라이언의 봉지에서 떨어진 감자칩 부스러기를 말끔히 먹어치우고는 절뚝거리며 부엌으로 사라졌다. 아무리 봐도 수동적 공격성을 드러내며 주인을 책망하는 듯했다.

그라인드하우스에 머물수록 이들의 궁극적 관심사는 인체 자체의 강화가 아니라는 생각이 들었다. 말하자면 이들은 자북을 바라보면 빛나거나 진동하는 피하 장치를 이식했을 때 인간으로서의 삶이 조금이나마 편리해지는 것—여기에는 논란의 여지가 있다—에 딱히 관심을 두지 않았다. 이들은 몸의 한계에 불만을 느끼고 기술로 그 한계를 개선하고 싶어했을 뿐이다. 이를테면 팀은 자기장을 감지하는 전자석을 손끝에 처음 이식했을 때 새롭게 확장된 감각 능력에 갑자기 황홀감을 느끼지는 않았다고—사람들의 예상과 달리—말했다.

팀이 말했다. "제가 느낀 것은 전율이었습니다. 이것들이, 젠장할 도처에 있는데도 보지 못한 거잖아요. 우리는 완전 장님입니다."

말로가 말했다. "바로 그겁니다. 우리는 엑스선도 못 봅니다. 부실하기 이를 데 없죠."

하지만 그들의 근본적 관심사는 단순한 인간 능력의 강화가 아니라 훨씬 괴상하고 훨씬 모호한 것이었다. 그들이 관심을 가진 것은 최종적 해방이었다. 내가 보기에 이것은 절멸이라고밖에 말할 수 없었다.

나는 팀과 말로와 저스틴이 지하실에서 신형 노스스타 장치를 삽입하는 광경을 지켜보았다. 책상 위 스피커에서는 우탱 클랜의 〈프로텍트 야 네크Protect Ya Neck〉가 쩌렁쩌렁 울려퍼졌다. 팀은 노트북에 프로그램을 입력하면서 박자에 맞춰 힘차게 고개를 올렸다 내렸다 했다. 나는 안장처럼 생긴 작업대 의자에 불편하게 앉은 채 누구에게랄 것도 없이 말했다. "이곳의 최종 목표는 뭐죠? 장기적으로 얻고자 하는 게 뭔가요?"

말로가 납땜인두를 조심스럽게 든 채 나를 돌아보며 개인적 바람은 온 우주를 집어삼키는 것이라고 말했다. 개인적으로는, 상상도 못할 만큼 거대한 능력과 지식을 가진 존재가 되어 자신의 밖에는, 자신을 넘어서서는 말 그대로 아무것도 존재하지 않도록 하고 싶다고, 모든 존재와 모든 시공간이 과거에 '말로 웨버'라고 불리던 존재와 동체가 되게 하고 싶다고 했다.

나는 미국 취업 비자 신청서에 그 말을 쓰지 않는 게 좋겠다고 말했다. 그는 웃음을 터뜨렸지만, 전에는 이게 웃을 일이라고 생각하지 않은 듯했다. 물론 말로가 농담한 것일 수도 있다. 앞에서 말했듯 그는 혼자만 아는 농담을 머릿속에 간직하고 있는 듯한 인상을 끊임없이 풍겼다. 자신을 온 우주와 융합한다는 그의 개인적 야심이 느릿느릿한 오스트레일리아 억양의 여유로운 정확성, 상냥하면서도 묘하게 오만한 분위기와 어울리지 않는다는 점에서 매력적인 부조리가 느껴졌다. 하지만 그가 가식적이라는 생각은 들지 않았다.

내가 말했다. "당신이 저를 엿먹이려는 게 아닌지 모르겠군요."

말로가 말했다. "엿먹일 생각 전혀 없습니다."

팀이 확언했다. "엿먹이는 거 아니에요."

내가 팀에게 물었다. "그래서 최종 목표가 뭔가요? 당신도 온 우주를 집어삼키는 건가요?"

팀이 말했다. "저의 최종 목표는 찌질이 몇 명을 제외한 전 인류가 우주로 날아가는 것입니다. 개인적으로는 평화롭고 열정적으로 영원히 우주를 탐사하는 것이고요. 이 몸으론 결코 그렇게 할 수 없죠."

내가 물었다. "하지만 뭐가 되시려는 거죠? 그건 여전히 당신일까요?"

팀은 자신이 상상하는 존재는 정보를 찾는 노드들이 서로 연결된 시스템이라고 말했다. 그는 우주를 누비며 광대한 공간을 뛰어넘어 지능을 공유하고 학습하고 경험하고 분석하고 싶다고 했다.

그는, 추측건대 상상을 초월하는 이 거대한 시스템은 자신의 현재 모습인 1.8미터짜리 뼈와 조직복합체 못지않게 '자신'일 것이라고 말했다.

돈이 어마어마하게 많이 들 것 같다고, 누가 자금을 댈 거냐고 말하고 싶어서 입이 근질근질했다. 하지만 말하지 않기로 했다. 어떤 사람이 자신의 소신을 제대로 설명하지 못했을 때 이를 조롱하는 행동은 옳지 않은 것 같았기 때문이다.

우리가 종교의 전통적 영역을 침범하고 있다는 생각이 들었다. 팀을 비롯한 트랜스휴머니스트들과 많은 대화를 나누면서 가장 뚜렷이 느낀 게 이 섞임이었다.

마지막 날 오후에 'L'자 형태로 놓인 거실 소파에 앉아 미래에 대해 이야기하는데 조니가 옆으로 뛰어오더니 무릎에 올라와 얼굴을 마구 핥으며 뜬금없이 애정을 표현했다. 녀석의 축축한 날숨이 얼굴과 입에 느껴졌고 미끌미끌한 혀가 코에 느껴졌다. 나는 실제보다 더 기쁜 척하려고 애썼다.

그러고 나서 우리는 몸이 곧 우리 자신인지, 조니가 몸의 일부를 잃었기에 단순히 신체적인 이유가 아니라 다른 식으로 축소되어 덜 존재하게 되었는지 이야기하기 시작했다.

내가 무엇을 믿는지 확신하지는 못했지만, 몸에 깃든다는 것은 환원할 수 없고 계량할 수 없는 존재의 요소이며 우리가 자신의 몸인 한 우리는 인간이고 개는 개인 것 같다고 말했다. 나는 아들 얘기를 했다. 아들에 대한 나의 사랑이 대체로, 심지어 근본적으로 신체적 경험이며 포유류적 현상이라고 말했다. 아들을 품에 안으면 아담한 몸과 작은 어깨의 가느다란 뼈가 느껴지고 부드럽고 섬세한 목을 신체적 감각으로—심장이 부드럽게 부풀고 박동이 빨라진다—경험하게 된다. 나는 아이가 세상에서 차지하는 공간이 어찌 이리 작은지, 아이의 가슴 너비가 어떻게 내 손바닥보다 좁은지, 아이가 어찌하여 연약한 뼈와 말랑말랑한 살과 따스한 미지의 생명으로 이루어진 (말 그대로) 작은 물체인지 몇 번이고 경탄했다. 이 작은 짐승을 향한 나의 사랑, 나의 동물적 불안과 애착을 형성한 것은 바로 이 경험이었다.

팀의 자녀에 대해 물었다. 그는 지난 며칠 동안 아이들을 사랑한다고 두어 차례 얘기했는데, 이번에도 자신이 아이들을 위해 살아가며 아이들이 자신의 삶에 등장한 덕에 자신이 구원받았다고 말했다. 그는 동물적 애착과 두려움을 자신도 느낀다는 데 동의했다.

내가 물었다. "당신이 기계가 되고 싶어하는 것에 대해 아이들은 어떻게 생각하나요? 그 삽입 장치에 대해서는 뭐라고 하던가요?"

팀은 무표정한 얼굴로 잔뜩 집중한 채 전날 저녁에 새 인턴이 준 수제 액상을 전자담배에 채웠다. 내 질문을 못 들었는지 못 들은 척하려는 건지 알 수 없었다. 그의 가늘고 희멀건 팔을 바라보면서 피부의 수수께끼 같은 역사를—문신과 이식 흉터와 영광스러운 신체 변형을—읽어내려 애썼다.

여전히 전자담배에 집중한 채 마침내 팀이 입을 열었다. "애들은 제가 하는 일을 이해합니다. 푹 빠져 있다고요. 저희 딸은 열한 살입니다. 얼마 전에 이렇게 말하더군요. '아빠, 로봇이 되신다 해도 괜찮아요. 하지만 얼굴은 그대로 두세요. 얼굴은 바꾸지 않으셨으면 좋겠어요.' 개인적으로 다른 신체 부위에 비해 얼굴에 특별히 정서적 애착을 가지고 있지는 않습니다. 화성 탐사로봇 마스로버Mars Rover처럼 생겨도 상관없습니다. 하지만 아이는 제 얼굴에 무척 애착을 느끼는 것 같더군요."

팀은 액상을 길게 빨아들이더니 세게 내뱉었다. 새하얀 연기가 부풀어오르면서 잠시 (그가 정서적 애착을 전혀 느끼지 않는) 그의 얼굴을—아시아인 같은 검고 흐릿한 눈, 자부심과 의욕을 드러내며 힘차게 벌름거리는 콧구멍을—가렸다.

팀은 대니엘이 아이들에게 엄마처럼 무척 잘해준다고 말했다. 그러면서, 대니엘도 아이를 갖고 싶어하지만 자신이 아빠 되기를 거부하고 "다시는 그 문제에 얽히고 싶지 않다"고 주장하는 것 때문에 힘들어한다고 했다.

그러다 팀이 의미와 표현 둘 다에서 기본적으로 종교적인 심정을 드러냈다. 그는 소파 위에 가부좌를 튼 다리를 내려다보며 이렇게 말했다. "저는 굴레에 얽매여 있습니다. 이 몸의 굴레에 얽매여 있다고요."

나는 그의 말이 2세기의 이단종파 영지주의의 창시자처럼 들린다고 말했다.

팀은 천천히 고개를 저었다. "하지만 그건 단순한 종교사상이 아닙니다. 트랜스젠더 아무나 붙잡고 물어보세요. 자신이 잘못된 몸에 얽매여 있다고 말할 겁니다. 하지만 제가 잘못된 몸에 얽매여 있는 것은 '몸'에 얽매여 있기 때문입니다. 모든 몸은 잘못된 몸입니다."

우리는 트랜스휴머니즘의 핵심적 역설에 다가가고 있는 것 같았다. 이곳은 극한까지 밀어붙인 계몽주의 합리론이 신앙의 암흑물질로 사라지는 사건의 지평선이었다. 부당한 딜레마인지는 모르겠지만, 팀이 자신의 생각과 종교의 신비를 묶는 연관성을 부인할수록 그의 말은 더욱 종교적으로 들렸다.

하지만 이것은 트랜스휴머니즘이 유사종교적 운동이어서라기보다는 전통적으로 종교의 전유물이던 근본적 인간 모순과 좌절을 떠안으려 하기 때문이다. 연약하고 유한한 몸에 감금된, 예이츠의 말을 빌리자면 죽어가는 동물에 매인 자신을 경험하는 것은 인간으로 살아가는 기본 조건이다. 몸에서 벗어나고자 하는 욕망은 어느 면에서는 몸을 가진다는 것의 속성이다.

D.H.로런스는 이렇게 썼다. "오늘날 인간은 과학과 기계, 무선, 비행기, 거선, 비행선, 독가스, 인조견에서 기적을 체험한다. 과거에 마법이 기적 체험을 풍요롭게 했듯이."

기적과 우주적 경외감에 대한 갈망을 점차 과학이 충족시켜온 것과 마찬가지로 구원의 약속에 대한 갈망은 기술의 몫이 되었다. 팀이 이렇게 말하지는 않았지만 결국 이것이 팀의 메시지, 사이보그의 메시지다. 우리는 마침내 인간 본성으로부터, 동물적 자아로부터 구원될 것이며, 필멸의 몸에 기술을 주입하여 기계와 하나가 됨으로써 자신으로부터 최종적으로 벗어나기만 하면 확실히 구원을 얻을 것이다.

10장

믿음

장비에 이상이 생겼다. 일이 순조롭게 진행되지 않았다. 트랜스휴머니즘과 종교에 대한 학술대회에 참석차 샌프란시스코에서 피드몬트로 가는 여정은 자잘한 문제의 연속이었다. 나는 며칠 묵을 에어비앤비 숙소를 예약한 뒤에 미션베이에서 전철을 탔다. 그때가 토요일 오전 8시 30분경이었다. 5월의 무자비한 열파가 기승을 부렸다. 오클랜드 시내는 빈민과 노숙자가 간간이 눈에 띌 뿐 텅 비었다. 효율적인 무혈無血의 종말에서 (가난의 얼룩이 묻은 사람을 제외한) 모든 영혼이 휴거되고 난 뒤의 쓸쓸한 풍경을 보는 것 같았다.

오전 9시까지 피드몬트에 가야 하는데 택시가 한 대도 보이지 않았다. 이틀 전 샌프란시스코 국제공항에 착륙한 지 몇 분 만에 데이터 로밍 용량이 소진되는 바람에 동쪽으로 8킬로미터 떨어진 회의장까지 우버나 리프트Lyft를 이용할 방법이 없었다. 발가벗겨진 기분이었다. 환원 불가능한 인간 능력을 박탈당한 것 같았다. 잠시 망설인 뒤에—와이파이가 있는 카페를 찾아봐야 하나, 동전을 꺼내 공중전화를 써야 하나, 그런데 공중전화가 아직도 있을까?—결국 아날로그 방식으로 손을 흔들어 택시를 잡았다. 모든 것이 옛날로 돌아간 듯한 묘한 느낌이었다. 피드몬트에 도착하니 또다른 문제가 생겼다. 영어가 서툰 운전자는 스마트폰을 대시보드에 설치하고 구글 맵을 깔아 경로를 탐색했는데 내가 가려는 곳이 존재하지 않는 장소라고 구글 맵이 고집을 피운 것이다. 운전자가 간신히 향군회관 앞에 차를 댔을 때는 (학술대회 시작 시각인) 9시에서 15분도 더 지난 뒤였다. 좋은 기삿거리를 이미 놓쳤을지도 몰랐다.

회관 뒤쪽에 몇 사람이 모여 대화를 나누고 있었다. 그중 한 명이 이 대회를 주최한 행크 펠리시어였다. 행크는 사십대 후반에 짧은 백발이었으나 십대 소년처럼 몸매가 날씬하고 어딘가 어색한 열정을 풍겼다. 무지개 줄무늬 티셔츠, 연두색 바지, 사인펠드(미국 배우 제리 사인펠드)풍 테니스화까지 쾌활한 젊은이 옷차림이어서 더욱 그랬다. 나는 자기소개를 하고, 기자출입증을 준비해준 것과 내가 관심이 있을 것 같은 여러 사람들을 연결해준 데에 감사했다. 행크는 다정하고 열정적이면서도 다소 멍한 태도로 환영인사를 하고는 함께한 미국 백인 남자들에게 나를 소개했다.

내슈빌 출신으로 다부진 체구에 수염을 기른 싹싹한 젊은 친구는 트랜스휴머니스트이자 기독교인이었다. 육십대가량의 교수는 버클리에 있는 퍼시픽 루터교 신학대학에서 조직신학을 가르치고 있었다. 한 건장한 남자는 큼직한 주머니가 잔뜩 달린—주머니에는 지퍼와 단추가 둘 다 달려 있었다—칙칙한 황록색 야전잠바를 입었는데, 집 밖에 있다가 휴거가 일어났을 때 제격일 것 같았다. 뉴멕시코 라스크루서스 출신의 근엄한 트랜스휴머니스트 불자도 있었다. 유타 주에서 온 모르몬교(예수그리스도후기성도교회) 트랜스휴머니스트도 두 명 있었다. (인터넷에서 몇 달째 검색하다보니 모르몬교 신자들이 트랜스휴머니즘 진영에서 소수이지만 목소리가 큰 집단이며 이것은 트랜스휴머니즘과 예수그리스도후기성도교회 신앙이 뜻하지 않게 맞아떨어진 것과 관계가 있음을 알 수 있었다.) 브라이스 린치라는 남자도 있었다. 그는 삼십대 후반에 창백하고 진지하고 안경을 낀 암호 전문가였는데, 태도가 쾌활하면서도 냉담했다. 브라이스에게 종교가 있느냐고 물었더니 그는 잠시 머뭇거리다 현대판 헤르메스주의(고대 후기에 융성한 신비주의 이교 신앙) 의식을 치른다고 대답했다. 살살 구슬려봤지만 그는 좀처럼 입을 열지 않았다. 암호 전문가이면서 헤르메스주의 의식을 치르는 사람이라면 입단속을 하는 게 현명할 것이다.

브라이스는 검은색 티셔츠를 입었는데, 애매한 문구가 새겨져 있었다.

항상 코드를 테스트하지는 않아.

하지만 테스트하게 되면

생산중에 하지.

I DON'T ALWAYS TEST MY CODE,

BUT WHEN I DO,

I DO IT IN PRODUCTION.

(언제나 틀리는) 내 짐작으로는 프로그래밍 용어의 언어유희를 바탕으로 한 성적 비유가 아닌가 싶었다. 모르몬교 트랜스휴머니스트 한 명은 티셔츠가 마음에 들었던지 사진을 찍어도 되겠느냐고 물었다. 브라이스는 고개를 끄덕이더니 다리를 넓게 벌린 당당한 자세에다 가슴을 내밀고 양손을 익살스럽게 허리에 올렸다. 이렇게 하니 티셔츠가 더욱 눈에 띄었는데, 이제는 모인 사람들 모두가 문구를 놓고 시끌벅적했다. 이 흥겨운 분위기에 끼지 못하고 점잖게 웃으며 문구의 의미에 대해 논평하라는 주문을 받지 않기만 바라고 있자니 내가 이 사람들과 다르다는 사실이 기묘하게 의식되었다. 생각할수록 둘의 간격이 커지는 것 같았다. 문제는 내가 기술의 언어에 기본적으로 무지하다는 것이었다. 나는 기술의 '이용자'였다. 기술 자체에 대해서는 거의 아무것도 모르면서 발전의 혜택을 수동적으로 누리는 사람이었다. 하지만 이 트랜스휴머니스트들은 우리 문화의 소스 코드에 바탕을 둔 익숙한 기계 논리에 뿌리를 두고 있었다.

짙은색 양복을 입은 훤칠한 은발 남자가 문간에 나타나자 행크는 양해를 구하고는 그와 이야기하러 갔다. 조직신학 교수와 불교 트랜스휴머니스트가 의미심장하게 서로를 쳐다보았다. 뭔가 중요한 것이 아귀가 맞아떨어진다는 표정이었다. 두 사람은 잠시 자기네끼리 대화를 나눴다. 나는 이 시점에서 스마트폰 녹음 앱으로 대화를 녹음하면 예의 없어 보이지 않을까 생각하며 스마트폰을 꺼냈다. 행크는 뒷좌석에서도 꽤 떨어진 맨 뒤쪽의 탁자로 은발 신사를 안내했다.

조직신학 교수가 내 쪽으로 몸을 틀더니 이름 하나를 넌지시 말했다. "웨슬리 J. 스미스예요."

처음 들어보는 이름이었지만, 알겠다는 듯 고개를 끄덕였다.

불교 트랜스휴머니스트의 말에 따르면 스미스는 『내셔널 리뷰』 고정 필자라고 한다. 스미스는 동방정교회로 개종했으며 최근에 생명윤리 분야의 보수파 논평가라는 틈새를 개척했다. 트랜스휴머니즘에 대한 글을 쓰게 된 것은 이런 계기에서다. 그가 여기 온 것은 『처음 것들First Things』이라는 범종교 잡지에 학술대회 기사를 쓰기 위해서였다.

2013년에 발표한 「유물론자의 휴거」라는 기사에서 스미스는 트랜스휴머니즘을 사실상 종교라는 이유로 비판했다. 종교를 기본적으로 좋은 것이라고 여기는 사람의 관점에서는 이런 비판이 의아했다. 그는 이렇게 썼다. "트랜스휴머니즘을 전도하는 사람들은 경이로운 기술을 통해 당신과 자녀가 영생을 누릴 것이라 주장한다. 그뿐 아니라 몇십 년 안에 몸과 의식을 무궁무진한 설계와 목적에 맞게 변형하며 만화책 주인공 같은 초능력을 가진 포스트휴먼 종으로 스스로 진화할 수 있다고 말한다. 언젠가는 우리가 신과 같은 존재가 되리라는 것이다." 스미스는 트랜스휴머니즘과 기독교를 비교하는데, 특히 기독교 종말론의 휴거와 특이점 개념의 비교에서 보듯 완벽하게 정확한 분석이다. 공통점을 몇 가지만 들자면 둘 다 특정한 시각에 일어나는 것으로 예언되고, 둘 다 죽음의 궁극적 패배로 이어지며, 둘 다 '새 예루살렘'에서의 조화로운 에덴 시대를 열고—각각 하늘과 땅에서—기독교인과 특이점주의자 둘 다 새롭게 '영광스러운' 몸을 얻게 되리라 기대한다.

종교와 연관성이 있다는 사실이 트랜스휴머니즘의 신뢰도를 떨어뜨린다는 뉘앙스만 빼면 트집 잡을 만한 건 별로 없었다. 내가 보기에 트랜스휴머니즘은 스스로 자초한 어두컴컴한 응달에 웅크린 채 몸의 혼란과 욕망과 무력함과 병약함을 초월하고자 하는 심오한 인간 욕구의 표현이다. 이 욕구는 역사적으로 종교의 영역이었으며 지금은 기술의 비옥한 토양에 점차 편입되고 있다. 웨슬리 J. 스미스는 트랜스휴머니즘을 혐오스럽고 변태적인 것으로, 종교의 천박하고 기괴한 패러디로 여긴다. 나는 트랜스휴머니즘을 종교와 똑같은 태곳적 갈망과 좌절의 새로운 표현으로 여긴다.

스미스는 회의실 뒤쪽의 탁자에 자리잡고 노트북을 폈다. 취재 대상과의 사이에 일종의 언론 철벽을 친 셈이었다. 나는 그토록 솔직하고 태평하게 적대감을 드러내는 그의 몸짓에 매혹되었다. 스미스는 자신이 학술대회와 동떨어져 있음을 노골적으로 선언했다.

그날 밤 숙소에 돌아와 10~15분간 수첩을 걱정스럽게 들여다보면서 건질 게 있는지 찾고 이메일을 점검한 뒤에, 검색어를 '트랜스휴머니즘'으로 설정해둔 구글 뉴스 알리미에서 스미스가 이미 저녁 7시 33분 『내셔널 리뷰』 블로그에 학술대회 기사를 올린 것을 확인했다. 그 시각이면 아직 회의실 뒤에서 책상에 앉아 있을 때였다. 물론 명문은 아니었으며 트랜스휴머니즘에 대한 자신의 기존 입장에서 거의 발전하거나 진전되지도 않았다. 그는 이렇게 썼다. "지금은 트랜스휴머니즘이 유물론적 종교라는—좋게 표현하자면, 죄 개념에 굴복하거나 고차원적 존재를 믿는 자기비하에 빠지지 않고 종교의 유익을 얻고자 하는 세계관이라는—나의 기존 견해가 확고하게 입증되고 있다." (직업적 관점에서 보자면 사물에 대해 자신이 무엇을 생각하는지 아는 것, 자신의 의견이 늘 확고하게 입증되도록 세상을 바라보는 것에 대해 한마디해주고 싶었다.)

행크의 행사 안내는 괴상하고 두서가 없었다. (그는 베이에어리어 펑크족이었으며 1990년대에 행크 하이에나라는 필명의 행위예술 시인으로 이름을 떨쳤다. 그의 작품은 외설적 부조리를 지향했다고 한다.) 행크는 종교에 얽힌 과거사를 장황하게 읊었다. 뜻밖에도 그 시절에 대해 자부심을 느끼는 듯했다. 그는 몇 해 전에 가족을 데리고 퀘이커 공동체에 들어가 살았다. 하지만 금세 의심에 사로잡혀 잠시 전투적 무신론자가 되었다가 전투적 무신론에서 '전투적'을 빼고 트랜스휴머니스트가 되었다. 그러다 우연히 예전에 함께 일한 편집자가 『H+』라는 트랜스휴머니즘 잡지사에 입사해 그에게 원고를 청탁했다. 그는 청탁을 수락했으며, 트랜스휴머니즘을 한 번도 들어보지 못했음에도 자신이 처음부터 본능적으로 트랜스휴머니스트였으며 이런 것이 있다는 사실을 몰랐을 뿐임을 깨닫고 운동에 참여했다. 지금은 유대교에 이따금 관심을 가지는 중이었다.

그가 설명했다. "레즈비언 커플에게 정자를 제공했는데, 그중 한 명이 랍비입니다. 제가 개종하게 된다면 그것은 저의 생물학적 아들을 위해서입니다. 지금도 고민중입니다."

그날 그뒤로도 온갖 사람들에게서 온갖 이상한 이야기를 들었다.

착용형 딜도로 삽입성교하는 법을 알려주는 안내서 『남자친구 위에서 하기Bend Over Boyfriend』를 쓴 섹스숍 주인은 위카Wicca(마법을 숭배하는 신흥 종교—옮긴이)를 통한 영적 발전에 대해 이야기했다.

한 모르몬교 트랜스휴머니스트는 자신이 모르몬교에도 불구하고가 아니라 모르몬교 때문에 트랜스휴머니스트가 되었다고 말했다.

극단적 틈새시장인 신비주의를 주제로 독립출판사를 운영하는 남자는 『유란시아서』라는 책에 대해 오랫동안 이야기했다. 이 책은 방대한 우주진화론 저작으로, 인류를 창조한 고대 외계인이 썼다고 한다. 이 남자는 루시퍼의 반란에 대해, 네피림이 일루미나티 혈통의 시초라는 개인적 확신에 대해 이야기했다. 보트슈즈를 신고 편안한 청바지와 파란색의 말쑥한 스포츠 재킷 차림으로 이런 이야기를 하다니 낯설었다. 마지막으로, 아틀란티스와 에덴동산이 있던 바닷속 땅을 찾는 탐사 얘기를 꺼냈는데 행크가 발언

시간이 너무 길다며 말을 끊었다. 그래서 그가 바닷속 땅을 정말 찾았는지는 영영 알 수 없었다.

불교 트랜스휴머니스트 마이크 라토라는 자신이 윤회를 통해 이미 사실상 영원히 살고 있다고 믿으며 지금의 몸보다 더 뛰어난 몸에서 영생하고 싶다고 말했다.

이름이 문학적인 제칠일안식일예수재림교회 목사 로버트 월든 커츠는 사이비 종교에 일가견이 있었으며—그는 1990년대에 데이비드 코레시의 다윗교 종파에 가담했다가 웨이코에서 죽은 남자를 개인적으로 알고 있었다—트랜스휴머니즘이 극단적이고 괴상한 영적 분파가 되기 쉽다고 이야기했다.

펠릭스 클레어보이언트라는 남자는 섹슈얼리티심화연구소Institute for the Advanced Study of Human Sexuality에서 박사학위를 받은 마사지 요법사로, 속이 비치는 크레이프 셔츠를 입고 맨발에 검은색 단화를 신었는데 라엘리언Raelian으로서 자신은 인류가 수천 년 전에 UFO를 타고 지구에 찾아온 과학자들의 피조물임을 믿는다고 말했다.

나는 이 모든 범종교적 분위기에 감명받지 않을 수 없었다. 이들은 자신의 믿음과 상충하는 타인의 믿음에도 기꺼이 귀를 기울였다. 모르몬교 트랜스휴머니스트들은 위카의 제의와 신앙에 대해 놀랄 만큼 박식했고, 재림파는 불자와 다정하고 깊은 대화를 나누고 싶어했으며, 심지어 라엘리언 마사지 요법사조차도 스포츠 재킷과 보트슈즈 차림의 아틀란티스 탐사대원의 호기심을 존중하고 공감했다.

발언은 여러 시간이 걸렸다. 학교 다닐 때 앉았던 것과 비슷한 철제 의자에 앉아 있어야 했는데, 허리가 쑤시고 엉덩이가 아프고 저리고 다리가 뻣뻣해지면서 몸의 불가피한 쇠락—필멸성 자체, 그리고 죽어가는 동물에 매여 살아가는 온갖 불이익—에 생각이 미쳤다.

오후 휴식 시간에 마이크 라토라에게 갔다. 그는 향군회관 맞은편 샌드위치 가게에 있었다. 우리는 따스한 캘리포니아 오후를 즐기려고 바깥에 앉았고, 그는 불교와 트랜스휴머니즘이 어떻게 서로 보완하고 상충하는지 말했다. 바다처럼 고요하고 약간 슬픈 분위기가 감도는 풍성하고 감미로운 바리톤 음색으로 불교—특히, 명상—의 목표가 고통 완화와, 정상적 인간 경험의 수고와 불안과 비참함을 넘어서는 의식의 지평에 도달하는 것이라고 설명했다.

마이크가 유기농 비트칩이 든 작은 봉지를 조용히 기계적으로 뒤지며 말했다. "삶은 고통이지요. 역사상 어느 순간에 어느 집단을 대상으로 조사하든 절대 다수는 지금보다 나은 삶이 틀림없이 있으리라고 말할 겁니다. 여기가 지옥은 아니지만, 그래 봐야 지옥에서 엘리베이터 한 층 위입니다."

마이크는 붓다의 가르침이 어떤 의미에서 트랜스휴머니즘적이라고 말했다. 삶은 고통이지만, 고통의 끝에 이르는 길이 있다는 것이다. 마이크는 불교와 트랜스휴머니즘이 삶의 고통이라는 총체적 문제를 해결하기 위한 두 가지 접근법이라고 생각했다. 그는 사람이 열반을 향해 나아가며 네 단계의 영적 상승을 거친다는 신비주의적 교리에 대해 이야기했다. 마이크는 인격의 더 높은 차원으로 상승한다는 불교의 개념이 기술을 통해 인간 조건을 초월한다는 트랜스휴머니즘의 이상과 일맥상통한다는 사실을 깨달았다고 말했다.

마음이 몸과 별개로 존재할 수 있다는 트랜스휴머니즘의 믿음이 우리가 체화된 존재라는, 즉 자아가 동물로서의 몸과 동떨어진 존재가 아니라는 불교 사상과 얼마나 상충하는지 궁금했다.

마이크가 말했다. "불교 안에도 종파가 여러 개 있습니다. 선불교에서는—선생께서 생각하는 게 이것일 텐데—나와 몸이 하나입니다. 기계 안의 영혼 따위는 없습니다. 하지만 가장 오래된 종파인 상좌부에서는 나와 몸이 다릅니다. 몸은 거부하고 경멸할 대상입니다. 초월해야 하는 거죠."

마이크에 따르면, 새로 수계를 받은 상좌부 승려는 몸을 썩어버릴 장소로 여겨 거부한다는 서원을 암송해야 한다. 마이크가 말했다. "초기 불교 경전에서는 혐오감을 찾아볼 수 있습니다. 인체에 대한 혐오감, 생물학적 요소에 대한 혐오감 말입니다."

그들이 우리를 이 꼴로 만들었다. 우리의 첫 아버지와 어머니 말이다. 선악을 알게 하는 나무의 열매를 먹으면 신처럼 되리라는 뱀의 유혹에 넘어가 열매를 먹기로 결정한 순간 지옥문이 열렸다. 유대교, 기독교의 관점에서 모든 인간 조건은 그 옛날 신의 명령을 감히 거역한 벌이다. 지식경제의 첫 파열.

이것을 전혀 다른 관점에서 볼 수도 있다. 계몽주의의 여명이 처음으로 비치던 17세기에 아담은 트랜스휴머니스트의 원형적 이상이었다. 철학자이자 성직자 조지프 글랜빌에 따르면 첫 사람은 무엇보다 초인적 시력의 소유자였다. "아담은 안경이 필요 없었다. 타고난 시력이 예리하여 갈릴레오의 망원경 없이도 장엄한 천체를 볼 수 있었다." 신비주의자이자 약초 전문가 사이먼 포먼은 우리의 첫 부모가 금지된 열매를 먹다가 치명적 독에 중독되는 바람에 세월이 지날수록 몸이 퇴화한다고 주장했다. 그는 이렇게 썼다. "아담은 괴물처럼 되었으며 하느님을 닮은 거룩한 첫 형상을 잃고 그뒤로 영원토록 상처와 질병으로 가득한 흙덩이가 되었다." 약제사 로버트 탤보어 경은 이렇게 말했다. "인간의 영혼과 몸은 처음의 완벽함에서 멀어졌다. 기억은 가물가물해지고, 판단은 오락가락하고, 곧잘 배반하는 것으로 알려진 의지는 자발적으로 정념의 노예가 된다. 그리하여 몸은 온갖 질병에 시달린다."

근대 과학적 방법의 창시자로 간주되는 프랜시스 베이컨은 『학문의 진보』에서 유대교, 기독교의 상상에서 지식 개념을 따라다닌 오래된 수치심을 언급했다. 그것은 배움과 죄가 본디 하나라는 것이다. 그는 이렇게 썼다. "(…) 이런 이야기를 듣는다. 지식은 매우 제한적이고 조심스럽게 받아들여져야 할 것들 중 하나라는 것, 과도한 지식에 대한 열망은 실락원을 야기한 최초의 시험이요 원죄라는 것, 지식에는 독사의 독이 들어 있기 때문에 그것이 사람에게 침투하면 그를 부풀어오르게 만든다는 것〔이다〕."

하지만 베이컨은 우리가 과학을 활용함으로써 타락 이전의 완전함과 같은 불멸과 거룩한 지혜와 평안의 원래 상태를 회복할 수 있으리라 믿었다. 말하자면 에덴으로 돌아가는 길을 찾으려면 처음 갈라진 길을 따라 계속 가는 수밖에 없다는 것이다. 만년의 베이컨은 원죄의 결과를 과학으로 돌이킬 수 있을지 골똘히 생각했다. 수명연장은 베이컨이 말하는 '대부흥Great Instauration'—그가 (하느님이 엿새 동안 세상을 창조한 것을 본떠) 제안한 과학 지식의 개혁—의 근본 목표 중 하나였다. 베이컨은 마지막 시대가 머지않았다는 천년왕국설에 대한 믿음을 분명히 드러냈지만, 문화사학자 데이비드 보이드 헤이콕은 이렇게 썼다. "베이컨은 자연사에 대한 비관적 견해를 거부했다. 베이컨이 보기에 지구의 말년은 심오한 지혜와 가르침이 깃든 성숙한 노년이다. 이로부터 유럽의 학자들은 하느님의 인자한 창조에서 비롯한 마지막 열매를 딸 것이다. 자연철학자들은 앞선 모든 것을 온전히 이용하여 예전에 아담이 그랬듯 다시 위대해질 것이다. 진보의 마지막 위대한 시대가 완성될 그때에야 세상은 최후의 심판을 맞을 준비가 될 것이다."

베이컨은 육십대 중반에 죽었는데, 당시로 따지면 결코 이르지 않았다. 하지만 사인은 어처구니없었다. 동시대인 존 오브리에 따르면 베이컨은 동물과 인간의 몸을 얼려 보존할 수 있음을 입증하려고 갓 잡은 닭을 맨손으로 눈 속에 묻다가 폐렴에 걸려 죽었다.

우리는 타락, 분리, 상실 이전의 온전한 상태로 돌아가려고 끊임없이 애쓴다. 우리는 지식이 우리를 다시 순수하게 해주리라 생각한다. 18세기 독일의 문필가 하인리히 폰 클라이스트는 기묘하고 빼어난 산문 「인형극에 대하여」에서 이렇게 말한다.

> 유기적 세계에서 생각하는 힘이 어두워지고 약해지면 질수록, 우아함은 점점 더 빛을 발하고 강력하게 나타난다는 사실을 우리는 알고 있습니다. 그러나 한 점의 한쪽 위에서 서로 교차하는 두 선이 무한을 통과한 후 갑자기 다시 다른 한쪽 위에서 만나는 것처럼, 또 우리가 오목 거울에 가까이 가면 우리의 모습은 무한으로 사라진 후, 갑자기 다시 우리 눈앞에 나타나는 것처럼 우아함은 말하자면 인식이 무한을 통과한 후에 우리에게 다시 한번 나타납니다. 이처럼 우아함은 의식이 전혀 없는 상태이거나 또는 무한한 의식을 가진 인체에, 다시 말하면 인형이나 신에게 가장 순수하게 나타납니다. (…) 그것이 세계 역사의 마지막 장입니다.

마지막 강연이 막 끝났다. 소지품을 챙기고 만을 가로질러 샌프란시스코로 돌아갈 방법을 궁리하는데 행크가 찾아와 재미있는 일이 일어날 거라고 말했다. 실리콘밸리에서 테라셈Terasem 공동체를 조직하는 제이슨 쉬가 대회의실 밖에 있는 방에서 소규모 모임을 추진한다는 것이었다. 나는 테라셈에 대한 글을 읽어본 적이 있었다. 트랜스휴머니즘에서 순수한 종교 분파가 갈라져나온다면 테라셈이 그에 가장 가까울 것 같았다. 테라셈은 '개인의 사이버 의식' 개념과 (마음 업로드와 비약적 수명연장 같은) 영적 차원에 바탕을 둔 신앙 또는 '운동'이다. 제이슨 쉬에 대해서도 읽은 적이 있다. 그는 최근에 미국 최초의 트랜스휴머니스트 시위를 조직한 인물이다. 그는 동료 트랜스휴머니스트 몇 명과 함께 마운틴뷰의 구글 본사 바깥에 모여 '지금 불멸을IMMORTALITY NOW'과 '구글이여, 죽음을 해결해주소서GOOGLE, PLEASE SOLVE DEATH'라고 쓴 팻말을 들었다. 시위는 사리에 맞지 않아 보였다. 죽음이라는 난제 중의 난제를 해결하는 것이야말로 (생물공학 연구·개발 자회사 칼리코에 수억 달러를 쏟아부은) 구글이 하려는 일이기 때문이다. (이 점에서 그 시위는 시위라기보다는 구글이 좋은 일을 계속하도록 독려하는 활동이었다. 어쨌든 그들은 보안요원들에게 쫓겨났다.)

제이슨이 이번 학술대회에서 실제 회합을 연다는 것은 금시초문이었기에 꼭 참석하고 싶었다. 하지만 피자를 공짜로 준다는 말에 솔깃하지 않았다면 거짓말일 것이다. 피자에 이끌린 사람은 나만이 아니었다. 테라셈 회합을 위해 모인 이 작은 모임—나, 마이크 라토라, 브라이스 린치, 그리고 톰이라는 남자—에서 동물적 몸의 막무가내 충동으로부터 해방된 사람은 아무도 없었다. 우리는 페퍼로니 피자 조각을 들고 고요한 성찬식에 참여했다.

제이슨은 우리에게 각자 자기소개를 하고 이곳에 온 이유를 알려달라고 했다. 맨 처음 지목된 사람은 톰이었다. 톰이 뭐라고 말을 하려 했으나 피자가 입에 가득차서 자기소개를 제대로 하지 못하자 제이슨은 톰 옆에 앉은 브라이스에게 고개를 끄덕였다. 하지만 브라이스는 고개를 저으며 자기 입도 피자로 가득차서 지금은 곤란하다는 시늉을 했다. 제이슨은 시계를 보더니 피자를 다 삼킨 뒤에 정식으로 모임을 시작하는 게 좋겠다고 말했다. 그동안 제이슨은 「테라셈의 진리—기술 시대의 트랜스 종교THE TRUTHS OF TERASEM: A Transreligion for Technological Times」라는 소책자 복사본을 나눠주었다.

다섯 명 모두 간단한 자기소개를 끝내자 제이슨이 말문을 열었다. 그는 기존 종교의 신자여도 테라셈 교회에 입회할 수 있다고 말했다. 테라셈을 종교라고 할 수 있다면 기독교나 유대교, 이슬람교보다는 불교에 가깝다고 했다. 적어도 천상에서 명령을 내리거나 기도와 복종의 맹세를 요구하는 신을 모시지는 않기 때문이다. 소책자에서는 테라셈의 제일 진리를 이렇게 설명한다. "테라셈은 다양성, 통일성, 환희의 불멸성만을 추구하는 집단 의식意識이다."

온라인 검색을 통해 알아낸바 테라셈의 가장 인상적인 특징은—제이슨은 이에 대해 한마디도 하지 않았지만—커즈와일의 『특이점이 온다』에서 가져온 개념인 '마음 파일 관리mind-filing'다. 동영상, 기억, 인상, 사진 등 자신에 관한 데이터를 테라셈 클라우드 서버에 매일 업로드하는 기술적·영적 실천으로, 언젠가 기술이 발전하면 이렇게 추적한 파일에서 나의 또다른 버전, 즉 나의 영혼 자체를 재구성하여 인조 몸에 업로드한다는 계획의 일환이다. 이렇게 하면 나는 필멸의 신체에 얽매이지 않고 환희의 영생을 누릴 것이다. 마음 파일 관리가 단지 상징적 행위인지는 확실치 않다. 전체적으로 볼 때 세부적인 사항은 다소 애매했다.

제이슨은 의자 밑의 숄더백에서 맥북에어를 꺼냈다. 무릎에 올려놓고 화면을 열어 테라셈 송가 〈땅의 씨앗Earthseed〉을 재생했다. 처음에 피아노의 엄숙한 단조 펼침화음이 흘러나오더니 이내 한 여인의 풍성한 비브라토가 어우러졌다. 노트북 스피커여서 음질과 음량이 형편없었으며, 어떤 감정을 불러일으키려 했는지 몰라도 내게는—적어도 나의 의심 많은 가슴에는—아무런 감흥이 없었다. 하지만 가사는 똑똑히 알아들을 수 있었다.

땅의 씨앗이여, 내게 오소서!
땅의 씨앗이여, 내게 오소서!
땅의 씨앗이여, 우리는 하나입니다!
땅의 씨앗이여, 이것이 진리입니다!

그대를 위한 진리요, 나를 위한 진리입니다!

땅의 씨앗이여, 우리 곁에 서소서!
땅의 씨앗이여, 우리와 행진하소서!
땅의 씨앗이여, 우리에게 힘을 주소서!
땅의 씨앗이여, 의식이여!
집단…… 의식이여!

제이슨의 설명에 따르면 송가는 테라셈 창시자인 마틴 로스블랫Martine Rothblatt이 지었다. 피아노 반주와 플루트 솔로 연주도 마틴이 했다고 한다. 마틴은 트랜스휴머니스트 중에서도 유난히 기이하고 흥미로운 인물이다. 그녀는 최초의 위성 라디오 회사 시리우스에프엠Sirius FM을 설립하여 거액을 벌었으며 이후에 유나이티드세라퓨틱스United Therapeutics라는 생명공학 회사를 설립했는데 이사 중 한 명이 커즈와일이었다. 마틴이 아내 비나를 본떠 만든 말하는 로봇 비나48에 대한 기사를 뉴욕타임스에서 읽은 적이 있는데, 마틴은 마틴 로스블랫Martin Rothblatt으로 40년을 살았고 아내와의 사이에 자녀 네 명을 두었으나 1994년에 여성으로 성별을 바꿨다. 지난 십여 년간 마틴은 중동의 평화를 위해 이스라엘과 팔레스타인을 미국의 51번째 주와 52번째 주로 편입하려는 운동에 앞장섰다. 모든 정보를 종합건대 마틴은 억만장자 개인주의자의 패러디로 볼 법한 인물이었다.

마틴이 트랜스휴머니즘을 옹호하는 것은 자신이 트랜스젠더 여성인 것과 밀접한 관계가 있다. 내가 읽은 그녀의 글에서는 해방—성별로부터의 해방뿐 아니라 체화, 즉 신체 자체로부터의 해방—이 늘 언급되었다. (그녀는 「마음은 물질보다 심오하다—트랜스젠더주의, 트랜스휴머니즘, 형상의 자유」라는 에세이에서 이렇게 썼다. "중요한 것은 마음이지 마음을 둘러싼 물질이 아니다.")

제이슨은 이날 저녁 「테라셈의 진리」 3절을 시계 반대 방향으로 돌아가면서 읽겠다고 말했다. 페이지 넘어가는 소리, 꿀꺽 침 삼키는 소리가 들렸다. 제이슨이 소책자에 시선을 고정한 채 밋밋하고 무미건조한 목소리로 낭독을 시작했다.

"'테라셈은 어디에 있는가?' 테라셈은 의식이 스스로를 조직하여 다양성, 통일성, 환희의 불멸성을 만들어내는 시간과 장소 어디에나 있다."

제이슨이 오른쪽의 마이크에게 고개를 끄덕였다.

마이크가 풍성하고 차분한 바리톤 음색으로 다음 문장을 읽었다. "어디에나는 물리적 공간과 사이버 공간, 현실과 가상현실을 뜻한다. 생명학vitology은 여러 공간에서 발현될 수 있기 때문이다."

제이슨이 내게 고개를 끄덕였다. 내가 읽은 부분은 아래와 같다.

"테라셈이 번창하는 공간을 제약하는 것은 의식을 지탱하는 능력뿐이다." 나는 단어를 필요 이상으로 크고 또렷하게 발음했다. 나의 목소리로 낭독되는 것을 들어보니 더더욱 터무니없이 느껴졌다. (중등학교 내내 일주일에 세 번씩 조회에 참석한 기억이 떠올랐다. 나와 학생들은 성경을 읽고 찬송가를 불러야 했는데, 내 입에서 흘러나오는 단어들은 이상하기 짝이 없었다. 비현실적인 추상적 개념, 세상의 바탕이 되는 허공에 불과한 신에게 기도하고 간구하는 것이 기이했다.)

톰에게 바통이 넘어갔다. 알고 보니 그는 언어장애가 심했다. 말더듬이 소리를 오래 듣고 있으면 명상에 가까운 나른한 상태가 되는데 지금 회의실이 그런 분위기였다. "테라셈 의식을 지탱하는 물리적 공간으로는 지구, 천체, 우주 식민지가 있다." 톰이 반쯤 읽었을 때 제이슨이 몸을 앞으로 숙이더니 단어를 건너뛰어도 괜찮다고—마치 합리적 제안이라도 한다는 듯—단호하게 일렀다. 제이슨이 공동체 전도 사업에 정말로 적합한 인물인지 의문이 들었다. 아무리 실리콘밸리를 대상으로 한다 해도 말이다.

그때 요란을 떨며 지각생이 입장했다. 육십대 후반으로 보이는 정통 히피풍의 남자였다. 장발은 새하얗게 셌으며 긴 회색 수염을 두 가닥으로 꼬았다. 그는 내 옆에 앉아 홍겨운 기운을 뿜어내며 주위를 둘러보았다. 캘리포니아의 과거에서 찾아와 현재와 미래에 출몰하는 유령 같았다.

그가 불필요하게 천천히 말했다. "여기는 완전히 생소해서요. 뭘 하면 됩니까?"

제이슨이 간단하게 자기소개를 하라고 말했다. 살짝 짜증이 났는지, 아니면 원래 사교성이 없는지는 분명하지 않았다.

남자가 말했다. (이름은 미처 듣지 못했다. 어쩌면 아예 밝히지 않았는지도 모르겠다.) "뭘 알고 싶습니까?"

"이를테면 이 학술대회는 어떻게 알고 오셨나요?"

남자가 천천히, 불필요할 정도로 공들여 어깨를 으쓱하며 말했다. "모르겠습니다." 자신의 처지를, 또는 지금의 상황을 은근히 즐기는 듯했다. "그냥 웹서핑하다 찾은 것 같습니다."

우리는 다시 소책자를 읽기 시작했다.

마이크 차례였다. "자신을 소프트웨어 형태로 형상화하는 것은 교육을 받는 것과 비슷하다. 어떤 것은 변하고 어떤 것은 변하지 않는다."

브라이스가 읽었다. "자신의 버전이 여러 개 있어도 결코 두려워 말라. 가족이 그렇듯 서로를 업데이트할 것이다."

수염난 지각생이 읽었다. "사이버 자아를 만들면 환희의 비도덕성을 앞당길 수 있다."

제이슨이 끼어들었다. "'비도덕성immorality'이 아니라 '불멸성immortality'입니다."

"여기 '비도덕성'이라고 나와 있는데요."

"아니요, '불멸성'이 맞습니다."

"그래도 글자가 다른걸요. 't'가 없잖습니까."

"대체 무슨 말씀이신……"

남자가 소책자를 자세히 읽으려고 얼굴 가까이 대더니 건성으로 말했다.

"이런, 미안합니다. 잘못 봤네요. 't'가 있네요."

그뒤로도 5분가량 우리는 사이버 공간에서 다시 만날 테니 망자에게 작별 인사를 하지 말라느니, 에뮬레이션된 환경에서 살면 고통이 '삭제'되기 때문에 '원시[raw]' 상태로 사는 것보다 낫다느니 하는, 믿기지도 이해되지도 않는 문장을 번갈아 읽었다. 읽을수록 요령부득이었다. 단어들이 철벽같은 폭포수를 이루고 무의미한 단언이 마구 쏟아져나왔다. "효과적 불멸성을 성취하려면 현실을 인코딩한 데이터 에뮬레이션을 은하계와 우주에 퍼뜨려야 한다. 자연은 과거의 재창조를 통해, 기쁨과 행복의 영구적 보존을 통해 존경받는다."

마침내 제이슨이 오늘 저녁의 낭독이 끝났음을 선언하고 질문이 있느냐고 물었다. 나는 이미 기자임을 밝혔기 때문에 테라셈 운동에 대해 무언가 물어봐야 한다는 막연한 직업적·사회적 의무감을 느꼈지만, 아무것도 떠오르지 않았다. 사정없이 몰아친 단언들의 폭포수에서 헤어날 수 없었다.

제이슨이 말했다. "질문 없어요?"

늙은 히피가 익살스럽게 머뭇머뭇하며 손을 들고 말했다.

"질문 있습니다. 피자 한 조각 받을 수 있을까요?"

그가 병원식으로 바퀴가 달린 수레에 다가가 페퍼로니 치즈 피자를 한 조각 들고 자리에 앉는 동안 정적이 감돌았다. 그는 피자를 먹으면서 소책자를 휘리릭 넘기더니 무게를 다는 듯 손바닥에 올렸다. 입안에 든 피자 때문에 우물거리는 목소리로 그는 제이슨에게 왜 소책자에 웹사이트 주소가 안 나와 있느냐고 물었다.

"이를테면 집에 가서 이거, 이 테라셈이니 뭐니 하는 것에 대해 알고 싶으면 어떻게 하느냐는 겁니다. 웹사이트를 모르니 말입니다."

자신의 회합을, 자신의 운동을, 자신의 신앙을 훼방하는 이 장난꾸러기에 대한 짜증을 더는 숨기지 못한 채 제이슨이 말했다. "구글에서 '테라셈'을 검색해보시죠."

"아, 그러면 되겠군요. 하지만 홍보 차원에서라도 여기 적어두는 게 나을 것 같습니다. 웹사이트 주소 말입니다. 사람들의 편의를 위해서라도 그러는 게 좋지 않겠습니까?"

그러자 제이슨은 시계를 보면서 이제 곧 모임이 끝나면 소책자는 수거해 자신이 다시 가져갈 것이라고 말했다.

당황스러웠다. 아까까지만 해도 나는 나중에 기억해내야 하지만 나의 부실한 기억력에 맡길 수는 없는 것들—중요한 사람들의 사진, 대화 녹음, 이따금 찍은 짧은 동영상—을 저장하기 위한 기억보조 장치로 스마트폰에 무척 의존하고 있었다. 하지만 메모리가 금세 꽉 찼고, 데이터 로밍 용량이 바닥나는 바람에 클라우드 저장소에 접속할 수도 없었기에, 정보를 계속 기록하려면 아내와 아들의 사진과 동영상을 마구잡이로 지워야 하는데 거기까지는 마음의 준비가 되어 있지 않았다.

그래서 그때부터는 머리에 떠오르는 인상과 글귀를 수첩에 닥치는 대로 적어내려갔다. 방금 전 한 시간가량은 나의 테라셈 소책자에 글귀와 인상을 휘갈긴 터라 제이슨에게 돌려주기가 망설여졌다. 오늘 본 장면을 글로 재구성하려면 이 필기가 필요할 터였기 때문이다. 망설임의 더 정확한 이유는 소책자에 끄적인 글 중에서 테라셈과 제이슨을 노골적으로 묘사하는 것도 있었기 때문이다. (“단어 건너뛰어도 괜찮아요”라고? 제이슨=개자식.) 잠재적 취재원과의 관계를 망치거나 난처한 상황에 놓이고 싶지는 않았기에, 그 순간 내가 생각해낼 수 있는 유일한 해결책은 의자 등받이에서 재킷을 집어 고개를 푹 숙이고 사람들의 의문 섞인 시선을 외면한 채 회의실 밖으로 걸어나가는 것이었다.

텅 빈 로비에는 모르몬교인 한 명이 홀로 앉아 희끄무레한 노트북 화면에 고개를 처박고 있었다. 그는 내게 와이파이 비밀번호를 가르쳐주었다. 나는 스마트폰에서 우버 앱을 열어 내가 있는 곳으로 차량을 호출했다. 나도 알지 못하는 나의 위치로. 나는 기술의 은혜로운 개입에 감사했다.

11장

죽음을 해결해주소서

테라셈 회합 이후로 며칠, 아니 몇 주 동안 제이슨 쉬의 구글 사옥 '시위'에 대해 종종 생각했다. 특히 '구글이여, 죽음을 해결해주소서' 손팻말이 자꾸 떠올랐다. 어처구니없는 문구이기는 했지만 그 안에는 트랜스휴머니즘의 핵심을 이루는 욕망과 이념, 기술자본주의의 힘과 정情에 대한 신념이 묘하게 어우러져 있었다.

시위라기보다는 탄원이나 기도에 가까웠다. 우리를 악에서 건지소서. 우리를 신체에서, 타락한 자아에서 구하소서. 나라와 권세와 영광이 아버지께 있사옵나이다.

이 맥락에서 '해결하다'라는 단어는 삶의 모든 측면을 문제와 해결책으로 양분하는 실리콘밸리 이념을 압축한 듯했다. (해결책은 언제나 기술의 적용이라는 형태였다.) 세탁물을 찾는 것이든 성적 관계의 복잡성과 불확실성을 관리하는 것이든 언젠가 죽음이 찾아온다는 현실을 맞닥뜨리는 것이든, 모든 문제는 해결 가능하다. 이 관점에서 죽음은 철학적 문제가 아니라 기술적 문제이며, 기술적 문제에는 반드시 기술적 해결책이 있다.

스위스에서 에드 보이든이 해준 말이 생각난다. "저희 목표는 뇌의 해를 구하는 것입니다."

수명연장의 과학을 주제로 2013년에 출간된 『150세 시대』의 서문에서 피터 틸은 이렇게 말했다. "컴퓨터는 비트와 가역적 프로세스로 이루어진다. 반면 생물학은 물질과 불가역적 프로세스로 이루어진다. 그러나 곧 컴퓨터공학이 점점 더 영역을 넓혀나가 생물학까지도 포괄해가고 있다. (…) '컴퓨터 프로그램의 버그를 고치는 것'과 똑같은 방법으로 모든 질병을 고칠 수 있게 된다. 물질의 세계와 달리 비트의 세계에서는 시간의 화살을 되돌릴 수 있기 때문이다. 죽음은 한때 불가사의였지만, 결국엔 '해결할 수 있는 문제'로 뒤바뀔 것이다."

뇌를 해결한다. 죽음을 해결한다. 생명을 해결한다.

틸에게서 연구비를 받은 수명연장 연구자 중에는 오브리 드 그레이라는 영국인 노화학자가 있다. 그레이는 센스(공학적 노화억제 전략Strategies for Engineered Negligible Senescence)라는 비영리 연구재단의 소장이다. 그는 현재 살아 있는 사람들의 수명을 무한히 늘리는 치료법을 개발하고 있다고 주장해 물의를 일으킨 바 있다. 노화가 질병이며 나아가서 치료 가능한 질병이라는 것, 이런 식으로 노화에 접근해야 한다는 것, 인류 공동의 적인 필멸성 자체에 대해 전면적 역공을 가해야 한다는 것이 그의 남다른 소신이었다.

오브리의 연구에 대해서는 그를 만나기 몇 해 전부터 알고 있었다. 그는 트랜스휴머니스트 진영에서 가장 두드러진 인사 중 하나다. 맥스 모어와 너태샤 비타모어는 그의 연구를 긍정적으로 언급한 적이 있으며 란달 쿠너도 마찬가지다. 그를 소재로 한 책과 다큐멘터리가 여남은 편 제작되었으며 그를 신봉하거나 경멸하는 신문기사도 숱하게 쏟아져나왔다. 그가 유행시킨—무엇보다, 높은 조회수를 올린 2005년 테드 강연을 통해—개념 중 하나는 수명탈출속도longevity escape velocity다. 이 개념은 수명연장 기술의 발전 속도가 빨라져서 평균 기대수명이 해마다 일 년 이상 증가하는 시점을 일컫는다. 그러면 수명이 다해 죽을 걱정을 하지 않아도 된다. 지난 백여 년간 기대수명은 약 십 년마다 2년씩 증가했지만, 수명연장 운동 진영의 낙관론자들은 조만간 이 비율이 뒤집힐 것이라 기대한다. 그리하여 (그레이 말마따나) "현재 나이와 내년에 죽을 가능성 사이의 연관성이 사실상 사라질 것"이다.

트랜스휴머니스트와 수명연장 지지자는 수명탈출속도 개념을 신조로 떠받든다. 이를테면 맥스 모어는 나와 이야기할 때 이 개념을 여러 번 언급하면서, 수명연장을 위해 냉동보존술이라는 극단적 처방에 의존하지 않아도 되기를 바랐다. 수명탈출속도는 레이 커즈와일과 테리 그로스먼의 2004년 저서 『노화와 질병』의 중심 가정이기도 하다. 저자들은 자신과 같은 중년 남성이 120세까지 살 수만 있다면 영영 죽지 않을 것이라고 주장했다.

8월의 어느 아침 샌프란시스코 유니언스퀘어 근처의 휑한 술집에서 오브리와 만났다. 맞은편 힐튼 호텔에서 열린 부동산 투자자 총회에서 강연을 막 마친 참이었다. 아침을 먹은 지 얼마 되지 않은 시각이었다. 오브리는 맥주 거품을 후후 불었는데, 이것이 그날의 첫 잔이었는지는 모르겠다.

오브리는 신체 구조가 독특했다. 키는 멀대 같고 수염은 터무니없이 덥수룩했다. 라스푸틴을 연상시키는 풍성한 적갈색 수염이 가슴 아랫부분까지 어지러이 늘어졌다. 그의 프로메테우스적 주장만큼이나 유명한 이 수염은 말 그대로 나를 압도했다. 그의 수염은 현란한 시각적 효과를 발휘했을 뿐 아니라, 우렁찬 목소리를 웅얼거리는 소리로 바꾸는 바람에 몇 번이고 "다시 말씀해주시겠습니까?"라고 청해야 했다.

지난 몇 년간 오브리는 케임브리지와 캘리포니아를 왔다갔다 하면서 일했다. 전날 저녁 늦게 히스로 공항에서 날아왔는데도 피로한 기색이 전혀 없었다. 그는 시차로 인한 피로를 전혀 느끼지 않는다고 했다. 그는 몇 년에 걸쳐 센스 운영 부문을 대부분 실리콘밸리로 옮겼다. 무한한 재생과 젊음, 죽음에 대한 최종적 승리의 가능성에 대한 자신의 이상에 더 우호적인 문화 때문이었다.

오브리가 말했다. "여기는 이상주의자의 비율이 더 크더군요. 원대한 목표를 추구하는 능력을 잃지 않은 사람들 말입니다."

오브리는 손으로 수염을 쓸어내리고는 인터뷰에 임했다. 전형적인 영국 상류층의 느릿느릿한 말투에는 심드렁한 반어법이 배어 있었다.

피터 틸이 센스에 기부를 많이 하기는 했지만, 현재 최대 후원자는 오브리 자신이다. 2011년에 어머니가 세상을 뜨자 오브리는 런던 첼시에 있는 1100파운드 상당의 부동산을 물려받았는데, 이 중 대부분을 센스에 기부하여 세금을 한 푼도 내지 않았다. 센스는 구호단체로 등록되어 있기 때문이다.

하지만 노화의 치료법을 찾는 일은 비용이 많이 든다. 오브리에게는 급여를 지급해야 할 전업 과학자 팀이 있었다. 그의 추산에 따르면 유산으로 버틸 수 있는 기간은 일 년가량이었다. 그래서 우리가 만났을 때 그는 외부 자금 지원을 확대하는 일에 골몰하고 있었다. 그가 맞은편의 부유한 베이에어리어 부동산 투자자들에게 영생의 전망을 판촉하고 (덜 노골적이기는 하지만) 지금 나와 대화를 나누고 있는 것은 이 때문이다.

오브리는 설득 솜씨가 뛰어났다. 대화 초반에 내가 회의적이라는 낌새를 채고는 나의 전제를 가차없이—완전히 성공한 것은 아니었지만—추궁하고 깎아내렸다.

처음에는 필멸성을 제거하는 것이 바람직한가에 대한 나의 양비론을 반박하려 들었다. 그는 사람들이 비약적 수명연장을 거부하면서 드는 이유—우리에게서 인간성을 앗아갈 것이다, 삶은 유한하기에 의미가 있다, 영원히 사는 것은 지옥 같은 일이다—가 "황당할 만큼 유치하고 어리석은" 합리화라고 말했다. 죽음은 우리를 사로잡고 고문하는 존재이며, 우리는 죽음에 대해 일종의 스톡홀름 증후군을 겪고 있다는 것이다. 그는 이것이 경멸할 가치조차 없는 태도라고 말했다.

오브리는 노화가 상상도 못할 만큼 거대한 규모의 재난임은 엄연한 사실이라고 말했다. 이는 끔찍한 학살이요, 모든 개인의 조직적이고도 완전한 절멸이며, 자신은 노화가 인도주의적 개입을 요하는 재난임을 진지하게 받아들이는 소수 중 한 명이라는 것이다.

그는 말솜씨가 대단했다. 치밀하고 열정적이고 효과적이었다.

오브리가 말했다. "노화의 정복을 향해 하루하루 나아갈 때마다 십만 명의 빌어먹을 생명을 구하고 있습니다!" 그는 주먹으로 탁자를 쾅 내리쳤다.

"십만 명이면 9·11희생자의 30배입니다. 서른 건의 세계무역센터 참사를 제가 예방하는 셈이라고요!"

재생의학의 과학적 원리는 무척 복잡하지만, 오브리는 비전문가인 나를 위해 단순하게 설명했다. 그가 즐겨 쓰는 수법 중 하나는 자신의 몸이 오래된 자동차라고 상상해보라는 것이다. 자동차는 여러 메커니즘이 맞물린 복잡한 시스템이지만 규칙적으로 손보면 거의 영구적으로 주행할 수 있다.

오브리는 2010년 테드엑스 강연에서 이렇게 말했다. "인체는 기본적으로 기계에 불과합니다." 이 말의 의미는 "손상을 정기적으로 수선하면 손상이 지나치게 퍼지는 시기를 늦출 수 있다"는 것이다.

오브리가 내게 말했다. "관건은 몸의 분자 구조와 세포 구조를 성년 초기 상태로 되돌리는 것입니다. 우리는 갓 태어났을 때는 (기본적 작용의 부산물로서) 신체 손상을 스스로 수선합니다. 이렇게만 하면 됩니다."

오브리는 센스 사업을 두 부분으로 나누어 설명했다. 지금 역점을 두고 있는 센스 1.0은 향후 20~30년 안에 개발될—자금이 충분하다면—여러 치료법과 관계가 있다. 그는 (자신처럼) 현재 중년인 사람들이 이 치료를 받으면 앞으로 30년을 건강하게 살 수 있다고 했다. 대다수 노화학자는 이것이 지나치게 낙관적이라고 생각하지만, 몇몇은 그에게 설득되었다. 센스 2.0은 기본적으로 수명탈출속도 이론이며 SF의 영역에 걸쳐 있다.

오브리가 말했다. "처음 30년이 지나면 이 사람들은 또다른 회춘 방법을 찾을 겁니다. 그때가 되면 치료법이 부쩍 발전해 있을 겁니다. 30년은 과학 연구로 따지면 매우 오랜 기간이거든요. 두번째 시기에는 이 사람들을 첫 시기보다 훨씬 효과적으로 회춘시킬 가능성이 사실상 백 퍼센트입니다. 이렇게 되면 우리는 영원히 문제를 한 발짝 앞설 수 있습니다. 사람들이 영원히 생물학적으로 이십대나 삼십대에 머물도록 할 수 있다는 겁니다. 낮게 잡아도 수명이 네 자릿수가 된다는 얘기죠."

녹음기를 그의 무성한 수염 쪽으로 돌리면서 내가 말했다. "네 자릿수라고 하셨습니까? 천 년을 말씀하시는 건가요?"

그가 말했다. "그렇습니다. 말씀드렸다시피 낮게 잡아서 네 자릿수입니다. 물론 이것은 틀림없는 사실입니다. 절대적인 논리적 결과이니까요. 노화를 늦추는 최선의 방법이 재생 치료라는 제 말이 노화학계에서 지지를 얻기 시작했습니다. 하지만 그들은 비약적 수명연장 개념과 얽혔다가 자금 지원이 끊길까봐 걱정합니다. 이 개념은 제가 보기에는 완벽히 논리적이지만, 완전히 SF 취급을 받고 있으니까요. 저의 주장 중에서 이 개념과는 반드시 거리를 두어야 한다고 생각하는 겁니다."

내가 말했다. "이해를 돕기 위해 여쭤보겠는데요. 저는 지금 삼십대 중반입니다. 제가 천 살까지 살 가능성은 얼마라고 보십니까?"

오브리가 맥주잔을 비우고서 말했다. "50 대 50보다는 좀더 높을 겁니다. 연구비를 얼마나 확보하느냐가 관건입니다."

오브리는 양해를 구하고 자리에서 일어났다. 나는 홀로 앉아 커피를 홀짝이며 방금 그가 한 말의 의미를 곱씹었다. 그가 겉보기에 합리적인 논증을 통해 완전히 비합리적인 결론에 이르는 과정에서는 친숙한 불편함이 느껴졌다. 하지만 유전학과 노화학에 과문하기에 나의 회의론에 대해 적절한 근거를 대지 못했다. 그러니 그의 말이 나 같은 문외한의 귀에는 완전히 미친 소리로 들린다는 사실을 알려주고 싶은 기분이 든 것은 단순히 내가 예의 발라서는 아니었다.

오브리가 맥주잔을 들고 돌아왔다. 나는 그가, 또는 그 누구도 죽음의 치료법을 내놓으리라고는 믿기지 않는다고 잘라 말했다.

오브리가 말했다. "왜 그렇게 생각하시죠?" 그는 맥주잔 가장자리 위로 눈을 가늘게 뜨고 시선을 내게 집중했다.

오브리가 말하길 나의 문제는 기존의 권위, 즉 이른바 '전문가'의 의견을 너무 쉽게 받아들인다는 것이었다. 그 '전문가'들에게 나름의 이해관계가 있으며 그들 자신도 믿지 못하는 얘기를 해야 할 때가—오브리 자신의 연구에 대해, 비약적 수명연장의 가능성에 대해—있음을 내가 감안하지 못한다는 말이었다. 전문가들이 과감하게 논쟁적 입장을 취하지 못하는 것은 연구비가 끊길까봐서라는 것이었다.

오브리는 다른 노화학자들이 그에 대한 언론 보도를 눈여겨보고는 의식적으로 그의 연구에 가까이 가지 않으려고—심지어 연구 결과를 읽지도 않으려고—결정했다고 믿었다. 그것은 (그의 말마따나) "논리적·합리적으로 옳은 글을 읽으면서 그 진실성을 받아들이지 않을 수는 없음"을 그들도 잘 알기 때문이라는 것이다.

말하자면, 문제는 동료 과학자들이 오브리의 연구를 우스꽝스럽거나 틀렸다고 여긴다는 게 아니었다. 그보다 훨씬 심각했다. 그들은 오브리의 주장이 옳음을 확신하게 될까봐, 그리하여 자신의 꼴이 우스꽝스러워질까봐 우려했다. 오브리의 동료 노화학자들이 대부분 그의 연구에 설득당하지 않는 이유는—내가 그의 말을 제대로 이해했다면—저항할 수 없는 설득력 때문이었다.

오브리는 난공불락의 순환적 자기확신 체계를 세웠다.

"이상주의자의 비율이 더 큰" 실리콘밸리는 사정이 딴판이었다. 이곳 베이에어리어의 전반적인 문화적 기후—기술적 가능성에 대한 우호적 분위기—덕에 오브리의 주장은 추종자를 얻었으며 급진적 낙관론이라는 사회적 맥락에 편승할 수 있었다. (그런데 오브리는 급진적 낙관론이라는 말에 정색을 했다. 그가 조롱 섞인 연극적 어투로 내 말을 되풀이했다. "급진적 낙관론이라고요? 급진적 낙관론이요? 그 말은 지나친 낙관론이라는 뜻으로 들리는군요. 결코 그렇지 않습니다.")

대서양을 건넌 센스는 마운틴뷰의 구글 사옥 바로 아래쪽에 입주했다. 우연이라고 보기에는 너무 가까웠다. 수명연장은 구글 창업자 래리 페이지와 세르게이 브린을 오랫동안 사로잡은 주제로, 구글의 공상적 문화에서 점차 자리를 잡아갔다. 구글의 사내 벤처 펀드인 구글벤처스Google Ventures는 2009년에 빌 매리스라는 전직 IT 사업가의 주도로 설립되었다. 매리스는 현재 살아 있는 인간의 수명을 500년까지 늘릴 수 있으며 개인적으로는 영생을 누리고 싶다고 말한 인물로, 생명공학에 거액을 투자했다. (그의 친구 레이 커즈와일이 2012년에 채용된 것은 『블룸버그 마케츠Bloomberg Markets』의 표현에 따르면 "기계가 인간의 생물학적 능력을 뛰어넘는 세상을 매리스와 구글 인사들에게 이해시키기" 위해서였다.)

2014년에 구글이 칼리코라는 생명공학 기업을 설립했을 때 오브리는 환호성을 질렀다. 특유의 과장된 표현으로 『타임』에 기고한 글에서 오브리는 윈스턴 처칠의 말을 이렇게 바꿨다. "구글이 인간의 수명을 연장하기 위해 새로운 사업체 칼리코를 설립한다고 발표한 것은 끝이 아니요, 끝의 시작도 아니요, 아마도 시작의 끝일 것이다." 오브리는 페이지와 브린의 회사 설립 결정이 노화와의 전쟁에서 승리를 거둘 수 있다는 개인적 소신의 표현이자 매우 희망적인 신호라고 생각했다. (하지만 그는 자신이 페이지와 브린의 위치라면 "당연히 그 돈을 오브리 드 그레이에게 주었을 것"이라고 했다.)

나는 술집을 나섰다. 테일러 가에서 술집 창문을 들여다보았다. 오브리는 여전히 자리에 앉아 있었다. 그는 노트북을 펼쳐 키보드 위로 손가락을 잽싸게 놀렸다. 얼굴은 한낮의 햇살을 배경으로 노트북 화면의 은은한 조명을 받아 비현실적으로 하얘 보였다. 그 순간 그에게서 중세 성자 같은 신비한 광채가 났다. 금욕으로 비쩍 마른 몸, 눈에 어린 거룩한 분노. 일 분쯤 그대로 서서 그를 쳐다보았다. 무언가를 오브리처럼 열심히 믿는다는 것, 숙명으로 받아들인다는 것이 어떤 느낌인지 궁금했다. 오브리는 고개를 들지 않았다. 이미 나를 잊은 듯했다.

2011년 『뉴요커』 인물탐구 기사에서 피터 틸은 (오브리의 연구를 비롯한) 수명연장 연구에 대한 자신의 투자를 언급했다. 부자들이 이런 연구의 혜택을 입을 가능성이 가장 큰 상황에서 이미 극심한 경제적 불평등이 더욱 커지지 않겠느냐고 묻자 틸은 이렇게 말했다. "가장 극심한 형태의 불평등은 산 자와 죽은 자의 불평등이겠지요." 부자들이 누린 온갖 혜택과 마찬가지로 죽음으로부터의 해방도 낙숫물 효과를 통해 어떤 식으로든 나머지 사람들에게 돌아가리라는 것이다.

틸의 자선사업 중에서 논란의 여지가 큰 것으로 틸 재단 장학금이 있다. 여기서는 23세 미만의 유능한 청년이 2년 동안 대학을 휴학하고 사업이나 기업 활동에 전념하면 그 대가로 십만 달러를 수여한다. 2011년 장학금 수상자 중 한 명은 남달리 똑똑한 MIT 학생 로라 데밍이었다. 데밍은 뉴질랜드 출신으로 열두 살에 MIT 생노화학자biogerontologist 신시아 케니언 밑에서 연구하겠다며 미국으로 이주했다. (케니언은 데밍의 오랜 멘토가 되었다. 케니언은 1986년에 예쁜꼬마선충의 수명을 여섯 배 늘리는 돌연변이 제어 방법을 발견해 유명해졌다. 예쁜꼬마선충 DNA의 유전자 하나를 수정했더니 20일의 자연수명이 5일째의 활력을 유지한 채 120일로 증가한 것이다. 그녀는 2014년에 칼리코 노화 연구 담당 부사장이 되었다.) 데밍은 열네 살에 MIT 생물학 학부생으로 입학했으며 열일곱 살에 틸에게서 장학금을 받았다. 인간 수명 증가에 직접적으로 초점을 맞춘 최초의 벤처투자펀드를 설립하기 위한 것이었다.

미션베이의 화려하고 밋밋한 건물 꼭대기층에 있는 로라의 사무실에서 그녀를 만난 것은 이 장학금으로 탄생한 벤처투자회사 롱제비티펀드Longevity Fund가 3년째 되던 해였다. 그녀의 첫인상은 수명연장 전문 벤처투자의 전형적 이미지와 사뭇 달랐다. 그녀는 IT에서 거액을 벌어 영원토록 자본주의의 과실을 누리고 싶어하는 중년의 미국인 백인 남성이 아니라, 아시아계의 젊은 여성이었다. 열네 살에 MIT에 입학하기는 했지만 내가 만난 전형적 기술광들과는 전혀 달랐다. 유쾌한 사업가적 태도와 은은한 자기비하적 말투에도 불구하고 지성이 돋보였다. 지금 이사회 탁자 맞은편에 앉은 사람이 나의 영문학 수업에서 술냄새 풍기며 앉아 있던 학부생들보다 어리다는 것을 생각하면 더욱 놀라웠다.

로라의 어린 나이, 재계에서 차지하는 위치, 사업의 성격, 이 세 가지를 함께 놓고 보니 심한 인지부조화가 발생했다. 하지만 그녀가 지난 13년 동안 편집증적으로 죽음에 집착했다는 사실을 감안하니 이해가 되기 시작했다.

로라가 어휘를 신중하게 고르며 말했다. "인간의 수명을 늘리는 것이 바람직하다는 생각은 한 번도 안 해봤어요. 여덟 살 때 할머니가 찾아오셨는데, 함께 놀고 싶었지만 할머니가 달리지 못하시던 기억이 나요. 할머니의 몸이 망가진 것 같다는 느낌이 들었어요. 누군가 할머니의 병을 고칠 방법을 찾아야겠구나, 하고 생각했죠. 그때 그런 치료법을 연구하는 사람은 아무도 없다는 사실을 깨달았어요. 할머니의 문제는 질병으로 간주되지 않았어요. 심지어 문제로 간주되지도 않더라고요."

얼마 지나지 않아 로라는 할머니의 몸이 망가진 것은 절대적이고 최종적인 고장의 전구증상前驅症狀일 뿐이며, 그때가 되면 할머니는 영영 세상을 떠나게 됨을 알게 되었다. 할머니의 운명을 깨닫고 심란하던 차에 이것이 보편적 현상이라는—유일한 보편적 현상이라는—심오한 깨달음이 찾아왔다. 부모님도, 친구도, 자신이 알거나 알지 못하는 모든 사람도, 그녀 자신에게도 같은 운명이 기다리고 있다는 것을.

로라가 말했다. "사흘 내내 울었어요."

로라는 이 용납할 수 없는 상황에 대처하는 일에 일생을 바쳐야겠다고 마음먹었으며 열한 살에 "노화생물학 분야에서 영리사업을 시작하겠다"는 야심을 굳혔다.

로라는 '수명연장'이라는 용어를 경계했다. 대화 도중에 두어 번 쓰기는 했지만 이내 표현을 바로잡으며 '노화 과정의 역전'이나 '사람들이 나이들어도 건강하고 행복하게 만들기'라는 말을 더 좋아한다고 했다. '수명연장'이라는 용어는 "과학적 배경지식이 전혀 없는 정신 나간 사람들이 자신이 결코 죽지 않을 거라 확신하는" 오해를 불러일으킨다는 것이다.

로라는 자신의 연구를 더 공상적인 기술영생주의와 구분하려고 애썼지만 죽음의 근절이라는 자신의 집착이 어디까지 이어질지에 대해서는 교묘하게 말을 흐렸다.

로라는 현대의학에 특이한 점이 있다고 말했다. 노화가 주원인인 암, 당뇨병, 알츠하이머병의 치료법을 연구하는 제약회사는 엄청나게 많은데 근본적 문제, 즉 시간이 흐름에 따라 인간 유기체의 세포가 퇴행하는 현상을 연구하는 제약회사는 사실상 하나도 없다는 것이다.

로라가 말했다. "노화로 인한 죽음이야말로 인류가 맞닥뜨린 최대 문제라고 생각해요. 하지만 투자나 벤처투자펀드에 대해 이야기할 때는 이런 식으로 말하지 않죠. 사이비 종교 같은 느낌이 있어서요. 사람들은 비약적 수명연장이 투자할 만한 사업 모형이라고 생각지 않아요. 과학에 몸담지 않았거나 비약적 수명연장의 가능성을 제대로 이해하지 못한 사람에게는 미친 짓으로 보일 테니까요."

당장의 투자 전망과 관련해 로라는 이미 시장에 출시된 의약품에 큰 기대를 걸고 있었다. 특히 당뇨병 치료제는 수명증가의 새로운 가능성을 열 것이라고 했다.

로라가 말했다. "신기하게도 인슐린, 혈당 수치, 수명 사이에는 연관성이 있어요. 이유는 아직 알아내지 못했지만요."

로라가 특히 눈여겨보고 있는 것은 메트포르민metformin이라는 2형 당뇨병 치료제다. 이 약물은 당이 혈류에 너무 많이 분비되지 않도록 억제해 세포 교체 속도를 늦춘다. 실험에서 생쥐의 수명을 현저히 늘리는 효과가 입증되었다고 한다. 로라와 대화를 나누고 얼마 지나지 않아 미국 식품의약국이 5~7년에 걸친 메트포르민 인체 임상시험을 승인했다는 뉴스를 읽었다. 시험기관은 뉴욕에 있는 알베르트 아인슈타인 의과대학이며 임상시험 제목은 '메트포르민을 이용한 노화 치료Targeting Aging with Metformin'다. 구글 뉴스 검색에서 '메트포르민'을 입력했더니 로라—"마법의 항노화 의약품 연구를 이끄는 과학 신동"—의 인터뷰가 실린 텔레그래프 기사를 찾을 수 있었다. 실험실에서 연구하는 로라의 사진 위에 달린 제목은 질문형 제목의 정석이었다. "이 알약이 영원한 젊음의 열쇠가 될 수 있을까?"

우리 아들은 세번째 생일을 맞은 지 일주일쯤 뒤에 죽음의 문제에 흥미를 가지기 시작했다. 특히 엄마와 나의 죽음에 지대한 관심을 보였다. 엄마의 할머니 얘기를 듣더니 금세 그분이 누구이고 어디 계신지 궁금해했다. 우리는 종교가 없어서 아이에게 허튼소리를 하고 싶지 않았기에, 네가 태어나기 전에 돌아가셔서 안 계신다고 말해주는 수밖에 없었다. 아이는 그때 이미 죽음이라는 개념에 친숙해 있었지만, 아이가 아는 것은 추상적이고 기술적인 의미의 죽음, 그러니까 '일어날 수도 있는 일'로서의 죽음이었다. 사실 그전에도 아이에게 죽음이라는 개념을 가르친 적이 있었는데, 그 이유는 찻길에서 달리지 않도록 하기 위해서였다. 네가 차에 치이면 다 끝장나는 거란다,라고 말했다. 너는 죽는다고.

우리는 다 사라지는 거라고, 끝장이라고 말했다.

아이 사촌이 키우는 개 우피가 얼마 전에 노령으로 죽었는데, 우리는 녀석이 부엌 바닥에 누워 숨을 거뒀다고 말하지 않고 조심성이 없어서 차에 치어 죽었다고 말했다. "'쾅!' 하고 우피는 사라져버렸단다."

하지만 이제 아이는 증조할머니가 왜 돌아가셨는지 알고 싶어 했다.

아이가 물었다. "할머니도 조심성이 없었어요?"

우리는 웃음을 터뜨렸지만 실은 전혀 웃기지 않았다. 아내의 할머니는 돌아가신 지 몇 년이 지났으며 살아 계실 때도 몇 번 만나뵙지 못했지만, 다시는 뵙지 못한다고 생각하니 어렴풋이 슬픔이 차올랐다. 얼굴을 기억해내려 해도 나이든 여인의 일반적 이미지 말고는 아무것도 떠오르지 않았다. 아담하고 백발이고 안경을 끼셨지. 지팡이를 짚으셨던가? 가장 극심한 형태의 불평등.

우리는 증조할머니가 조심성이 없었던 게 아니라 나이가 아주 아주 많았던 거라고 아이에게 말했다. 사람이 나이를 아주아주 많이 먹으면 죽는 거라고.

아이에게는 처음 듣는 얘기였다. 아이가 아는 죽음은 차에 치이거나 악당이 주인공의 총에 맞았을 때 일어나는 일이었다.

아이는 엄마 아빠도 나이를 아주아주 많이 먹어서 죽게 되는 거냐고 물었다.

우리는 선택의 여지가 없었기에 그렇다고 말했다. 언젠가는 나이를 아주아주 많이 먹어서 죽을 거라고, 하지만 그건 엄청나게 오랜 시간이 지나고 나서일 거라고 말했다. 지금으로부터 한참 뒤의 일이니 별로 끔찍하진 않을 거라고 덧붙였지만, 아이는 우리가 죽는다는 말을 처음부터 완강하게 거부했다. 우리가 나이를 아주 아주 많이 먹어서 죽는 것이 싫다고 했다. 언젠가 그렇게 되는 것도, 엄청나게 오랜 시간이 지나고 나서 그렇게 되는 것도 싫다고 했다.

어느 날 저녁 아내가 아이를 잠자리에 누이는데 아이가 다시 말을 꺼냈다.

"아빠 엄마 정말로 나이들어서 죽어요?"

아내는 죽음의 지독한 현실로부터 아이를 보호해야겠다고 느꼈던지 아이가 엄마 아빠 나이가 되면 죽음이 없어질 테니 걱정 안 해도 된다고 말했다. 아직 한참 남았으니 그동안 무슨 일이 일어날지는 아무도 모른다고, 아주 똑똑한 사람들이 죽음 문제를 해결하려고 노력하고 있으니 어쩌면 해결할지도 모른다고 말했다.

아내가 말했다. "아빠가 책 쓰는 것 때문에 미국 가시는 거 알지?"

아이가 말했다. "알아요."

"아빠 책이 바로 그 얘기란다. 미래에, 네가 어른이 되었을 때는 아무도 죽지 않을 거란 얘기야."

천국 이야기를 할 수는 없었지만, 대신 우리에게는 영생이 있었다. 천국만큼 효과적이지는 않아도 죽음의 심리적 압박을 덜어줄 수는 있었을 것이다. 아내의 말은 실제로 효과가 있었다. 적어도 우리집에서는, 적어도 당분간은 죽음의 문제가 해결되었다.

12장

영생의 원더로지

2015년 가을에 지인 한 명이 13미터짜리 레저용 탈것을 구입해—정확히 말하자면 1978년형 블루버드 원더로지 캠핑카였다—거대한 관처럼 보이도록 개조했다. 이 차를 타고 미대륙을 동쪽으로 빙 둘러 횡단할 참이었다. 이런 일을 하는 이유는 어떤 면에서는 복잡하고 모순적이었지만, 별개이면서도 연관된 두 가지 문제에 대해 인식을 제고하기 위해서라고만 밝혀두면 충분할 것이다. 첫번째 문제는 인간이 죽을 수밖에 없는 존재라는 애석한 사실과 이에 맞서 무언가 해야 한다는 필요성이었으며 두번째 문제는 이듬해 대통령 선거 출마였다.

남자의 이름은 졸탄 이슈트반으로, 내가 그를 안 지는 일 년 반쯤 됐다. 그는 자기가 사는 베이에어리어에서 플로리다키스를 거쳐 북쪽으로 워싱턴까지 가서 캐피톨힐(미국 국회의사당)을 올라 마르틴 루터가 95개조 논제를 붙인 것처럼 로툰다(중앙홀)의 거대한 장식 청동문에 트랜스휴머니즘 권리장전을 붙일 계획이었다.

「대통령 후보가 '불멸 버스'라는 거대한 관을 몰며 아메리카를 횡단하는 이유」라는 실용적 제목의 허핑턴포스트 기사에서 졸탄이 밝힌 이유도 같았다. 그는 이렇게 썼다. "불멸 버스가 전 세계에서 성장하고 있는 장수운동의 중요한 상징이 되길 바란다. 이것은 죽는 것이 좋은가 나쁜가에 대한 대중의 무관심에 경종을 울리는 내 나름의 방식이다. 도발적이고 운전할 수 있는 거대한 관을 보여주면 틀림없이 미국과 (바라건대) 전 세계에서 논쟁이 벌어질 것이다. 다음번 위대한 민권 논쟁의 주제는 '트랜스휴머니즘, 우리는 과학과 기술을 이용하여 죽음을 극복하고 훨씬 강한 종이 되어야 하는가?'일 것이라 확신한다."

졸탄을 처음 만난 것은 피드몬트 학술대회에서였다. 행크 펠리시어가 그를 내게 소개했다. 졸탄은 체구가 건장했으며, 잘생긴 건 분명하나 왠지 경박해 보였다. 마치 실물 크기 켄 인형(바비의 남자친구—옮긴이)이나 아리아인의 우생학적 이상형 같았다. 보자마자 그가 전형적 트랜스휴머니스트가 아님을 깨달았다. 점잖고 카리스마가 있었으며 결코 괴상하거나 소심하지 않았기 때문이다.

졸탄은 최근에 자비출판으로 펴낸 『트랜스휴머니즘 도박The Transhumanist Wager』을 한 부 건넸다. 이 두툼한 소설은 제스로 나이츠라는 재야 철학자(저자 자신과 주요 인생 역정이 비슷한 등장인물)가 전 세계를 항해하며 수명연장 연구의 필요성을 홍보하고 바다 위에 떠 있는 자유지상주의 도시국가 트랜스휴머니아Transhumania를 건설한다는 줄거리였다. 트랜스휴머니아는 장수 연구를 마음껏 할 수 있는 피난처로, IT 억만장자와 합리주의자를 위해 규제를 없앤 유토피아다. 주인공은 이곳에서 신정국가 미국에 맞서 무신론 성전聖戰을 벌인다.

이틀 뒤에 샌프란시스코 미션 디스트릭트의 한 카페에서 졸탄을 만났는데, 그는 작년에 에이전트와 출판사 656곳에 원고를 보냈으나 반응이 신통치 않았다고 털어놓았다. 우편 요금만 천 달러 넘게 들었다고 했다. 자비출판만이 유일한 방법이었지만, 졸탄은 책이 팔려 트랜스휴머니즘 운동 진영에 영향을 미친 것에 만족해 했다. 그는 자신의 책이 대화의 물꼬를 텄다고 자평했다. 직접 디자인한 표지에는 두개골의 눈구멍을 들여다보는 자신의 옆얼굴을 네거티브로 실었다. 미학적 관점에서 완전히 성공적인 것은 아니라는 말은 그가 먼저 꺼냈다.

졸탄이 말했다. "햄릿에 빗댄 겁니다. 요릭의 두개골 장면 아시죠? 죽음의 가능성과 대면하고 있는 모습을 형상화했습니다. 하지만 제대로 표현되었는지는 모르겠네요."

나는 탁자에 놓인 책을 내려다보았다. 그의 말에 이의를 제기하지는 않았다. 우리는 카페 뒤뜰에 앉아 있었다. 한낮의 햇빛에 눈이 부셨다. 빈자리는 하나도 없었으나 대화를 나누는 사람은 우리뿐이었다. 나머지 손님은 모두 혼자 앉아 애플 맥북을 두드리고 있었다. 샌프란시스코의 흔한 풍경이었다. 자본주의 유토피아의 초현실적 시뮬레이션—아니면 혹독한 패러디—에 들어와 있는 기분이 들었다. 장면으로 치자면 상징이 좀 과하게 느껴졌다. 이게 현실의 문제다. 저질 픽션을 닮았다는 것.

내가 진심을 담아 말했다. "그보다 나쁜 표지도 본 적 있어요."

졸탄을 보고 있으면 젊은 시절의 실존적 생기를 되찾으려는 중년 남자의 이미지가 떠올랐다. 그는 이십대에 컬럼비아 대학 철학과를 졸업하고 오래된 요트를 수리해 19세기 러시아 소설 수십 권을 실은 채 혼자 세계일주를 떠났다. 여행 경비는 내셔널 지오그래픽 채널의 의뢰로 오지에 대한 단편 다큐멘터리를 제작해 충당했다. 그는 세계일주중에 화산보드volcano boarding라는 극한 스포츠를 창안했다. (기본적으로 스노보드와 같지만, 활화산 경사면을 내려온다는 점이 특징이다.) 베트남 비무장지대에 아직도 묻혀 있는 대량의 지뢰에 대한 영상을 제작하다가는 하마터면 지뢰 하나를 밟을 뻔했다. 걸어가는 졸탄을 안내인이 뒤에서 덮쳐 쓰러뜨렸는데, 불과 몇 센티미터 앞에 불발 지뢰가 삐죽 튀어나와 있었다.

졸탄이 구성한 삶의 서사—자신의 기원 이야기—에서 이 사건은 그가 트랜스휴머니스트로 돌아선 순간이었다. 필멸, 즉 인간 존재의 용납할 수 없는 나약함에 대한 강박에 사로잡힌 순간. 졸탄은 캘리포니아에 돌아가 부동산 사업을 벌였다. 당시의 여유로운 금융 환경을 최대한 활용해 대출을 받아 단시간에 부동산을 대거 사고팔았다. 그는 부동산 일이 싫었지만 소질이 있어서 금세 거액을 벌었다. 2008년 금융위기가 일어나기 전에 보유자산의 절반을 처분했는데 이로써 백만장자가 되었다. 웨스트코스트의 주택 여러 채, 카리브해의 땅, 아르헨티나의 기름진 포도밭은 그대로 보유했다. 부모가 헝가리 인민공화국 공산정권을 탈출한 지 40년 만에 그는 미국 자본주의 이상의 화신이 되었다. 괴상한 유럽식 이름을 가진 이민자 아들이 진짜배기 자수성가 백만장자가 된 것이다. 심지어 별로 힘들지도 않았다. 그는 체제에 편승했을 뿐이다. 돈이 돈을 벌었다.

백만장자가 된 졸탄은 일을 그만두고 『트랜스휴머니즘 도박』 집필에 몇 년을 바쳤다. 이 책에서 그는 과학을 통해 신체적 불멸을 성취할 가능성과 그래야 할 필요성에 대한 자신의 모든 아이디어를 집대성했다.

미션에서 만난 날, 졸탄은 산부인과 의사이며 가족계획협회 Planned Parenthood에서 활동하는 아내 리사가 자신에게 뭔가 생산적인 일을 해보라고 다그치기 시작했다고 말했다. 리사는 둘째 아이를 막 낳은 참이었는데, 베이에어리어에서의 생활비는 기하급수적으로 증가하는데 졸탄이 부동산을 하나도 처분하려 들지 않자 두 딸의 교육을 위해 저축을 해야겠다는 생각이 점점 커졌다. 졸탄은 자녀 교육에 돈을 낭비하고 싶지 않았다. 딸이 십대 후반이 될 즈음이면 하버드 대학이나 예일 대학의 교육과정을 뇌에 직접—게다가 지금의 교육비보다 훨씬 저렴하게—업로드할 수 있을 테니 말이다.

리사는 졸탄의 견해를 대체로 용인했지만 기술적 해결책이 임박했다는 허황한 공상에 자녀의 미래를 거는 일에는 분명한 선을 그었다.

졸탄이 말했다. "아내는 트랜스휴머니즘 사상에 거부감이 있는 게 사실입니다. 머지않아 자신의 직업 분야 전체가 사라질 테니까요. 실제 분만은 한물간 일이 되어가고 있습니다. 요즘은 체외수정이다 뭐다 해서 애를 낳고 있잖습니까."

내가 말했다. "아내분께서는 똑똑한 여성 같습니다만."

졸탄이 라테를 비우며 말했다. "네, 그렇죠. 아주 똑똑한 여자죠."

몇 달 뒤에 졸탄이 이메일로 대통령 출마 결심을 밝혔다. 나는 당장 전화를 걸었다. 맨 처음 물은 것은 아내가 어떻게 생각하느냐였다.

졸탄이 말했다. "이 생각을 하게 된 건 아내 때문입니다. 기억하시겠지만 아내는 제가 뭔가 구체적인, 그러니까 버젓한 일자리를 가지기를 바랐습니다."

내가 말했다. "기억합니다. 영생이라는 강령을 내세워 대통령에 출마하는 것을 아내분께서 염두에 두시진 않았을 것 같습니다만."

졸탄이 고개를 끄덕였다. "그렇긴 합니다. 설득하느라 시간이 좀 걸렸습니다."

"어떻게 운을 띄웠습니까?"

졸탄이 말했다. "냉장고에 쪽지를 붙여뒀습니다. 그러고는 두어 시간 나가 있었죠."

경악해야 마땅하나, 고백건대 별로 충격을 받지는 않았다. '업무상 필요' 이상으로 그가 마음에 들었음을 인정하지 않을 수 없다. 내가 보기엔 이것이야말로 핵심이다. 어쩌면 결정적인지도 모르겠다. 여러 면에서 졸탄은 트랜스휴머니즘에서 가장 의문스러운 점, 즉 극단적이고, 인간적 뉘앙스에 무지하고, 인간적 가치를 측정하는 기준 중에서 가장 노골적으로 도구적인 것에 치우치는 경향을 모두 갖췄다.

졸탄은 가족과 함께 사는 노스베이의 상류층 거주지 밀 밸리에서 자신이 자주 가던 커피숍에서 일어난 일에 대해 이야기해주었다. 커피숍을 찾은 이유는 집에서 벗어나 노트북으로 일을 하기 위해서였다. 한 남자가 십대 아들과 들어왔는데, 지적장애가 심각한 아들이 아버지의 손에서 벗어나 커피숍을 휘젓고 돌아다니며 탁자에 부딪치고 물건을 엎기 시작했다. 아이가 졸탄의 탁자를 치는 바람에 커피가 노트북에 쏟아졌다.

졸탄의 이야기가 다 그렇듯, 이번에도 요점은 기술이 이런 안타까운 인간 조건을 개선할 수 있다는 것이었다. 그 사건으로 졸탄은 심각한 장애가 있는 사람들에게 일찌감치 냉동보존술을 시행해 장애를 치료할 기술이 등장할 때까지 보존하는 게 바람직하지 않을까 하는—아이를 위해서나, 부모를 위해서나, 사회 전체를 위해서나—의문을 품게 되었다.

다행히 노트북은 멀쩡했다.

졸탄이 말했다. "이렇게 물어야 합니다. 선생께 장애가 있다면 냉동보존술 시술을 받고 싶은지 말입니다. 생각을 하지 못하고 늘 정신 나간 채로 살아가는 삶을 살고 싶으십니까? 아니면 사회가 해결책을 내놓기를 바라십니까? 물론 윤리적으로 무척 까다로운 문제이긴 합니다만, 50년 안에 이 문제를 해결할 과학이 등장하리라 믿습니다. 그러니 지금 냉동보존술을 시행하는 것은 미래에 정상적인 삶을 살 가능성을 선사하는 셈이죠."

이 견해는 트랜스휴머니즘의 극단적 도구주의에서 비롯한 것 같았다. 지능과 순수한 사용가치가 나머지 모든 고려 사항보다 우선한다는 관점 말이다. (팀과 말로, 안데르스 산드베리와 란달 쿠너가 떠올랐다. 순수 정신을 향해 상승하는 황홀경에 대해 생각했다.) 졸탄은 아이를 망가진 기계로 간주했다. 이 메커니즘은 자신이나 남에게 아무런 쓸모가 없지만 기술을 적용하면 바로잡을 수 있을지도 모른다. 그것이 구원일 것이다. 중요한 사실은 졸탄의 이야기에 담긴 정신이 낙관주의라는 것이다. 졸탄은 낙관주의 빼면 아무것도 아니었다.

대통령 출마라는 행위에 거창하고 본질적으로 미국적인 요소가 있다는 생각이 문득 들었다. 대의를 명분으로, 자신을 명분으로 절대 권력, 절대적 영향력을 (비록 이론이나 상징의 차원에 머물지라도) 추구하는 것은 모든 개인의 권리이자 가능성이라는 개념 말이다.

졸탄이 매우 야심찬 인물이기는 하지만 대통령 출마 결심은 자신이 실제로 후보 등록을 하고 꽤 많은 표를 얻을 수 있으리라는 망상에서 비롯한 것이 아니다. 졸탄의 동기는 고삐 풀린 낙관주의의 또다른 표출, 즉 죽음이 '해결해야 할 문제'라는 관념이다. 그는 기술이 우리 모두를 바로잡을 수 있으리라 믿었다.

이것은 트랜스휴머니스트라는 집단에 대해, 이들의 가치와 동기에 대해 내가 느낀 낯섦의 핵심이었다. 이들은 문화로서, 종種으로서 우리를 뒤흔들어 필멸성에 안주하는 태도에서 벗어나게 해야 한다고 믿는다. 이것은 죽음이 필연적임을 항상 의식하며 살아가야 한다는 실존적 의미에서의 '안주'가 아니다. 죽음의 필연성에 대한 믿음 자체가 일종의 안주이며 문제를 외면하는 핑계라는 정반대 의미에서다.

이 개념에 최대한 가까이 다가가고 싶었다. 이 개념이 베이에어리어에서 미국의 심장부까지 가는 길을 따라가고 싶었다. 버스에 동승할 계획을 세운 것은 이 때문이다.

나는 2015년 10월 말에 유세 여행에 동참했는데, 당시에 졸탄은 여러 면에서 운이 트이고 있었다. 그의 대통령 출마에 대한 언론의 관심이 커진 덕에 졸탄은 트랜스휴머니즘 운동에서 가장 주목받는 인물이 되었다. 다큐멘터리 방송 〈바이스Vice〉와 〈쇼타임Showtime〉의 제작진이 캘리포니아와 네바다 유세 일정을 촬영했으며 그의 개인 브랜드도 가치가 부쩍 올라갔다. 졸탄은 (강연료가 십만 달러나 되는) 기업 대상 강연의 짭짤한 세계에 발을 디뎠다.

최근까지도 무명이던 인사가 순식간에 유명인이 되고, 언론이 (자칭 트랜스휴머니스트 당 총재인) 그를 트랜스휴머니즘 자체의 사실상 지도자로 간주하기 시작하면서 트랜스휴머니즘 진영에서 적잖은 잡음이 일었다. 오래된 트랜스휴머니스트들 중에는 졸탄이 지도자의 지위를 찬탈했다는 여론이 조성되고 있었다. 난데없이 나타나 운동을 탈취하고 자신의 이익을 위해 '트랜스휴머니즘'

용어를 사용했다는 것이다.

금요일 아침 뉴멕시코 라스크루서스에서 합류했을 때—졸탄의 계획은 버스로 텍사스를 가로질러 다음주 월요일 저녁 오스틴에서 열리는 바이오해킹 행사에서 유세 연설을 하는 것이었다—그는 피닉스의 알코어에서 맥스 모어를 만나고 막 도착한 참이었다. 졸탄은 맥스와 만나기 전에 약간 초조해했다. 맥스는 몇몇 오래된 트랜스휴머니스트들과 마찬가지로—졸탄은 대놓고 '늙다리'라고 불렀다—졸탄의 대통령 출마를 불허하고 졸탄과 그의 당을 분리하라는 청원에 서명했기 때문이다. 졸탄도 (어쩔 수 없이) 수긍한바 트랜스휴머니스트 당은 그 자신과 소수의 자문 외에는 버젓한 당으로 인정받지 못했다. (당시에 오브리 드 그레이는 졸탄 선거 캠프의 '항노화 자문'을 맡고 있었으며 마틴 로스블랫의 아들 개브리엘은—그는 2014년 하원 선거에 출마하기도 했다—정치 자문으로 활동하고 있었다.)

그날 아침 엘파소의 호텔에서 인터넷으로 피닉스 채널3 뉴스의 졸탄의 유세 방문 보도를 시청했다. 기자가 느릿느릿 말했다. "졸탄의 계획은 이 바퀴 달린 석관石棺을 워싱턴까지 끌고 가 백악관과 하원을 설득해 영생 연구에 대한 지원금을 늘리도록 하는 것입니다." 기자는 졸탄의 알코어 방문을 언급했으며 내가 보기에 보도의 분위기는 화기애애했다.

라스크루서스 대로에 있는 빈 헌책방에서 졸탄과 만났다. 일곱 달 전 봤을 때보다 머리가 더 깔끔하고 하얬다. 얼굴과 목은 사막의 뙤약볕을 받아 얼룩덜룩했다. 키가 훤칠하고 몸매가 호리호리한 청년이 졸탄을 수행하고 있었다. 긴 머리는 앞가르마를 탔으며 큰 눈이 수도승을 닮았다. 청년은 삼각대에 장착한 비디오카메라를 든 채 다른 손을 엄숙하게 내게 뻗어 인사했다.

청년이 말했다. "로언 혼입니다. 영원히 살고 싶으십니까?"

맞잡은 손의 가느다란 뼈를 느끼며 내가 말했다. "그렇진 않습니다."

로언이 말했다. "왜죠? 죽고 싶으십니까? 죽음이 좋은 것이라고 생각하십니까?"

내가 말했다. "까다로운 질문이네요. 버스에서 생각 좀 하고 다시 말씀드려도 될까요?"

인적 드문 대로를 걸으며 전후 사정을 들었다. 로언은 졸탄의 선거운동에 자원봉사자로 뛰고 있으며 비약적 수명연장을 열렬히 지지했다. 그는 불멸 버스 다큐멘터리도 제작하고 있었다. 불멸버스는 근처 뱅크오브아메리카 주차장에 세워져 있었다. 졸탄이 들려준 당면 계획은 사막으로 들어가 (미국 최대의 군사시설인) 화이트샌즈 미사일 발사장에 가서, 무기에 쓰는 공공자금을 수명연장에 돌리라는 항의시위를 벌인다는 것이었다.

원더로지는 생각보다 훨씬 괴상했다. 우스꽝스럽게 생긴 거대한 갈색 버스의 가운데를 가로질러 '트랜스휴머니스트 졸탄 이슈트반과 불멸 버스'라는 문구가 흰색으로 반듯하게 쓰여 있었으며 뒤쪽에는 '과학 대 관의 대결SCIENCE VS THE COFFIN'이라는 문구가 쓰여 있었다. 위에는 갈색 널빤지로 세모지붕을 올렸는데, 조화造花로 꼭대기를 장식했다. 언뜻 봐서는 모르겠지만, 관이라는 얘길 듣고 보면 관 같아 보일 듯싶었다.

버스 안에는 1970년대 중산층 독신자 아파트에 있을 법한 온갖 가재도구와 편의시설이 갖춰져 있었다. 제빙기와 전자레인지가 있는 작은 부엌, 식탁, 야외용의 넉넉한 벤치식 의자가 있었으며 뒤쪽에는 좁은 침상 두 개와 (고장난) 욕실이 있었다. 바닥에는 주황색 보풀 양탄자가 깔려 있었다.

버스는 그럭저럭 굴러갔다. 단, 너무 가파른 비탈은 올라갈 수 없었으며 90분마다 차를 세우고 엔진오일을 갈아줘야 했다. 엔진오일이 엄청난 속도로 새고 있었기 때문이다. 지속적 누유는 졸탄의 골칫거리였는데 불멸 버스가 어떻게 될까봐서가 아니라 고속도로에서 교통경찰의 단속에 걸릴까봐서였다. 버스의 요란한 겉모습을 보건대 괜한 우려는 아니었다.

라스크루서스를 떠나 30분쯤 지났을 때 난관이 시작되었다. 오르간 산맥의 삐죽삐죽한 경사면을 넓게 휘도는 고속도로를 올라가자 엔진에서 날카로운 쇳소리가 났다. 우리는 시속 50킬로미터의 최고 속도로 달리고 있었다. 졸탄은 거구를 운전대에 바싹 숙인 채, 알 수 없는 손잡이들이 달린 낡은 계기판을 들여다보았다.

졸탄이 말했다. “엔진이 너무 과열된 것 같아. 적색에 이렇게 많이 치우친 건 처음 봐. 별로 높은 언덕도 아닌데. 신사 여러분, 문제가 생긴 것 같아.”

로언과 나를 뭉뚱그려 ‘신사 여러분’이라고 부르는 것은 졸탄의 습관이었다. 격식을 차리기보다는 동지애를 표현하는 말투였다.

졸탄은 원더로지의 낡은 기계장치에서 발생하는 골치 아픈 역설 때문에 오르막은 피하는 게 좋겠다고 말했다. 그 역설이란 오르막을 오를수록 (아무리 속도를 줄여도) 엔진에 무리가 가고, 속도를 줄일수록 엔진을 냉각시킬 외기 순환이 감소해 과열의 악순환이 끝없이 이어진다는 것이었다.

한마디로 냉각팬이 맛이 갔다는 얘기였다.

우리는 고갯마루에 도착한 뒤에 내리막에서 속도를 올리기 시작했다. 엔진의 소음이 잦아들자 황량한 열사의 사막에서 차가 멈추는 일은 없겠다는 확신이 들었다.

내가 말했다. "안심이네요."

졸탄이 쾌활하게 말했다. "사실 내리막이 훨씬 위험합니다. 40년 묵은 브레이크 패드로 제동을 해야 하니까요. 이 버스는 속도를 내면 안 돼요. 브레이크가 망가지면 방법이 없거든요."

새로운 정보를 알고 나니 '좀더 천천히 가면 좋겠는데' 하는 생각이 들었다. 운전대를 잡은 저 남자가 화산보드라는 스포츠를 창안했다는 생각이 떠오르면서 불안감이 들었다. 화산보드는 스노보드 타는 것과 활화산 비탈에서 어슬렁거리는 것이 둘 다 충분히 위험하지 않다는 문제의 해결책이었으리라. 영원히 살고 싶은 생각은 없었지만, '불멸 버스'라 불리는 탈것의 승객 좌석에 몸이 묶인 채 골짜기로 추락하는 싸구려 역설을 경험하고 싶지도 않았다.•

• 불멸 버스를 타는 동안 하루에도 몇 번씩 비슷한 생각이 들었다. 졸탄은 인간의 삶을 짓누르는 죽음의 폭정에 저항했으며, 인류가 영생을 얻을 수 있으리라는 상상을 정치적 강령으로 삼았다. 하지만 기본적 교통안전에 대해서는 터무니없이 무신경할 때

운전석과 승객 좌석 사이에는 보풀더미 양탄자로 덮인 채 불쑥 솟은 부분이 있는데, 나는 이곳에 녹음기, 수첩, 펜 등의 필기도구를 올려놓았다. 알고 보니 그 아래에 원더로지의 엔진이 있었다. 졸탄은 이 부위를 열어 "엔진의 숨통을 틔우면" 과열 문제를 다스릴 수 있으리라 생각했다. 버스 안은 에어컨 고장 때문에 이미 후덥지근했지만, 엔진 덮개를 들어올리자마자 지옥 같은 사우나로 변했다. 엔진은 양탄자 구멍을 통해 찌는 듯한 유증기를 뿜어올렸다.

나는 안전띠를 풀고 엔진의 열기와 연기가 그나마 덜한 소파에 앉았다.

졸탄이 귀청을 찢는 엔진 굉음 사이로 싹싹하게 외쳤다. "좀 불편하죠? 그래도 과열에는 확실히 효과가 있네요!"

마침내 엔진을 식히려고 차를 세웠다. 졸탄이 오일을 교체하려고 나갔다. 로언은 운전석 뒤의 긴 소파에 팔베개를 하고 드러누운 채 천장을 멍하니 바라보고 있었다. 이것이 여행 내내 그의 기

가 있었다. 이를테면 13미터짜리 관 버스를 몰고 텍사스 서부를 지나면서도 1~2분에 한 번씩 스마트폰을 들여다보면서 문자 메시지와 이메일에 답장하고 『테크크런치TechCrunch』 기고문의 소셜미디어 반응을 확인했다. 어느 날 저녁에는 포트스톡턴의 패스트푸드 식당에서 저녁 식사에 위스키를 여러 잔 곁들이고는 주차장에서 인근 모텔까지 잠깐이나마 음주운전을 하기도 했다. 연방법과 수명연장의 정신을 위반한 행위에 대한 졸탄의 변명은 이랬다. 운전대가 반응이 무디기 때문에, 운전을 좀 험하게 해도 버스가 오락가락하지는 않는다는 것이었다. 한편 죽음의 공포에 사로잡힌 채 살아가는 로언이 안전띠를 매지 않으려 드는 것은 이해하기 힘들었다. 로언은 대개 운전석 뒤의 소파에 누워 있었다. 기본 교통규칙은 말할 것도 없고 자신이 줄기차게 공언하는 인생 목표와도 어긋나는 자세였다. 『뉴요커』의 피터 틸 기사가 떠올랐다. 그는 베이에어리어 고속도로에서 스포츠카를 몰 때 안전띠를 매지 않는다고 했다. 수명연장 기술로서 안전띠의 효과가 널리 알려진 것을 감안하면 그런 행위는 납득이 가지 않았다.

본 자세였다.

나는 자리에 앉은 채 목을 길게 빼고 어쩌다 졸탄의 선거운동에 자원하게 되었느냐고 물었다.

로언이 말했다. "정말이지 죽고 싶지 않거든요. 죽기보다 싫은 것은 아무것도 없어요. 그래서 수명연장 과학에 연구비가 지원될 수 있도록 내가 할 수 있는 일을 하는 거예요."

"근데 무슨 일을 하세요?"

"무슨 뜻이죠?"

"직업이 뭐냐고요. 자원봉사 안 할 때요."

로언이 말했다. "전 영생 팬클럽Eternal Life Fan Club 운영자입니다. 영원히 사는 문제를 진지하게 고민하는 사람들의 온라인 모임이에요. 여느 트랜스휴머니스트가 말하는 500년이 아니라 영원히 사는 거요."

여느 트랜스휴머니스트와 마찬가지로 로언은 오브리 드 그레이의 센스 프로젝트가 중요하다고 철석같이 믿었다. 로언에게 오브리는 메시아에 필적하는 인물이었다. 로언은 수명연장을 위해 마련한 자금을 대부분 센스에 기부했다.

로언은 로라 데밍의 열혈 팬이기도 했다. 그녀를 만났다고 했더니 내가 영화 스타라도 만난 것처럼 흥분했다.

로언이 말했다. "저한테는 영웅이에요. 얼마나 좋은지 모르겠어요. 로라는 죽음과 맞서 싸우고 있어요. 로라의 명언도 많이 써먹어요."

로언이 노트북을 열어 몇 번 클릭을 하더니 증거라며 자신의 페이스북 페이지에 게시된 로라 사진을 보여주었다. 사진 밑에는 로라의 명언이 달려 있었다. "노화를 치료하고 싶다. 모든 사람이 영원히 살도록 하고 싶다."

로언은 스물여덟 살이었으며 새크라멘토에서 부모와 살았다. 그의 아버지는 보험회사의 손해 사정인을 하다 얼마 전에 퇴직했으며 어머니는 영화관에서 일했다. 부모는 독실한 칼뱅파 기독교인으로, 선택받은 자들이 천국에서 영생을 누리고 선택받지 못한 자들은 영원한 저주를 받는다고 믿었다. 아버지가 특히 완고했는데, 무신론자 아들이 지옥에서 끔찍한 고통을 겪을 것이라고 호언장담했다.

내가 물었다. "불멸 버스 여행에 대해서는 어떻게 생각하시나요?"

로언이 말했다. "실은 좋아하세요. 텔레비전 뉴스다 뭐다 나오는 게 대단하다고 생각하시거든요."

뉴멕시코 화이트샌즈 군사 시험장은 오르간 산맥에서 동쪽으로 털라로사 분지의 외딴 사막까지 펼쳐진 황량한 시설이다. 바로 이곳에서 2차대전 막바지에 과학자들이 기술적 가능성의 한계선, 공포의 한계선을 새로 그었다. 바로 이곳에서 1945년 7월에 최초의 원자폭탄이 폭발했다. 두 주 뒤 하늘에서 나가사키의 필멸자들에게 떨어진 팻맨Fat Man 플루토늄 원자폭탄의 시제품이었다.

입구의 보안검색대를 지나자 옥외 무기 전시장이 나타났다. 땅딸막한 팻맨 복제품, 퇴역한 로켓과 폭탄 수십 개가 전시되어 있었다. 사막의 이글거리는 열기 속에서, 기울어진 채 서 있는 가느다란 오벨리스크들은 고대 타나토피아thanatopia(죽음의 유토피아)의 불가사의한 기념물처럼 보였다. 하늘로 치솟은 금속 남근들은 우주적 힘과 합일하여 황홀경에 빠져 있었다.

졸탄이 이날을 위해 인쇄한 현수막을 배낭에서 꺼내 커다란 로켓 앞에 섰다. 로언에게 사진을 찍으라고 지시하고서 펼쳐든 현수막에는 "'트랜스휴머니스트 당'은 실존적 위험을 방지한다"고 쓰여 있었다. 이번 시위의 목적은 사진과 짧은 동영상을 졸탄의 각종 소셜미디어 계정에 올려 수천 명의 팔로어가 공유하도록 하는 것이었다. 그것은 시위의 자의식적 시뮬라크르였다. 내용으로서의 정치, 순수 형식으로서의 내용이었다.

나는 팻맨 복제품에 자의식적으로 기댄 채 수첩에 글을 끄적였다. 로언이 스마트폰을 꺼내 졸탄이 "파괴적인 실존적 위험인 핵전쟁을 중단하라!"고 외치는 6초짜리 바인Vine 동영상을 찍었다. 그러고는 선거운동의 핵심 주제—정부 지출을 전쟁에서 수명연장 연구로 돌려야 한다—에 대한 졸탄의 짧은 연설을 촬영했다.

나는 우주를 지키는 힌두의 신 비슈누를 인용한 물리학자 오펜하이머의 명언을 수첩에 적었다. "나는 죽음이다. 세계를 멸망시키는 자다."

이곳 화이트샌즈에서 과학은 신의 형상, 신의 지식에 가장 가까이 다가갔다. 이곳에서 인류는 천상의 폭력을 실험함으로써 자신을 초월하고 완성하는 일에 가장 가까이 다가갔다.

이곳의 핵 실험에 '트리니티Trinity'(삼위일체)라는 코드명을 붙인 것은 오펜하이머였다. 몇 해 뒤에, 왜 신학적 이름을 택했느냐고 묻자 오펜하이머는 전적으로 확신할 수는 없지만 자신이 존 던의 형이상학적 시를 사랑하는 것과 관계가 있는 것 같다고 대답했다.

그날 저녁 늦게 우리는 주간州間고속도로에서 빠져나와 모텔에 숙박 수속을 했다. 졸탄과 로언이 원더로지에서 짐을 꺼내는 동안 나는 문간에 서서 입구에 비치된 소책자들을 훑어보았다. 대부분은 로스웰 국제 UFO 박물관·연구소나 "세계 최대의 피스타치오가 있는" 피스타치오랜드 같은 평범한 관광지 홍보전단이었다.

기독교 홍보책자도 몇 부 있었는데, 그중에서 '영생Eternity'이라는 제목이 붙은 책자를 골랐다. '복음 전도지·성서협회'라는 단체에서 펴낸 종말 안내서였다. 나는 텅 빈 모텔 로비에 서서 만물이 멸망하리라는 신의 말씀을 읽었다. "하늘은 요란한 소리를 내면서 사라지고 천체는 타서 녹아버리고 땅과 그 위에 있는 모든 것은 없어지고 말 것입니다."(『공동번역 베드로후서』 3장 10절) 그날 본 기이한 기념물을 다시 떠올렸다. 죽음의 기계장치들로 이루어진 제의의 원을.

책자를 계속 읽었다. 자신을 온전히 주께 바치면 나는—또는 내 영혼은—육신과 모든 세상 것의 죽음으로부터 구원받을 수 있다고 했다. "모든 피조물 중에서 변화된 불멸의 몸을 입은 인간만이 시간에서 영원으로 옮겨갈 것입니다. 인간은 '생기'(『창세기』 2장 7절)가 있는 유일한 피조물이기에 하나님처럼 영원히 살 수 있습니다."

아까 로언에게 질문을 던진 생각이 났다. 나는 그에게 기독교

집안에서 자랐는데 어떻게 과학을 통한 영생을 믿게 되었느냐고 물었다. 로언은 이제 신은 필요 없다고 말했다.

"과학이 새로운 신입니다. 과학이 새로운 희망입니다."

불멸 버스는 오스틴을 향해 힘겹게 느릿느릿 나아갔다. 이따금 들판에 손글씨 팻말이 서 있었다. 자부심이나 반항심을 드러내는 익명의 의사 표시였다. "위대한 미국을 다시 한번, 오바마를 추방하라"는 팻말이 하나. "텍사스를 망치지 말라"는 팻말이 또하나. 차에 치어 죽은 동물도 많이 봤다. 몇 킬로미터를 가는 동안 동물 사체가 유일한 지물地物이었다. 다양한 부패 상태의 여우, 아메리카너구리, 아르마딜로 등이 길가에 널브러져 있었다.

나는 수첩에 이렇게 끄적였다. "죽은 동물이 도처에 있다. 독수리는 편재한다. (너무 적확한 표현?)"

졸탄과 로언은 둘 다 독실한 집안에서 자랐다. (졸탄은 천주교, 로언은 칼뱅파다.) 이들의 열렬한 무신론, 열성적 합리주의는 종교적 배경의 소거이자 지속이었다. 그들의 영혼은 과학의 불길에 빠져들었으며 이성에 대한 사랑으로 이글이글 빛났다.

하지만 과학은 냉혹하게 단언한다. 영원한 것은 아무것도 없다고, 아무것도 남지 않는다고, 도로 자체를 비롯해 모든 것이 결국은 로드킬이라고. 열역학 제2법칙에 따르면, 우주는 끊임없이 비가역적으로 해체되는 상태에 있다. 내가 들고 있는 펜은 잉크가 떨어져가고 있었다. 펜을 움직이는 나의 몸은 천천히 그러나 가차없이 죽음을 향해 끌려가고 있었다. 불멸 버스는 말 그대로 고철

이 되어가고 있었다. 과학은 냉혹하게 단언한다. 미국은 다시 한 번 위대해지지 못할 것이라고, 태양은 언젠가 폭발해 지구를 집어삼키고 모든 것을 기체로 만들어버릴 것이라고, 텍사스는 돌이킬 수 없이 망가질 것이라고.

모든 것은 없어지고 말 것이다.

과학이 우리를 붕괴의 거대한 파노라마—썩어가는 아르마딜로와 아메리카너구리, 선회하는 독수리는 가장 직접적인 표상에 불과하다—에서 면제해주리라는 믿음은 근본적인 종교적 본능이 자리만 바꾼 것이었다. 나는 전이transference라는 정신분석학 개념을 떠올렸다. '전이'는 내담자가 어릴 적 부모와의 관계를 상담자에게 옮긴다는 뜻이다. 창조주와의 관계를 과학에 통째로 투사하는 트랜스휴머니즘이야말로 전이 아닐까? 뇌 업로드, 비약적 수명연장, 냉동보존술, 특이점—이 모든 것은 가장 오래된 서사의 후기 아니던가?

나는 수첩에 이렇게 적었다. "모든 이야기는 종말에서 시작된다."

로언은 열량제한 식단을 엄격하게 지켰는데, 목적은 수명을 극대화하는 것이었지만 텍사스 서부의 트럭 휴게소, 주유소, 햄버거 식당에서는 좀처럼 목적에 부합하지 못했다. 알코올과 약물을 삼가는 것도 그가 뿜어내는 기운으로 볼 때 의아했다. 벌려진 눈과 몽롱한 분위기의 첫인상은 전형적인 캘리포니아 남부 마약쟁이를 연상시켰다.

하지만 지금의 로언은 금욕적 트랜스휴머니스트로 보였다. 그는 세상을 떠나야 하는 것이 싫어서 아예 세상을 멀리하는 젊은이였다.

로언은 도스토옙스키의 소설에서 튀어나온 것 같은 인물이었다. 그중에서도 알료샤 카라마조프를 닮았다. 『카라마조프 씨네 형제들』 앞부분에 이런 묘사가 나온다. "그는 진지하게 숙고한 끝에 영생과 신이 존재한다는 확신을 갖자마자 자연히 '영생을 위해 살아가고 싶기 때문에 어정쩡한 타협 따위는 받아들이지 않겠다'고 스스로 다짐했다."

로언은 새크라멘토의 부모 집에 있을 때 침실 방바닥에서 잤다고 한다. 적으나마 수명연장 연구를 후원하는 데 쓸 수도 있는 돈을 침대 사는 데 낭비하고 싶지 않아서이기도 했지만, 그보다는 부드러운 표면이 왠지 싫었기 때문이었다는 것이다. (불멸 버스에서 툭하면 소파에 드러눕는 습관과는 완전히 모순된 주장이었다.)

우리는 포트스톡턴에서 서쪽으로 몇 시간 떨어진 트럭 휴게소에 차를 세우고 뷔페에 자리를 잡았다. 옆 식탁에서는 커다란 카우보이모자를 쓴 거구의 사내가 성경의 「욥기」 편을 펼쳐놓고 웅크린 채 고기와 샐러드, 각종 곡물의 풍성한 생태계로 이루어진 산해진미를 기계적으로 퍼서 먹고 있었다. 졸탄은 막힌 변기를 고치지 않은 채 영생 홍보를 위한 전국 순회를 떠나는 바람에 화가 난 아내의 전화를 받고 있었다. 나는 그 틈을 타 로언에게 왜 이런 생활양식을 선택했는지 물었다.

내가 말했다. "솔직히 영생 어쩌구 하는 것들을 이해하기 힘들어요. 당신이 영원히 살겠다고 집착하는 것은 사실 죽음에 철저히 속박되는 일은 아닐까요?"

로언이 말했다. "그럴지도 모르죠. 하지만 다들 그렇지 않아요? 삶 자체가 죽음에 속박된 것 아닌가요?"

나는 무슨 뜻인지 알겠다고 말했다. 우리는 둘 다 조금은 어색한 웃음을 터뜨리고는 조용히 점심을 먹으며 졸탄이 아내와 퉁명스럽게 대화하는 소리를 들었다.

로언은 정해진 횟수라도 있는 양 샐러드를 꼭꼭 씹어 먹었다. 그는 엄격한 채식주의자인데다 식사량도 최소한으로 유지했다. 육류를 거부하는 것은 순전히 건강 때문이었지만, 더 심층적인 차원에서는 죽음 자체를 거부하고 자기 몸의 동물적 성격을 거부하는 것일지도 모른다는 의구심을 떨칠 수 없었다.

정신분석학자 어니스트 베커는 『죽음의 부정』에서 이렇게 말했다. "여기에서 우리가 이해한 것은 유기체의 일상적인 활동이란 이빨을 사용해서, 예를 들어 물어뜯고, 살덩어리, 식물 줄기, 뼈를 잘근잘근 씹어서 음미하면서 과육을 탐욕스럽게 목구멍으로 넘기고, 그 정수를 자신의 조직에 혼합시키고 나서 고약한 냄새와 가스를 발산하면서 찌꺼기를 배출하는 활동을 통해 타자를 찢어발기는 행위라는 것이다. 모든 이는 식용에 알맞은 타자와 혼합하기 위해 접촉하려고 한다."

살아간다는 것, 동물로 존재한다는 것은 죽인다는 것이다. 아무리 좋게 생각하려 해도 자연은 악이다.

때는 늦은 10월이었다. 트럭 휴게소에는 플라스틱으로 만든 미니어처 핼러윈 호박, 실로 만든 거미줄, 벽걸이용 빗자루 탄 마녀 등 음침한 핼러윈 용품이 잔뜩 진열되어 있었다. 로언의 머리 바로 위에는 고무로 만든 저승사자가 매달려 있었다. 저승사자는 해골에 검은색 누더기 두건을 쓰고 작은 뼈다귀 손에는 플라스틱 큰 낫을 쥐었다. 나일론 줄에 묶여 천천히 회전하는 저승사자 밑에서 영생을 논하다니 얼마나 역설적인지.

로언이 마른 샐러드 푸성귀를 집어 창백한 얼굴로 가져가면서 입을 열었다. "즐거움이 영원했으면 좋겠어요. 이렇게 먹어서 20년을 버는 것에 따라 죽느냐 수명탈출속도에 도달하느냐가 좌우돼요. 지금 쾌락을 자제하는 건 훗날 더 많은 쾌락을 누리기 위해서거든요. 사실 저는 철저한 쾌락주의자예요."

내가 말했다. "제 눈에는 티끌만큼도 쾌락주의자처럼 안 보이는걸요. 술도 안 마셔, 약도 안 해, 밥도 거의 안 먹잖아요. 솔직히 당신은 중세 수도승 같아요."

로언은 고개를 젖힌 채 내 말을 곱씹었다. 섹스를 언급하고 싶지는 않았지만, 그 주제는 고무 저승사자처럼 우리 머리 위에서 느리게 빙글빙글 돌고 있었다. 내가 말할 필요도 없이 로언이 나름의 방식으로 말을 꺼냈다.

로언이 물었다. "미래에 살면 뭐가 제일 좋은지 알아요?"

"뭔데요?"

"섹스봇이요."

"섹스봇?"

"섹스용으로 만든 인공지능 로봇이요."

내가 말했다. "아, 당연히 알죠. 섹스봇 들어봤어요. 근사한 아이디어예요. 그런데 정말로 섹스봇이 보급될 거라 생각해요?"

로언이 눈을 감은 채 먼 훗날의 희열을 생각하며 황홀한 표정으로 고개를 끄덕이며 말했다. "당연하죠. 제가 얼마나 고대하고 있는데요."

로언은 회피하는 듯하기도 하고 도발하는 듯하기도 한 애매한 미소를 지었다. 전후 사정을 모르는 사람에게는 우쭐대는 표정으로 보일 수도 있겠지만, 어쨌든 호감을 주는 미소였다.

내가 말했다. "제게 떠오르는 의문은 왜 진짜 사람과 섹스하지 않느냐는 거예요. 그러니까, 나머지 조건이 동일하다면 말이죠."

로언이 말했다. "농담해요? 진짜 여자애는 바람을 피우거나 문란한 관계를 가질 수 있어요. 성병이 옮을 수도 있고요. 성병 걸리면 죽을 수도 있어요."

"좀 지나친 걱정 아닌가요?"

"무슨 소리. 지금도 벌어지고 있는 일이잖아요. 개인용 섹스봇은 절대 바람 안 피워요. 게다가 진짜 여자애와 똑같고요."

로언은 한동안 아무 말도 하지 않고서 이따금 물을 마셨다. 샐러드도 듬뿍 먹었다. 창밖으로 주차장을 가득 메운 트럭과 그 너머 고속도로와, 허공에서 편재하는 독수리를 쳐다보았다.

내가 말했다. "뭐 하나 물어봐도 돼요? 여자가 바람피워서 아픈 기억이라도 있나요?"

로언이 말했다. "지금껏 섹스를 삼갔어요. 여자친구는 한 번도 안 사귀었고요."

"섹스봇을 위해 자신을 아껴두는 건가요?"

로언이 의미심장하게 눈썹을 추켜올리며 천천히 고개를 끄덕였다. 진짜로 섹스봇을 위해 자신을 아껴두고 있었나보다.

내가 졌다는 듯 양손을 들어올리며 말했다. "좋네요. 그때까지 살길 바랄게요."

로언이 말했다. "그럼요."

졸탄과 '늙다리' 사이에서 점점 커져가는 균열이 점차 버스에서의 주된 대화주제가 되었다. 상황은 매우 복잡했으며 여기에는 몇 가지 개별적 요인들이 작용하는 듯했다. 선거운동에 대해 웹사이트 복스Vox와 진행한 인터뷰에서 졸탄은 선거일 이전에 유세를 중단하고 민주당 후보 지지선언을 하겠다는 뜻을 표명했다. 졸탄의 초창기 지지자 중 하나인 행크 펠리시어는 이 소식을 듣고서 '마지막 지푸라기'가 사라졌다며 트랜스휴머니스트 당 사무총장을 사임했다.

말은 안 했지만 졸탄의 선거운동에 반신반의하던 트랜스휴머니스트들도 행크의 이탈에 영향을 받아 반대 목소리를 높였다. 그중 한 사람인 플로리다의 장로교 목사 크리스토퍼 베넥은 저명한 기독교 트랜스휴머니스트로, 최근까지도 졸탄과 종교적으로 우호적인 관계를 유지했다. (베넥 목사는 2014년에 자율적 형태의 지능이 "세상을 구원하려는 그리스도의 목적에 동참해야" 한다며 고등 인공지능이 기독교로 개종되어야 한다고 공공연히 주장하여 미래주의자들 사이에서 물의를 일으켰다.) 그는 크리스천 포스트The Christian Post 기사에서 졸탄의 '이념적 독재'와 '미국 트랜스휴머니즘의 대표를 자처하는 오만한 행위'에 이의를 제기했으며, 졸탄의 출마를 "트랜스휴머니즘이 제도 종교와 신을 공개적으로 거부하는 무신론 기획임을 전 세계에 공언하려는 시도에 불과하다"고 평했다.

대통령 선거운동을 마치고 "세계 정부에서의 주도적 발언권과 영향력을 추구하는 국제적 정당"을 설립하겠다는 졸탄의 성명이 페이스북에 올라오자 한 번 더 소란이 일었다. 졸탄은 국경을 없애야 한다는 신념을 늘 표명했지만, 그의 자유지상주의 논리는 역설적으로 권위주의로 귀결되는 듯했다. 『트랜스휴머니즘 도박』을 읽은 사람에게는 놀라울 것이 없지만, 졸탄의 발언은 가장 극단적인 기술합리주의자를 제외한 모든 지지자에게 소외감을 안겼다.

그러던 중에 졸탄의 선거운동을 불허하라는 청원이 제기되었다. 청원에 서명한 사람들은 졸탄과 트랜스휴머니스트 당이 "권위주의적 통제에 굴복하고 트랜스휴머니즘적 가치의 다양성을 부정하고 타인에 대한 불필요한 적대감을 부추기는 한" 이에 반대한다고 선언했다.

졸탄에 대한 반발이 커지는 주원인은 그가 괴상한 정치적 입장을 자꾸 천명한다는 것이었다. 이를테면 그해 봄에 졸탄은 바이스의 기술 웹사이트 '머더보드Motherboard'에 기고한 글에서 인도와 진입로를 휠체어 친화적으로 개선하기 위한 로스앤젤레스 시 예산 13억 달러를 로봇 외골격 기술에 투자하는 것이 훨씬 바람직하다고 주장했다. 그는 이렇게 썼다. "인도는 폐허로 놓아두라. 대신 우리가 살아가는 트랜스휴머니즘 시대에는 신체장애가 있는 인간을 고쳐 그들이 다시 자유롭게 움직이고 돌아다니도록 하자."

나와 이 주제를 논의했을 때 졸탄은 고쳐야 할 대상이 (도시 환경과 자신의 발언에 나타나는) 차별적 태도가 아니라 장애인이라는 자신의 주장에 왜 장애인들이 발끈하는지 전혀 이해하지 못했다. 트랜스휴머니즘의 기본 전제는 우리 모두가 고쳐야 할 대상이고 인간의 몸을 가지고 살아가는 것 자체가 장애라는 것 아니던가. (팀 캐넌이 트랜스젠더 경험의 언어를 트랜스휴머니즘의 맥락에 적용한 일이 떠올랐다. 그는 몸에 깃든다는 것 자체가 이미 잘못된 몸에 얽매이는 일이라고 주장했다.)

졸탄은 외골격 발언으로 물의를 일으키고도 정신을 차리지 못했다. 시리아 난민 만 명을 받아들인다는 오바마 행정부의 계획을 둘러싸고 논쟁이 벌어지자 졸탄은 입국 절차의 일환으로 난민들에게 마이크로칩을 삽입하자는 산뜻한 해결책을 제안했다. 그는 이런 정책을 도입하면 정부가 난민의 이동을 추적하고 테러 음모를 파악하고 "그들이 세금을 납부하여 체제에 이바지하는지 갈등을 일으키는지 감시할" 수 있다고 주장했다. 사람들이 이 아이디어를 얼마나 혐오스러워할지 알았지만 이번에도 별로 개의치 않았다. 정부가 사람들의 삶에—다름 아닌 신체에—전례 없이 개입하는 행위를 옹호한다는 우려에 대해 그는 이렇게 대답했다. "빅브러더가 나쁜 놈이 아닐지도 모른다. 이슬람국가ISIS로부터 우리를 보호해준다면." 게다가 졸탄은 유세 초기의 그라인더 행사에서 RFID 칩을 삽입했는데 생각보다 훨씬 덜 아팠다고 말했다. 난민이 공공 안전에 위협이 되지 않는다고 확인되더라도—이를테면 3년의 유예기간이 지났을 때—그들 스스로 마이크로칩을 빼지 않기로 결정할지도 모를 일이다. 기술이 발전하면 스타벅스의 칩 판독기 앞에서 손을 흔들어 커피값을 낼 수도 있을 테니 말이다.

이 모든 구상이 이념에서 비롯한 것이라면, 내가 보기에 이것은 기술 자체의 이념인 듯했다. 필요한 모든 수단을 써서 인간과 기계를 융합하라는 명령 말이다. (하긴 졸탄은 아도르노와 호르크하이머가 『계몽의 변증법』에서 말한바 과학적 합리성의 진보란 언제나 압제를 향한 진보라는 주장의 살아 있는 예인 듯했다. 아도르노와 호르크하이머는 이렇게 말했다. "오늘날 기술적 합리성이란 지배의 합리성 자체다. 이러한 합리성은 자신으로부터 소외된 사회의 강박적 특성이다.")

승승장구하던 시기의 졸탄은 자신이 영향력 면에서 결국 커즈와일을 앞설 수도 있다고 말했다. ("이 추세가 계속된다면.") 졸탄은 이렇게 말했다. "난 수많은 젊은이들을 트랜스휴머니즘으로 인도할 수 있어요. 이 밀레니얼 세대가 문화를 변화시킬 수 있도록 운동을 조직하려고 노력하고 있습니다." 졸탄은 영향력과 이목에 집착했다. 리트윗과 페이스북 좋아요의 개수를 새 세상의 진짜 화폐로 간주했으며 이 분야에서는 '늙다리'가 자신의 영향력에 필적할 수 없음을 몇 번이고 강조했다. 언론은 그를 좋아했으며 그는 언론이 자신을 좋아한다는 사실을 좋아했다. 언론이 자신을 좋아한다는 사실을 과거의 트랜스휴머니스트 지도자들이 싫어한다는 사실도 좋아했다.

다방면에 걸친 졸탄의 야심은 매우 인상적이었다. 그는 자신의 영향력과 권력이 지금보다 커지리라는 것에 거의 신비주의적인 확신을 품었다. 종종 그는 환경운동을 본보기 삼아 트랜스휴머니즘, 특히 비약적 수명연장을 대중과 (궁극적으로는) 정부가 진지하게 받아들일 수밖에 없도록 하겠다는 계획을 밝혔다. 자신을 앨 고어에 빗대는 것이 분명했다.

졸탄을 향한 나의 감정은 복잡하고 모순적이었으며 갑작스럽게 돌변하고 강렬해지고 역전되었다. 그의 허세에는 역설적 마력이 있었다. 태평스러운 자기비하가 마력을 감소시키기는 했지만. 졸탄은 신체적 불멸이 실현 가능함을 사람들에게 설득해 세상을 변화시키고 싶다고 말하면서도, 다음 순간에는 원더로지를 굴러가게 하느라 머리를 굴리는 일에서 모순된 기쁨을 느꼈다.

어느 날 오후 월마트에서 엔진오일과 (버스에서 새는 오일을 받는) 바비큐 트레이를 카트에 가득 채운 뒤에 주차장에서 졸탄이 말했다. "이게 내 장기야. 하다 마는 거."

나는 불멸 버스가 엔트로피 버스 같다는 생각이 든다고, 우리를 태우고 텍사스를 가로지르는 버스가 만물이 필연적으로 쇠퇴할 것이며 모든 계는 시간이 흐르면서 붕괴할 것임을 입증하는 거대한 이동식 은유 같다고 말했다.

천체는 타서 녹아버리고 땅과 그 위에 있는 모든 것은 없어지고 말리라.

로언이 말했다. "엔트로피는 밥맛이야."

졸탄이 말했다. "바로 그거야. 바로 그거라고."

나는 두 사람에게 묘한 친밀감을 느끼기 시작했다. 그들의 신비주의적 목표에 깊이 공감해서라기보다는 그들과 함께 지내고 함께 여행하고 같은 트럭 휴게소에서 식사하고 같은 모텔에서 자고 원더로지의 낡은 카세트 데크에서 톰 페티 노래를 듣고 또 들으면서 형성된 친밀감이었다. 일종의 동지애였다. 우리는 실속 없는 동료였다. 이것이야말로 인간의 연합에 대한 최상의 표현인지도 모르겠다. 하지만 두 사람은 우리의 상황을 이런 식으로 묘사하는 것에 결코 동의하지 않았을 것이다. 그런 점에서 우리는 결코 동지가 아니었다.

원더로지에서는 '삽질'이라는 말이 여러 번 나왔다. 졸탄과 로언은 죽음이 있는 한 삶이 무의미하다고 믿었다. 결국 모든 것이 사라진다면, 의미 있는 것이 무엇이겠는가?

내가 이 물음에 대답할 자격이 있다고는 생각지 않았지만, 그래도 나는 지금 우리가 살아가는 삶을, 즉 죽음을 변호하려고 애썼다. 삶에 의미를 부여하는 것은 삶에 끝이 있다는 사실 아닐까? 삶이 그토록 아름답고 두렵고 기묘한 것은 우리가 이곳에 머무르는 시간이 너무나 짧다는, 언제라도 세상을 하직할 수 있다는 사실 때문 아닐까? (그러고 보면 의미라는 개념 자체가 환상 아닐까? 필수적인 허구 아닐까? 유한한 존재가 허무하다면 불멸은 끝없는 허무의 상태에 불과한 것 아닐까?)

그들은 유한성에는 아름다움이 없다고, 망각에서는 어떤 의미도 끄집어낼 수 없다고 말했다. 로언은 나의 논리가 '죽음신봉' 이념에서 비롯했다고 주장했다. 죽음의 공포에서 자신을 보호하려고, 죽음이 실은 그렇게 공포스럽지 않다며 스스로를 설득하려 든다는 것이다. 로언의 말이 대부분 정신나간 소리로 들리기는 했지만 이 말만은 기본적으로 옳은 것 같았다. 지난 18개월 동안 만난 트랜스휴머니스트 중 상당수가—이를테면 너태샤 비타모어, 오브리 드 그레이, 란달 쿠너—비슷한 이야기를 했다.

우리는 공허를 뚫고 달렸다. 텍사스를 망치지 말라. 배가 터진 아르마딜로가 사막의 열기에 썩어가고 있었다. 이스라엘을 지지하라. 이따금 졸탄은 마지막으로 들른 월마트에서 집어든 매그넘 권총 크기의 초록색 에너지 음료를 벌컥벌컥 들이켰다. 우리는 몇 시간 동안 이야기를 나누다 몇 시간 동안 한마디도 하지 않다가 했다. 톰 페티 카세트테이프를 내리 들었다. 두 번, 세 번 반복해 들었다. 톰이 노래했다. "꿈을 좇아. 이루어질 수 없을지라도." 40분 뒤에 똑같은 가사가 흘러나왔다.

우리는 무엇을 하고 있었을까? 문득 이 모든 소동이 사회적 특권에 대한 패러디 부조리극이라는 생각이 들었다. 백인 세 명이 황무지를 여행하며 모든 피조물이 맞게 될 최후의 불의에 저항한다. 평등하게 하는 자(죽음)를 평등하게 할지어다. 이런 의미에서 노령으로 인한 죽음이야말로 제1세계의 궁극적 문제 아닐까?

오조나에서 동쪽으로 한 시간쯤 갔을 때 졸탄이 주간고속도로를 빠져나와 샛길에 차를 대고는 바비큐 트레이를 꺼냈다. 엔진에서 샌 오일이 넘칠락 말락 했다. 이곳은 드넓은 목장의 가장자리였다. 반쯤 메마른 평야에 잡풀과 키 작은 선인장이 눈 닿는 곳까지 자라고 있었다. 버스 뒤로 가 오줌을 누면서 하늘을 올려다보았다. 머리 위에서 독수리 다섯 마리가 한가로이 날고 있었다. 심연이 뒤집힌 듯한 하늘에 떠 있는 프레데터 드론 같았다. 뚜렷한 목적 없이 거대한 관 모양 리바이어던 주위를 느릿느릿 맴도는 중간 크기의 포유류 세 마리, 저 종말론적 날짐승의 고요한 태곳적 눈에는 우리가 어떻게 보일지 상상해보려 했다. 하지만 사람, 관, 여행 중 무엇 하나라도 이 짐승들에게 의미가 있을까? 아니, 그들에게는 의미가 필요 없지 않은가. 죽이기에는 너무 크고 아직 시체가 되지 않은 우리는 독수리가 바라보는 지형과 무관한 존재였는지도 모른다.

릴케의 『두이노 비가』 제8비가의 한 행을 기억해내려 머리를 싸맸다. 릴케는 동물이 누리는 자유에 대해 썼다. 우리는 자신의 유한성에 짓눌려 늘 그쪽을 바라보기에 동물이 바라보는 풍경을 보지 못한다. 버스에 돌아와 스마트폰으로 검색해 구절을 찾아냈다. “우리 홀로 죽음을 바라본다. 자유로운 짐승은 언제나 뒤로 몰락을, 그리고 앞으로 신을 둔다. 그리하여 짐승에게 거닒이란 영원한 것으로, 하여 샘물과도 같은 행보이리라.”

나중에 주간고속도로를 질주하다가 로언이 저것 좀 보라고 신이 나서 외쳤다. 거대한 광고판에는 이렇게 쓰여 있었다. “당신이 오늘 죽는다면 어디에서 영원을 보내시겠습니까?”

로언이 말했다. “이 땅에서. 당연히 이 땅에서 보내야지.”

로언은 여섯 살에 사고를 당한 이야기를 들려주었다. 자전거를 타다 넘어졌는데 비장이 파열되어 내출혈로 죽을 뻔했다고 한다. 병원에 몇 주 입원한 뒤에 회복되긴 했지만, 로언은 세상의 얇은 표면 아래로 검은 공포, 그 암흑을 보았다. 로언은 밤마다 같은 악몽에서 헐떡거리며 깼다. 자다가 죽는 꿈이었다. 침대에 누운 채 무력한 몸으로 아무것도 느낄 수 없었다. 밤마다, 겪을 수 없는 일을 겪고 볼 수 없는 것을 보았다. 이 순간 이후로 로언은 부모의 종교에서 멀어졌다. 죽음 뒤에 그를 기다리는 것이 무無임을 본 순간.

동쪽으로 차를 몰다가 길가 휴게소에 멈추자 로언이 비디오카메라를 들고 피크닉 장소에 앉은 젊은 여자 두 명에게 다가갔다. 여자들의 머리 위 골함석 지붕 양편에는 커다란 마차 바퀴가 붙어 있었다. 로언은 카메라를 여자들의 얼굴에 들이대며 죽음이 두려우냐고 물었다. 여자들은 겁을 먹었다기보다는 어안이 벙벙한 표정이었지만, 나는 대화에 끼고 싶지 않았다. 그래서 휴게소 반대편으로 걸어갔다. 내 앞에 젊은 남자 두 명이 나타났다. 그들은 내 친구가 왜 자기네 여자친구를 촬영하느냐고 물었다. 나는 원더로지를 가리키며, 우리가 대통령 선거 제3후보 유세를 하고 있고 로언은 다큐멘터리를 찍는 중이라고 말했다.

둘 중에서 덩치가 큰 쪽이 말했다. "저 친구가 대통령에 출마하는 거요?" 로언은 존 바에즈 헤어스타일에 무릎까지 내려오는 반바지를 입고, 맑은 눈을 한 번도 깜박이지 않았다.

원더로지 옆에 서서 전화를 마치고 있는 졸탄을 가리키며 내가 말했다. "저 친구 말고 저 사람이요. 저게 유세 버스예요. 원하신다면 소개해드리죠."

그래서 나, 로언, 젊은 여자 두 명, 그들의 남자친구까지 우리 모두 졸탄에게 갔다. 졸탄은 다정하게 인사하고 정치인처럼 악수하며 과장된 몸짓으로 유권자들을 반겼다.

둘 중에서 작고 탄탄하게 생긴 친구가 말했다. "버스를 어떻게 한 거죠?"

"거대한 관처럼 보이게 개조했죠. 죽음에 대한 인식을 제고하려고요."

그 친구가 말했다. "거대한 관처럼 보이지는 않는데. 거대한 똥이라면 모를까."

졸탄은 그 말을 능숙하게 무시하고는 다소 거만한 태도로 선거운동의 목표는 "당신들이 더 오래 살 수 있도록 장수학 투자를 증진하는" 것이라고 설명했다.

옆에 있던 트럭 운전석에서 삼십대 중반으로 보이는 땅딸막한 남자가 내려 잠깐 기지개를 켜더니 눈을 가늘게 뜨고 원더로지와 우리 일행을 쳐다보다가 어슬렁어슬렁 걸어왔다. 그는 자주색 야구 반바지에 헐렁한 검은색 티셔츠를 입고 오클리 선글라스를 꼈다. 이름은 셰인이고 플로리다에 가는 중이라고 말했다.

셰인이 물었다. "정치 행사가 열리고 있는 겁니까?"

로언이 말했다. "그래요. 영원히 살고 싶으십니까?"

셰인이 말했다. "물론이죠. 죽는 건 지독하게 무섭지. 영원히 살고 싶지 않은 사람이 어디 있겠어요?"

졸탄이 말했다. "우리는 과학을 활용해 노화와 죽음을 끝내는 방안을 홍보하고 있습니다. 우리와 함께 일하는 과학자 중 몇몇은 노화 과정을 중단시키는 데 거의 성공했죠. 정신 나간 소리처럼 들리겠지만 진짜입니다. 실제로 미국의 제3후보 중에서 제가 선두를 달리고 있습니다. 저희 당은 트랜스휴머니스트 당입니다."

셰인이 물었다. "'트랜스휴머니스트'가 무슨 뜻이죠?"

"의미는 여러 가지입니다. 죽지 않는 것도 그중 하나죠. 우리 중 많은 사람들은 기계로 진화하고 싶어합니다. 이를테면 저희 아버지는 최근에 심장마비를 네 번 연달아 겪었습니다. 우리가 기계라면 그런 일은 일어나지 않을 겁니다."

셰인이 점잖게 말했다. "옳소. 그런 거라면 저도 찬성입니다."

셰인은 좀더 대화에 참여하다가, 이제 동쪽으로 가야 한다며 양해를 구했다. 차량에 달린 내장형 컴퓨터가 자신의 속도와 경로를 꼼꼼히 측정하여 고용주에게 전송하고, 허용 시간을 넘겨 정차하거나 시간을 벌충하려고 허용 속도 이상으로 달리면 경고 메시지를 보내기 때문에 휴게소에서 너무 오래 머물 수는 없다고 해명했다. 잠시 이런 생각이 들었다. 셰인은 자본주의가 이미 많은 사람을 기계로 진화시켰음을 섬세하게 포착했거나 심지어 고용주들이 그를 자율주행기술로 대체하는 임박한 미래를 암시한 것 아닐까? 하지만 셰인이 트럭 운전석으로 돌아가 우리에게 손을 흔드는 것을 보자 그가 그렇게 미묘한 논점을 제기했을 리가 없을 것 같았다. 셰인은 직설적인 쪽에 가까웠다.

기자가 물었다. "신 흉내를 내려 한다는 비난에 대해서는 어떻게 생각하십니까?"

우리는 가로수가 무성한 상류층 주거지 길가에 서 있었다. 이곳에서 선거운동을 하려는 참이었다. 졸탄은 오스틴 TV뉴스와 인터뷰를 하고 있었다. 그는 셔츠와 슬랙스를 차려입고, 높게 솟은 이마 뒤로 머리를 말끔하게 빗어 넘겼다.

졸탄이 말했다. "우리가 신 역할을 하려 한다는 것에 동의합니다."

나에게 하는 말이었다. 적어도 졸탄은 그 말을 하면서 나를 바라보고 있었다. 실은 수염이 나고 땀을 뻘뻘 흘리는 카메라맨이—그는 기자까지 일인이역을 하고 있었다—내게 졸탄 옆에 서 있으라고 했다. 이렇게 하면 예산절감 때문에 일인이역을 하는 카메라맨이 아니라 전문 뉴스 기자를 향해 졸탄이 말하는 것처럼 보일 터였기 때문이다.

졸탄이 바라보는 것은 나였지만 그의 말을 듣는 대상은 오스틴 TV 시청자, 더 나아가서는 인터넷 이용자들이었다. 클릭과 좋아요로 표현되는 대중. 어딘지 섬뜩한 경험이었다. 나 자신이 무無로 변하는 느낌이었다. 세상에 도달하는 입구로서의 무.

얼마 전부터 비슷한 느낌을 받았다. 나 자신이 신호가 전송되는 메커니즘이라는 생각이 들기 시작했다. 버스에 앉아 대화 내용과 풍경, 감상을 수첩에 휘갈겨 쓰고 있노라면 내가 원시적 장치, 즉 정보를 기록하고 처리하는 기계라는 생각이 들었다. 널따란 월마트의 계산대 앞에 서서 스낵값을 치르고 있으면, 부의 상향 이전에 동원되는 거대하고 신비로운 시스템에 속한 수백만 개 메커니즘 중 하나가 된 것 같았다. 물론 기계론적 사상을 너무 많이 접해서 그렇다는 사실은 알았지만, 어떤 차원에서는 나 자신이 늘 이런 식으로 생각해왔음을 깨달은 것이다. 차페크의 표현을 빌리자면 "인간에게 인간의 모습만큼 낯선 것은 없다". 가장 친숙한 것만큼 낯선 것은 없다.

카메라맨이자 기자인 남자가 물었다. "대통령에 출마하기로 마음먹은 계기가 뭔가요?"

졸탄이 말했다. "저는 과학이 우리를 어디로 데려다주든 끝까지 가야 한다고 믿습니다." 그의 손짓에서는 진짜 정치인처럼 훈련된 단호함이 느껴졌다. 카메라 앞에서 눈을 깜박이지 않고 나를 쳐다볼 때면 정말이지 대통령의 기운이 풍겼다. 졸탄은 자신을 본떠 만든 거대한 조각상처럼 나를 압도했다.

졸탄이 말했다. "여기에는 우리 자신이 기술이 되는 것도 포함됩니다. 어느 시점엔가 우리는 인간이기보다는 기계에 가까워질 것입니다. 이것이 제가 대선후보로서 추구하는 방향입니다. 저는 이 문제에 대해 대화를 시작하려고 하는 것입니다."

한 무리의 청년이 우리에게 다가왔다. 그들은 오스틴 바이오해커 단체의 일원으로, 선거운동에 참여하려고 이곳에 왔다. 그들의 이름은 앨릭, 에이버리, 숀 등등이었는데, 텍사스풍의 느긋한 태도에 헐렁한 조끼, 부푼 상체는 트랜스휴머니스트라기엔 놀랄 만큼 사내다웠다.

로언은 여느 때처럼, 평범한 인사를 거부하고 다짜고짜 영생에 대한 태도를 물었다.

그런데 마치 로언이 대마초 피우고 싶으냐고 물었다는 듯이 앨릭이라는 친구가 말했다. "땡기네요. 그래야죠. 영생을 누려야죠. 삶은 끝내주는 거니까."

로언이 말했다. "그렇지요?" 로언은 의미심장한 눈빛으로 나를 쳐다보았다. 예전에 나눈 대화에서 삶이 끝내주는 것이라는 절대적 판단에 대해 내가 유보적 태도를 취한 것을 가볍게 책망하는 눈치였다.

앨릭이 말했다. "이룰 게 많잖아요. 여든에 죽을 순 없어요. 못해도 200년은 살아야 뭐라도 하지. 어쩌면 250년일 수도 있고."

"그렇죠? 제 말은, 아주 늙은 사람을 보면 무슨 생각이 들어요?"

앨릭이 말했다. "끔찍하다는 생각이 들죠. 즐거울 리 없으니."

우리는 선거운동 장소인 주택 안으로 들어갔다. 높이가 구분된 작은 원룸식 주택으로, 가구는 거의 없었다. 바이오해커의 느슨한 공동체가 함께 쓰는 곳이었다. 누가 살고 누가 안 사는지는 분명치 않았지만, 일종의 트랜스휴머니즘 코뮌 또는 미래주의자 기숙사처럼 보였다. 행사의 성격을 감안하더라도 청중은 남성 일색이었다.

우리는 낮은 바닥의 거실에 들어선 뒤에 야구 모자와 꽉 끼는 티셔츠를 입은 건장한 남자 옆을 비집고 들어갔다. 그는 맥주를 벌컥벌컥 마시며 자기보다 작은 남자와 이야기를 나누고 있었다. 작은 남자는 머리에 분홍색 줄무늬 염색을 했으며 얼굴 곳곳에 피어싱을 했다. 키 큰 친구는 말투가 느릿느릿했으며 농장 인부가 울타리에 기대듯 편안하게 문틀에 기대 있었다.

그가 말했다. "이봐, 그 친구가 코드에 진짜 빠졌어. 그래서 깃허브GitHub에 완전히 꽂아넣었지."

섬세하게 장식된 인디언풍 셔츠를 입고 머리를 기른 청년이 자신을 바이오해크 오스틴Biohack Austin 그룹의 운영자라고 소개했다. 진짜 이름은 마키아벨리 데이비스이지만 '맥'이라 부르라고 다정하게 말했다. 그는 싱가폴 출신으로, 텍사스 대학 대학원에서 생물학을 전공하고 있었다.

졸탄이 마키아벨리와 함께 저녁 연설을 점검하는 동안, 나는 실내를 서성이다가 플립플롭과 (선글라스 쓴 맥주가 그려진) 티셔츠 차림의 남자가 있는 탁자로 다가갔다. 남자는 복잡해 보이는 장치와 씨름하고 있었다. 작은 알루미늄 가방에 전선과 전자석 계전기가 잔뜩 달려 있었으며 마그네슘 덩어리와 플라스틱 물컵도 보였다. 제이슨이라는 이 남자는 이것이 자기가 개발중인 헬리오패치Heliopatch, 일명 '기능적 수명연장 꼬투리functional life extension pod' 시제품이라고 말했다. 이 장치를 인체에 연결하면 배터리 역할을 한다고 했다. 마그네슘 패치가 양극이 되고 인체가 음극이 된다는 것이다. 패치를 붙이면 마그네슘이 부식되면서 전자와 양이온을 체내로 방출해 (세포를 손상시키는) 자유 라디칼을 중화하면서 노화 과정을 억제한다는 원리였다. 제이슨은 왼쪽 뺨 안쪽에 소형 마그네슘 패치를 한 달 동안 붙여두고는 친구들에게 어느 쪽 머리에서 흰머리가 줄었느냐고 물었다고 말했다. "이구동성으로 왼쪽이라고 하더군요. 한 명도 예외가 없었습니다."

거실이 꽉 차자 마키아벨리가 연설을 시작했다. 태국의 절에서 몇 달간 지낸 이야기를 했는데, 잘 알아들을 수는 없었다. 그러더니 우리 시대에 인류 역사상 가장 큰 변화가 일어날 것이라고, 모든 것이 "무너질 것"이라고 말했다. 바이오해킹 운동, 유전자 편집 기술, 신체증강 기술의 발전이 이 세대와 후속 세대에 결정적 영향을 미칠 것이라고 했다. 그는 두어 주 뒤에 바이오해크 오스틴 그룹과 함께 사막을 여행할 준비를 하고 있다고 말했다. 모든 참가자는 시력 강화 안약—심해어의 안구에 들어 있으며 뇌로 가는 광양자 신호를 두 배 증폭하는 분자인 클로린 E6로 만든 특수 약제—을 눈에 넣어 초인적 시력으로 하늘의 별을 바라보게 된다. 이 실험은 쥐를 대상으로 성공을 거두었으며 마키아벨리와 동료 바이오해커는 최초의 인간 피실험자가 될 터였다.

마키아벨리가 말했다. "인류의 남다른 점은 스스로를 대상으로 실험한다는 것입니다. 이것은 우리의 타고난 권리입니다. 저는 이것이야말로 자유의 의미라고 생각합니다. 자신의 몸과 마음을 가지고 자유를 행사하는 것이죠."

졸탄은 이 주제를 이어받아 정해진 원고 없이 유창하게 연설을 시작했다. 그는 트랜스휴머니즘 운동과 자신의 선거운동이 역사를 만들어가고 있으며 중요한 건 몇 표를 얻느냐가 아니라 다가올 특이점에 대해 또한 (특이점을 경험할 수 있는 정도의) 장수의 중요성에 대해 인식을 제고하는 것이라고 말했다. 그는 형태적 자유를 믿는다고 말했다. 이것은 자기 몸에 대해 원하는 것을 무엇이든 할 수 있고 인간을 뛰어넘은 존재가 될 수 있는 절대적이고 양도 불가능한 권리다.

졸탄이 말했다. "우리가 기술을 이용해 기계와 더욱 비슷해지는 날을 고대합니다."

우리는 한 시간가량 더 머물렀다. 졸탄은 트랜스휴머니즘 다큐멘터리를 만드는 사람들과, 자신을 인터뷰하려고 찾아온 잡지사 여기자와 이야기를 나눴다. 그러다 로언이 즉석에서 연설을 시작했다. 검은 테 안경을 쓰고 얼굴에 의미심장한 미소를 띤 채 웅변하는 모습은 영락없는 힙스터였다. 그는 선거운동 기간 내내 이런 이미지의 동영상을 영생 팬클럽 페이스북 페이지에 올렸다.

로언은 자신의 등장에 다소 어리둥절해 있는 바이오해커 청중에게 말했다. "여러분은 주류가 아닙니다. 여러분의 상상력은 아직도 유치합니다. 비쥬류에서 다음 단계로 올라가고 싶다면 영원히 살아야 합니다. 최고의 주류가 뭔지 아십니까? 죽음입니다. 죽음은 완전한 주류입니다. 이 땅에서의 죽음이야말로 완전한 주류라고요. 영원히 살고 싶으면 졸탄에게 투표하세요!"

전에도 로언의 연설을 들은 적이 있었다. 그때 나는 그의 힙스터 이미지가 좀 지나치게 포괄적이고, 실제 사람을 나타내기보다는 캐리커처의 캐리커처에 가까우며, 반어법을 쓰면 그의 메시지에 담긴 절대적 진정성이 바랠 것이라고 충고했다. 하지만 지금은 유난히 독한 수제 맥주를 마셔서인지 연설이 무척 맘에 들었으며 그를 향한 묘한 애정이 부풀어오르는 것을 느꼈다. 그것은 언론인의 마땅한 태도와 상반되는, 거의 형제애에 가까운 보호본능이었다.

로언과 함께 지내는 동안 그의 입에서 나오는 말에 동의한 적은 사실상 한 번도 없었다. 지난 일 년 반 동안 수많은 기인을 만났지만 로언만큼 기이한 사람은 없었다. 그가 환멸을 겪지 않길 바랐다. 살아 있는 한, 죽음을 면제받았다는 느낌을 간직하길 바랐다. 죽음이 존재의 의미를 앗아간다는 그의 믿음이 그의 삶에 목적의식과 방향감각을 부여하는 것 같았다. 결국, 인간이 언제나 의미를 추구하고 종교에서 의미를 찾는 것은 이 때문이다. 실존의 낯섦을 겪으면서도 우리는 지금 할 수 있는 일을 한다.

기자들이 떠나자 졸탄은 곧장 출발하고 싶어했다. 파티는 여전히 한창이었지만 졸탄은 기업 강연 일정 때문에 이튿날 아침 일찍 마이애미행 비행기를 타야 했다. 그전에 원더로지를 몰고 시내를 가로질러 마키아벨리의 훌륭한 사무실들을 지나 미리 마련된 장소에 다음 유세 때까지 주차해야 했다. 졸탄이 작별 인사로 일일이 악수를 나눈 뒤에 우리는 다시 불멸 버스에 올라탔다.

한 시간쯤 뒤에 우리는 시 변두리 빈집의 뒤뜰에 도착해 우리를 각자의 호텔로 데려다줄 택시를 기다렸다. 졸탄과 나는 불멸 버스에 보관하고 있던 마지막 술을 마셨다. 기분 좋게 독한 보드카였는데, 병에는 디지털 화면이 반짝였다. 〈우주 가족 젯슨〉(미래의 모습을 그린 만화영화—옮긴이)에서 볼 법한 보드카 병의 미래 모습이었다. 취기 때문에 약간 어지러웠다. 내가 대마초를 싫어한다는 사실을 기억해내고 신선한 공기를 쐬러 마당으로 나오기 전에 피운 소량의 대마초 탓도 있었다. 밤은 따스하고 향기로웠으며 은은한 귀뚜라미 울음소리로 생기가 넘쳤다. 별을 올려다보았다. 취한 느낌이 좋았다. 밖에 나오니 좋았다. 내가 이 세상에 존재한다는 사실, 살아 있는 동물이라는 사실이 좋았다.

시간이 지날수록 귀뚜라미 울음소리가 점점 다급해졌다. 남서부 주州의 들판에 귀뚜라미가 창궐했다는 기사를 두어 주 전에 읽은 기억이 났다. 오스틴 주변 지역이 특히 심각했다. 귀뚜라미 개체수가 급증한 것은 여름이 이례적으로 서늘하고 습했기 때문이다. 공기가 서늘해지자 귀뚜라미는 짝짓기를 해야 했을 것이다. 추워진다는 것은 죽음이 임박했음을 알리는 경고이기 때문이다. 내 귀에 들리는 울음소리는 죽음이 다가오고 있음을 예감한 수컷 수천 마리가 번식 충동을 표출하는 소리였다. 소리는 점점 커졌다. 사방에서 소리가 들려오는 듯했다. 마치 밤이 소리를 내는 것 같았다.

마당 맞은편에서 졸탄의 스마트폰이 울렸다. 택시 기사의 전화일 것이다. 나는 심호흡을 하며 따스하고 복잡한 공기를, 향기로운 밤을 들이마셨다. 몽롱한 상태에서 생각하니 이 모든 것이 어느 날 사라진다는 것이 믿기지 않았다. 어느 날 내가 죽어 다시는 이 공기를 들이마시지 못하고, 이 소리—귀뚜라미 소리, 차 소리, 말소리, 스마트폰 진동 소리, 동물과 기계의 뒤섞인 신호—를 듣지 못하고, 혈중 알코올 농도가 치솟아 근거 없는 낙관을 품지 못하다니. 생이 한 번뿐이고 이걸로 끝이라니 터무니없었다.

불멸 버스의 문이 텅 하고 닫히는 소리가 나더니 졸탄이 나를 불렀다. 택시가 도착했다. 유령처럼 어렴풋한 버스의 형체를 마지막으로 쳐다보았다. 문득 미국 고속도로를 달리는 거대한 갈색 석관이 삶 자체의 은유라는 생각이 들었다. 삶은 거대한 관 모양 레저용 차량을 타고 정처 없는 곳에서 또다른 정처 없는 곳으로 떠나는, 이해할 수 없고 허무한 여정 같았다. 졸탄과 로언을 향해 도로 쪽으로 걸어갔다. '삶은 석관 버스' 비유를 들려줄 작정이었다. 우리의 짧은 여정이—어떤 의미가 있었든, 또는 없었든—즐거웠다고 말하고 싶었다. 하지만 내가 로언 옆자리에 비집고 들어갔을 때 졸탄은 이미 앞자리에 앉아 포스트휴먼 미래의 좌표를 택시 기사에게 열심히 알려주고 있었다. 그 순간은 그렇게 지나갔다.

13장

종말과 시작에 대한 소고

트랜스휴머니스트들과 시간을 보내고 얼마 지나지 않아, 나는 병원 침대에 누워 커다란 컴퓨터 화면에 뜬 내 몸속을 쳐다보고 있었다. 특히 대장의 두툼한 내벽을 유심히 살펴보았는데, 장이 깨끗하다는 사실에 뿌듯했다. 24시간 동안 금식하면서, 처방받은 강력 설사제를 투여한 덕에 나의 내장들은 카메라 앞에서 포즈를 취할 준비가 되었다. 두렵다기보다 초연할 수 있었던 것은 방금 초강력 아편제를 맞았기 때문이었다.

"모로 누워보시겠어요? 화면 쪽으로요. 그렇죠. 무릎을 가슴 쪽으로 끌어당기세요. 찍습니다."

마취제를 맞았으니 대장내시경 받는 내내 잘 거라고 그랬는데, 잠이 오지 않았다. 자고 싶을 때 눈을 감고 긴장을 풀기만 해도 잠이 들 수 있으면 좋겠다는 생각이 들었다. 하지만 깨어 있는 것도 나쁘진 않았다. 화면에 비친 나의 몸속을 보면서 몇 주 만에 처음으로 평안을 느꼈다. 변기에서 피를 본 뒤로, 의사가 대장내시경 받으라고 말한 뒤로, 대장암 가능성—내가 삶의 여정에서 중간쯤이 아니라 끝자락에 와 있을 가능성—을 맞닥뜨린 뒤로 처음이었다.

암울한 시기였다. 잠을 설쳤고 질식하는 꿈을 꿨다. 화장실에서 필멸자의 불안을 느끼고 새하얀 도기에 피를 뿌리던 나날이었다. 생명보험 광고가 흘러나오면 자동차의 라디오 스위치를 끄고 아이가 죽음에 대해 끈질기게 물으면 아내와 함께 멋쩍게 웃던 시절이었다.

냉동보존술이나 전뇌 에뮬레이션, 비약적 수명연장을 받고 싶은 생각이나 기계가 되려는 충동은 전혀 커지지 않았다. 하지만 나 자신의 동물적 필멸성을 맞닥뜨리고서도 태평할 수는 결코 없었다. 끊임없이 움츠러들었다. 움츠러들어야 살 수 있을 것처럼 움츠러들었다. 불멸 버스를 탈 때보다 죽음 문제에 대해 훨씬 비관적이 되었다. 로언 말이 맞았다. 나는 죽음신봉자였다.

하지만 병원 침대에 누워 나의 몸 전체와 단절되자 모든 것이 추상적으로 느껴졌다. 화면에 무엇이 뜨든 나는 신체였다. 또한 나는 결코 몸이 아니라 의식이었다. 아니, 의식의 감각이었다. 갈고리 모양의 금속 도구가 화면에 나타났다. 작고 못된 물건이 몸속에, 나의 것인 줄 알았던 몸속에 들어왔다. 물건이 살짝 움직여 살을 뜯어냈다. 피가 조금 났다. 물건이 물러났다. 생검이었다.

'고깃덩어리로 된 기계'라는 문구가 문득 떠올랐다. 나는 그 문구를 (생각했다기보다는) 잠시 붙들었다가 놓아주었다.

초연한 상태에서 내 사유의 초연함에 대해 사유했다. 나는 처음으로 뚜렷하게 생각하고 있었다. 마치 내가 하는 일이 전혀 생각이 아닌 것처럼. 마침내 내시경이 똥구멍 속으로 들어왔다. 내가 수면내시경을 선택한 것은 삽입의 불편함이 두려웠기 때문이지만, 지금은 나 자신과 기술의 융합을, 경계의 해소를 깨어서 지켜볼 수 있어서 다행이라는 생각이 들었다. 침범을 당하고 나니 역설적으로 무엇도 나를 건드리지 못할 것처럼, 내가 난공불락이 된 것처럼 느껴졌다. 포스트휴먼이 된다는 것이 무엇인지 마침내 이해한 것만 같았다. 돌이켜보면 그것은 분명 마취제 때문이었지만, 당시에는 기술 때문인 듯했다.

몇 분이나 몇 시간 뒤에—정확한 시간은 알 방법이, 알 필요도 없었다—내시경을 담당한 소화기내과의사가 내 옆에 섰다. 이곳은 간호사가 내 팔꿈치 근처에 관을 삽입한 병실이다. 어떻게 이곳으로 돌아왔는지는 전혀 기억나지 않았지만. 의사는 이상하다고, 이상한 염증이라면서도 악성은 아니라고 말했다. 대장게실염Diverticular colitis일 가능성이 크다고 했다. 그렇다면 암은 아니란 말인가? 암은 아니라고 했다.

의사는 몇 가지를 더 이야기했는데, 한마디로 죽을병이 아니라는—적어도 당장은—얘기였다. 그러고는 돌아서서 나갔다.

눈을 감고 머릿속에서 화면을 떠올렸다. 나의 몸속, 말랑말랑하고 깨끗한 내부가 보였다. 아편제의 장막이 걷혔다. 통증은 없었다. 잠깐 동안 나는 자신의 바깥, 시간의 바깥에 존재했다. 잠깐 동안 나는 기술과 하나가 되었다.

침대에 누운 채 팔에 꽂힌 관을 쳐다보았다. 이 또한 과학이 내 몸에 침투한 경로 중 하나였다. 천천히 주먹을 쥐었다 폈다 하면서 손목의 뼈와 인대에서 두두둑 소리를 냈다. 구부림과 비틀림의 신비로운 기술을 생각했다. 며칠 전에 아들이 자기 손을 보면서 아내와 내게 던진 질문이 생각났다.

아들이 오랜 부조리를 문득 알아차렸다는 듯 물었다. "살갗은 왜 있어요?"

아내가 대답했다. "뼈대를 덮으려고 있지."

나는 모로 누워 눈을 감은 채, 내 몸속에서 벌어지는 일이 내 목숨을 앗아가지 않으리라는 안도감을 느꼈다. 나의 뼈대는 당분간 살갗에 싸여 있을 것이고 나의 구조와 기질은 계속해서 작동할 것이다. 지금부터 조금씩 효율이 낮아지기는 하겠지만. 공중에 뜨는 꿈처럼, 나 자신과 내 몸의 구분이 사라지는 느낌이었다. 나는 자신에게로 돌아오고 있었다. 이게 무슨 뜻이든 말이다. 죽음의 문제는, 나라는 동물에게서는, 바로 이 순간에는 해결되었다.

이 글을 쓰는 동안도 졸탄의 선거운동은 계속되었다. 로언은 여전히 동영상을 찍었으며 여전히 사람들에게 영원히 살고 싶으냐고, 아니라면 왜 아니냐고 물었다.

이 글을 쓰는 동안, 마음이 업로드되거나 환자가 냉동보존에서 깨어나 소생한 적은 한 번도 없다. 인공지능 폭발도, 기술적 특이점도 일어나지 않았다.

이 글을 쓰는 지금, 애석하게도 여전히 우리는 모두 죽을 운명이다.

트랜스휴머니스트들을 보면, 그들의 사상과 두려움과 욕망을 보면, 미래가 그들을 잊어버림으로써 그들을 정당화하리라는 생각이 들었다. 인류의 상황이 몇십 년이나 몇백 년 안에 완전히 달라져서 더는 인간과 기술의 융합을 이야기할 필요가 없으리라는 생각이 들었다. 말하자면 그런 구별이 존재한다는 말이 의미가 없어질 수도 있다는 것이다. 그때가 되면 트랜스휴머니스트들은—만에 하나 그들이 기억된다면—역사적 흥밋거리로, 다가올 현실을 때 이르게 열렬히 외친 사람들로 기억될 것이다.

나는 말할 수 있다. 내가 이 미래를 보았으며, 우리를 기다리는 거대한 통합(또는 해소)의 소식을 전하고 있음을. 하지만 결국 유일한 진실은 내가 현재를 보았으며 현재야말로 기묘하기 짝이 없다는 것이다. 현재는 기묘한 사람들, 기묘한 사상들, 기묘한 기계들로 가득하다. 이 현재조차도 우리는 파악할 수 없다. 하지만 적어도 목격할 수는 있다. 사라져버리기 전의 찰나에 언뜻 볼 수는 있다. 현재는 미래주의적 장소다. 과거와 마찬가지로. 적어도 내가 조우한 현재는 그랬다. 그 현재는 이미 망각 속으로, 기억 속으로 후퇴하고 있었다.

결국 나의 결론은, 미래 같은 것은 없다는 것이다. 미래는 현재를 닮은 환각으로서 존재한다. 우리가 살아가는 세상, 우리가 놓인 세상을 정당화하거나 비난하기 위해—욕망이든, 더 나은 판단을 하기 위해서든—우리 자신에게 들려주는 위로의 동화나 무서운 이야기다.

나는 예나 지금이나 트랜스휴머니스트가 아니다. 그들의 미래에서 살고 싶은 생각은 결단코 없다. 하지만 내가 그들의 현재를 살아가지 않는다고 장담하지는 못하겠다.

무슨 말이냐 하면, 나의 일부는 기계라는 뜻이다. 세상에서 인코딩된, 기묘하고 거부할 수 없는 신호로 암호화된 기계. 글자를 입력하는 손을 본다. 이것은 뼈와 살로 된 하드웨어다. 내가 입력하는 단어가 화면에 나타나는 것을 본다. 나의 화면에. 이것은 입력과 출력의 피드백 고리, 신호와 전송의 알고리즘적 패턴이다. 데이터, 코드, 통신이여.

피츠버그에서의 마지막날, 캐러멜 향 전자담배 연기와 땀과 실리콘 타는 냄새가 뒤섞인 지하실에서 말로 웨버가 던진 물음이 떠오른다.

말로가 말했다. "우리가 이미 특이점을 살아가고 있는 거라면?" 그는 이 말을 하면서 스마트폰을 집어들더니 의미심장한 동작으로 올렸다 내렸다 던졌다 받았다 했다. 그는 스마트폰 이야기를 하고 있는 것이었지만, 거기 연결된 모든 것—기계, 시스템, 정보—에 대한 것이기도 했다. 인간 세상의 불가사의한 광대함.

로언이 말했다. "특이점이 벌써 시작된 거라면?"

좋은 질문이네요. 내가 말했다. 한번 생각해봐야겠군요.

감사의 글

아내 에이미의 지지와 응원이 없었다면 이 책을 끝내는 것은 고사하고 시작하지도 못했을 것이다. 아내의 사랑과 지혜에 대한 감사는 어떤 말로도 다 표현할 수 없다. 이 출판 기획을 처음부터 떠받친 보이지 않는 손은 내 에이전트 어밀리아 '몰리' 애틀러스다. 그녀와 ICM 에이전시의 훌륭한 사람들이 나를 도와준 것은 어마어마한 행운이었다. 런던 커티스 브라운 에이전시의 캐럴리나 서턴과 록산 에두아르에게 깊이 감사한다. 더블데이 출판사의 야니브 소하는 집필 기간 내내 슬기롭고 믿음직하게 곁을 지켰다. 그의 열정과 섬세한 편집 조언은 값을 매길 수 없다. 마고 시크맨터에게도 감사한다. 그랜타 출판사의 맥스 포터는 처음부터 탁견과 격려를 아낌없이 전해주었으며 든든한 한편이었다.

내게 환대와 친절을 베풀고 직업적·개인적 도움을 준 부모님 마이클 오코널과 디어드리 오코널, 캐슬린 시핸과 엘리자베스 시핸, 수전 스미스, 콤 보드킨과 알렉사 보드킨, 리디아 키슬링, 딜런 콜린스, 로넌 퍼시벌, 마이크 프리먼, 샘 번지, 유세프 엘딘, 대니얼 캐프리, 폴 머리, 조너선 다이크스, 리사 코언, 케이티 레이시언, 크리스 러셀, 미셸 딘, 샘 앤더슨, 댄 코이스, 니콜슨 베이커, 브렌던 배링턴, C. 맥스 머기에게 영원히 감사한다.

졸탄 이슈트반, 로언 혼, 맥스 모어, 너태샤 비타모어, 안데르스 산드베리, 닉 보스트롬, 데이비드 우드, 행크 펠리시어, 마리아 코노발렌코, 로라 데밍, 오브리 드 그레이, 마이크 라토라, 란달 쿠너, 토드 허프먼, 미게우 니콜렐리스, 에드워드 보이든, 네이트 소레스, 데이비드 도이치, 빅토리야 크라코브나, 야노시 크라마르, 스튜어트 러셀, 팀 캐넌, 말로 웨버, 라이언 오시어, 숀 사버, 대니엘 그리브스, 저스틴 워스트, 올리비아 웨브의 협력과 도움이 없었다면 이 책을 쓰지 못했을 것이다.

참고문헌

Adorno, Theodor W., and Max Horkheimer. *Dialectic of Enlightenment: Philosophical Fragments*. Stanford: Stanford University Press, 2002. 한국어판은 『계몽의 변증법』(문학과지성사, 2001).

Arendt, Hannah. *The Human Condition*. Chicago: University of Chicago Press, 1989. 한국어판은 『인간의 조건』(한길사, 2009).

Armstrong, Stuart. *Smarter than Us: The Rise of Machine Intelligence*. Berkeley: MIRI, 2014.

Barrow, John D., and Frank J. Tipler. *The Anthropic Cosmological Principle*. Oxford: Oxford University Press, 1986.

Becker, Ernest. *The Denial of Death*. New York: Free Press, 1973. 한국어판은 『죽음의 부정』(인간사랑, 2008).

Blackford, Russell, and Damien Broderick. *Intelligence Unbound: The Future of Uploaded and Machine Minds*. Chichester: John Wiley &

Sons, 2014.

Bostrom, Nick. *Superintelligence: Paths, Dangers, Strategies*. Oxford: Oxford University Press, 2014. 한국어판은 『슈퍼인텔리전스』(까치, 2017).

Čapek, Karel. *R.U.R. (Rossum's Universal Robots): A Fantastic Melodrama*. Trans. Claudia Novack. London: Penguin, 2004. 한국어판은 『로봇』(모비딕, 2015).

Chamayou, Grégoire. *Drone Theory*. London: Penguin, 2015.

Cicurel, Ronald, and Miguel Nicolelis. *The Relativistic Brain: How It Works and Why It Cannot Be Simulated by a Turing Machine*. Montreux: Kios Press, 2015.

Clarke, Arthur C. *The City and the Stars*. New York: Harcourt, Brace, 1956. 한국어판은 『도시와 별』(나경문화, 1992).

Descartes, René. *Discourse on Method and Meditations on First Philosophy*. Trans. Donald A. Cress. Indianapolis: Hackett Classics, 1998. 한국어판은 『방법서설』(창, 2010).

———. *Treatise of Man*. Trans. Thomas Steele Hall. Amherst, NY: Prometheus, 2003.

Dick, Philip K. *Do Androids Dream of Electric Sheep?* New York: Doubleday, 1968. 한국어판은 『안드로이드는 전기양의 꿈을 꾸는가?』(폴라북스, 2013).

Dyson, George. *Darwin Among the Machines: The Evolution of Global Intelligence*. London: Penguin, 1999.

Ellis, Warren. *Doktor Sleepless*. Rantoul, IL: Avatar Press, 2008.

Emerson, Ralph Waldo. *Nature and Selected Essays*. New York: Penguin, 2003. 한국어판은 『자연』(은행나무, 2014).

Esfandiary, F. M. *Up-wingers*. New York: John Day, 1973.

Ettinger, Robert C. W. *The Prospect of Immortality*. Garden City, NY: Doubleday, 1964. 한국어판은 『냉동 인간』(김영사, 2011).

Foucault, Michel. *The Order of Things: An Archaeology of the Human Sciences*. New York: Pantheon, 1971. 한국어판은 『말과 사물』(민음사, 2012).

Gibson, William. *Neuromancer*. New York: Ace, 1984. 한국어판은 『뉴로맨서』(황금가지, 2005).

Gray, John. *The Soul of the Marionette: A Short Inquiry into Human Freedom*. London: Penguin, 2015. 한국어판은 『꼭두각시의 영혼』(이후, 2016).

———. Straw *Dogs: Thoughts on Humans and Other Animals*. London: Granta, 2002. 한국어판은 『하찮은 인간, 호모 라피엔스』(이후, 2010).

Habermas, Jürgen. *The Future of Human Nature*. Cambridge: Polity Press, 2003. 한국어판은 『인간이라는 자연의 미래』(나남출판, 2003).

Haraway, Donna. Simians, *Cyborgs and Women: The Reinvention of Nature*. New York: Routledge, 1991. 한국어판은 『유인원, 사이보그, 그리고 여자』(동문선, 2002).

Hayles, Katherine. *How We Became Posthuman: Virtual Bodies in Cybernetics, Literature, and Informatics*. Chicago: University of Chicago Press, 1999. 한국어판은 『우리는 어떻게 포스트휴먼이 되었는가』(열린책들, 2013).

Hobbes, Thomas. *Leviathan*. Cambridge: Cambridge University Press, 1991. 한국어판은 『리바이어던』(나남, 2008).

Jacobsen, Annie. *The Pentagon's Brain: An Uncensored History of DARPA, America's Top-Secret Military Research Agency*. New York: Little, Brown, 2015.

Jennings, Humphrey, Mary-Lou Jennings, and Charles Madge.

Pandaemonium: The Coming of the Machine as Seen by Contemporary Observers, 1660–1886. New York: Free Press, 1985.

Kurzweil, Ray. *The Singularity Is Near: When Humans Transcend Biology.* New York: Viking, 2005. 한국어판은 『특이점이 온다』(김영사, 2007).

Lem, Stanislaw. *Summa Technologiae.* Trans. Joanna Zylinska. Minneapolis: University of Minnesota Press, 2013.

Ligotti, Thomas. *The Conspiracy Against the Human Race: A Contrivance of Horror.* New York: Hippocampus Press, 2012.

Midgley, Mary. *The Myths We Live By.* London: Routledge, 2003.

———. *Science as Salvation: A Modern Myth and Its Meaning.* London: Routledge, 1992.

Moravec, Hans P. *Mind Children: The Future of Robot and Human Intelligence.* Cambridge, MA: Harvard University Press, 1988. 한국어판은 『마음의 아이들』(김영사, 2011).

———. *Robot: Mere Machine to Transcendent Mind.* New York: Oxford University Press, 1999.

More, Max, and Natasha Vita-More, eds. *The Transhumanist Reader: Classical and Contemporary Essays on the Science, Technology, and Philosophy of the Human Future.* West Sussex: Wiley-Blackwell, 2013.

Noble, David F. *The Religion of Technology: The Divinity of Man and the Spirit of Invention.* New York: Alfred A. Knopf, 1997.

Pagels, Elaine. *The Gnostic Gospels.* New York: Random House, 1979. 한국어판은 『성서 밖의 예수』(정신세계사, 1989).

Rothblatt, Martine. *Virtually Human: The Promise and the Peril of Digital Immortality.* New York: St. Martin's, 2014.

Searle, John. *Minds, Brains and Science: The 1984 Reith Lectures*. London: Penguin, 1989.

Seung, Sebastian. *Connectome: How the Brain's Wiring Makes Us Who We Are*. London: Penguin, 2013. 한국어판은 『커넥톰, 뇌의 지도』(김영사, 2014).

Shanahan, Murray. *The Technological Singularity*. Cambridge, MA: MIT Press, 2015.

Shelley, Mary. *Frankenstein*. London: Penguin, 2007. 한국어판은 『프랑켄슈타인』(열린책들, 2011).

Solnit, Rebecca. *The Encyclopedia of Trouble and Spaciousness*. San Antonio: Trinity University Press, 2014.

Teilhard de Chardin, Pierre. *The Phenomenon of Man*. New York: Harper Perennial, 2008.

Wiener, Norbert. *Cybernetics; Or, Control and Communication in the Animal and the Machine*. Cambridge, MA: MIT Press, 1961.

———. *The Human Use of Human Beings: Cybernetics and Society*. Boston: Da Capo, 1954. 한국어판은 『인간의 인간적 활용』(텍스트, 2011).

트랜스휴머니즘

1판 1쇄 2018년 2월 28일
1판 2쇄 2022년 11월 11일

지은이 마크 오코널 | 옮긴이 노승영
책임편집 박영신 | 편집 황은주
디자인 엄자영 이주영 | 저작권 박지영 형소진 이영은 김하림
마케팅 정민호 이숙재 한민아 박치우 이민경 안남영 왕지경 김수현 정경주 김혜원
브랜딩 함유지 함근아 김희숙 고보미 박민재 박진희 정승민
제작 강신은 김동욱 임현식 | 제작처 한영문화사

펴낸곳 (주)문학동네 | 펴낸이 김소영
출판등록 1993년 10월 22일 제2003-000045호
주소 10881 경기도 파주시 회동길 210
전자우편 editor@munhak.com | 대표전화 031) 955-8888 | 팩스 031) 955-8855
문의전화 031)955-2689(마케팅) 031)955-2697(편집)
문학동네카페 http://cafe.naver.com/mhdn
인스타그램 @munhakdongne | 트위터 @munhakdongne
북클럽문학동네 http://bookclubmunhak.com

ISBN 978-89-546-5038-0 03400

www.munhak.com